捷联式惯性导航系统新型初始对准技术

常路宾　覃方君　查　峰　著

科 学 出 版 社

北　京

内 容 简 介

本书是结合国内外最新进展、在总结提炼作者近十年研究成果的基础上撰写而成的。全书内容分为两大部分，即惯性系初始对准方法和非线性初始对准方法。针对惯性系初始对准方法，重点从矢量观测构建角度改进与拓展已有的惯性系初始对准方法，使其适用于不同精度器件水平的惯性导航系统；针对非线性初始对准方法，重点从滤波系统模型改进角度着手，分别推导形式更为严密、物理意义更为准确的状态模型。

本书适合从事惯性导航研究的科研人员和工程技术人员阅读，也可以作为相关专业研究生的教学参考书。

图书在版编目（CIP）数据

捷联式惯性导航系统新型初始对准技术/常路宾，覃方君，查峰著. —北京：科学出版社，2023.2

ISBN 978-7-03-074621-4

Ⅰ.①捷… Ⅱ.①常… ②覃… ③查… Ⅲ.①捷联式惯性制导 Ⅳ.①V448.131

中国版本图书馆 CIP 数据核字（2022）第 255709 号

责任编辑：吉正霞/责任校对：高　嵘
责任印制：赵　博/封面设计：苏　波

科学出版社出版
北京东黄城根北街 16 号
邮政编码：100717
http://www.sciencep.com
固安县铭成印刷有限公司印刷
科学出版社发行　各地新华书店经销
*
开本：B5（720×1000）
2023 年 2 月第　一　版　　印张：10 1/2
2024 年 3 月第三次印刷　　字数：208 000

定价：88.00 元

（如有印装质量问题，我社负责调换）

前　言

作为一种航位推算系统，捷联式惯性导航系统在进入导航解算之前需要初始姿态、速度和位置信息，而这些初始信息的获得正是由初始对准所完成的。初始对准的精度和快速性直接关系到捷联式惯性导航系统后续的导航解算精度及遂行作战的机动能力，因此初始对准技术一直以来都是捷联式惯性导航技术研究的重点和难点。近年来，以惯性系初始对准和非线性初始对准为代表的新型初始对准方法掀起了初始对准研究的新热潮。

本书针对捷联式惯性导航初始对准领域两个热点研究方法，即惯性系初始对准方法和非线性初始对准方法展开研究。本书集结作者近十年来在初始对准领域的研究成果，对捷联式惯性导航初始对准理论研究和工程应用具有一定的参考价值。全书共 7 章，其中第 2～4 章主要研究惯性系初始对准方法，第 5～7 章主要研究非线性初始对准方法。各章安排如下：第 1 章首先介绍捷联式惯性导航初始对准的基本概念及研究过程中存在的问题，进而详细论述本书所要具体研究的惯性系初始对准方法和非线性初始对准方法的研究现状及进展。第 2 章从矢量观测构建角度系统分析现有惯性系初始对准方法，分别研究滑动固定区间矢量观测构建方法用于惯性器件误差及噪声较大的系统，基于积分翻转的矢量观测构建方法用于惯性器件精度较高的系统。第 3 章基于传统惯性系初始对准方法静态姿态确定问题本质的认识，提出动态姿态确定问题的思路，进而导出一种基于姿态估计的惯性系初始对准方法，在进行姿态估计的同时实现对陀螺漂移的建模估计。第 4 章从坐标系分解的角度对惯性系初始对准方法进行深入研究，进而导出另一种基于姿态估计的惯性系初始对准框架，并基于新的坐标系分解方式构建相应的矢量观测，同样在实现姿态估计的同时实现对陀螺漂移的建模估计。第 5 章从改进姿态误差方程的角度系统研究非线性初始对准方法。在四元数误差方程的基础上，根据四元数与 Rodrigues 参数之间的变换关系，导出基于 Rodrigues 参数的非线性姿态误差方程。新的姿态误差方程较传统的 Euler 角误差模型不存在原理性误差，四元数误差方程不存在状态约束问题，因此更适用于非线性初始对准。第 6 章从改进速度误差方程的角度系统研究非线性初始对准方法。在大失准角条件下，理想速度矢量与计算速度矢量不在同一坐标系，因此不能直接代数相减。基于上述认识，从坐标系一致性的角度重新推导非线性速度误差方程。基于新速度误差方程的非线性初始对准较传统速度误差方程更具精度和快速性优势。第 7 章系统研究基于惯性导航基本方程的非线性初始对准方法。利用惯性导航基本方程作为滤波状态模型，详细给出扩展 Kalman 滤波的初始对准流程。

需要说明的是，本书侧重于初始对准理论和方法的研究，而捷联式惯性导航初始对准本质上还是要走向工程应用。理论算法在工程应用的过程中仍有许多现实问题需要考虑，由于作者目前工作深度所限，相关工程实用问题仍有待于相关领域学者更进一步的工作。如果本书相关内容能对相关领域学者研究和工程应用有所启发，那么作者深感荣幸。本书的出版得到国家自然科学基金、博士后创新人才支持计划等项目，以及国内相关专家的大力支持，在此表示衷心感谢。

本书第 1～4 章和第 7 章由常路宾撰写，第 5 章由覃方君撰写，第 6 章由查峰撰写，全书由常路宾统稿与定稿。

感谢海军工程大学导航工程教研室胡柏青和李开龙等老师在具体研究工作中的帮助；感谢上海交通大学武元新老师和西北工业大学严恭敏老师的指导与帮助；感谢国防科技大学王奕迪老师和哈尔滨工程大学黄玉龙老师日常的交流与相互鼓励。

限于作者水平和学识，书中难免有疏漏和不足之处，恳请广大同行和读者斧正。

作　者

2021 年 8 月 1 日

目　录

第1章 绪　论

1.1 引　言

惯性导航系统在给定的初始条件下利用陀螺仪和加速度计测定的载体相对于惯性空间的线运动和角运动信息，根据牛顿第二定律（惯性定律）来连续推算载体姿态、速度和位置等运动信息[1-8]。基于惯性定律的惯性导航系统不需要任何外来信息，也不需要向外辐射任何信息，仅靠系统本身就能实现全天候、任意环境条件下连续、自主、隐蔽的导航与定位。惯性导航系统这些优点赋予了其强大的生命力，使其在航空、航天、航海，以及军事领域发挥着不可替代的作用。实际上，惯性导航系统正是起源于第二次世界大战中惯性制导武器 V2 火箭的成功使用，而战后科学技术的进步更是推动了惯性导航系统的快速发展[5]。在最初的惯性导航系统中，惯性测量元件——陀螺仪和加速度计安装在一个具有三方位自由度的稳定平台上；系统利用陀螺仪测到的角运动信息控制稳定平台始终与地球表面保持水平，这种控制信息经角度传感器输出即可得到系统在特定机械编排下的姿态；对稳定平台上的加速度计输出直接进行一次积分可以得到载体速度信息，再进行一次积分可以得到位置信息。这种结构形式的惯性导航系统被称为平台式惯性导航系统。由于系统中稳定平台隔离了载体外部干扰，使得惯性测量元件具有良好的工作环境，相应地，系统精度也较高；同时，系统计算负荷较小，从而有利于在线实时应用。1958 年，美国海军“鹦鹉螺”号核潜艇利用一套 N6-A 型平台式惯性导航系统在冰下航行 21 天后成功穿越北极，该事件成为平台式惯性导航系统成功应用的典型案例[6]。然而，不可否认的是，作为一个复杂的高精度机电综合系统，平台式惯性导航系统具有体积大、成本高、启动时间长、维护烦琐等一系列缺点。

1956 年，Newell 在其申请的专利中首次提出捷联式（strapdown）惯性导航系统的思想[6]。与平台式惯性导航系统不同，捷联式惯性导航系统的惯性测量元件不是安装在能隔离载体运动的机械稳定平台上，而是直接固连在载体上。捷联式惯性导航系统本质上是用计算机软件建立一个数学平台来替代平台式惯性导航系统中的机械稳定平台，实现姿态测量和坐标转换等功能。捷联式惯性导航系统可以提供与平台式惯性导航系统一样的导航参数，并且还具有其所不具有的优点，如结构简单、体积小、维护方便、故障率低等。由于采用了数字解算，捷联式惯性导航系统容易采用多敏感元件，使用多余度技术，系统的可靠性大大提高。虽然早在 20 世纪 50 年代美国对捷联方案在飞机上的应用进行了探索，但直到 20 世纪 80 年代才进入应用阶段，主要原因是，在捷联式惯性导航系统中惯性测量元件工作条件恶劣，导航计算机工作量大，而前期的惯性测量元件的动态范围、工作条件及计算机的计算能力都无法达到捷联式惯性导航系统应用的要求。随着光学陀螺等新型全固态惯性测量元件的出现，以及计算机技术、信号处理技术的进步，捷联式惯性导航系统正在大多数领域逐步取代平台式惯性导航系统。据有关资料报道，美国军用惯性导航系统在 1984 年还全部为平台式惯性导航系统，而 1989 年已经有一半改为捷联式惯性导航系统，到 1994 年，除某些特殊战略武器外，捷联式惯性导航系统已经占据了 90%的份额[7-8]。

由于惯性测量元件直接固连在载体上，外界各种运动干扰直接耦合于惯性测量输出信息中，信息处理的难度和复杂性大大增加，相应地，系统精度也受到了一定限制。虽然研制更高精度的惯性测量元件可以从根本上提高系统精度，但是研究适用于捷联式惯性导航系统特点的导航技术和算法对于提高系统导航定位精度同样至关重要。先进、合理的导航技术和算法可以保证相同器件精度条件下更高的系统精度或是特定系统精度要求下更低的器件成本。而初始对准技术就是捷联式惯性导航领域重要的研究方向[9-11]。

由于速度、位置等初始信息可以利用其他导航设备提供的信息直接进行装订，在初始对准阶段最为关注的是初始姿态信息的获得，更为具体的是确定载体坐标系与导航坐标系之间的姿态转移矩阵，进而确定捷联式惯性导航系统工作的数学平台（相当于平台式惯性导航系统的物理实体平台）。同时，为了减小惯性器件误差对系统精度的影响，在初始对准阶段一般也需要对惯性测量元件的常值漂移进行建模估计与补偿。传统的初始对准一般过程是先进行粗对准，然后进行精对准[12-13]。在粗对准中，一般将载体姿态视为常值，并直接利用陀螺仪和加速度计输出与地球自转角速度和重力信息之间的姿态关系采用解析的方法获得。粗对准的目的是对惯性导航系统的姿态进行初始化，并使姿态误差达到小角度误差状态，而小角度的姿态误差条件可以保证经典惯性导航线性误差方程成立。精对准则在外部观测量的辅助下以惯性导航线性误差方程为状态模型采用状态估计的方法进行（相对于罗经法精对准，基于状态估计的精对准方法不仅可以实现对惯性测量元件常值漂移的估计，同时还可以抑制部分外界干扰噪声的影响）。捷联式惯性导航系统的惯性测量元件直接固连在载体上，其输出必然耦合进载体自身的角运动和线运动信息及相关的干扰信息，从而使得传统粗对准方法无法有效获得载体粗略姿态，以粗对准作为必要条件的精对准相应地也无法正常完成。简而言之，传统粗对准方法的固有缺陷制约了其在捷联式惯性导航系统中的应用，因此，为了实现捷联式惯性导航动基座初始对准，可以从两个方面入手：一是在两步对准结构内对传统粗对准方法进行改进，使其在动基座条件下同样适用；二是摒弃传统的两步对准结构，通过建立惯性导航非线性误差方程并采用非线性滤波方法直接实现一步初始对准。而本书就是围绕上述两种思路进行展开的。在开始具体内容之前，本章首先对上述两种思路的研究进展进行评述。

1.2 惯性系初始对准研究进展

惯性系初始对准方法中，在传统载体坐标系b、导航坐标系n、地球坐标系e的基础上引入了两个人为定义的惯性坐标系，即初始对准起始时刻导航坐标系相对惯性空间凝固所得的惯性坐标系n(0)，以及初始对准起始时刻载体坐标系相对惯性空间凝固所得的惯性坐标系b(0)。惯性系初始对准方法的本质是通过坐标系凝固的方式将载体姿态矩阵分解成三部分，即由地球自转及载体线运动引起的载体姿态变化、载体自身角运动引起的姿态变化，以及对准初始时刻载体常值姿态矩阵。而问题的核心在于如何利用外界信息辅助求解常值姿态矩阵$\boldsymbol{C}_{\mathrm{b}}^{\mathrm{n}}(0)$。秦永元、严恭敏和武元新等学者在该问题上做出了开创性的研究工作，他们在介绍对准算法时都声称其思路来源于 2000 年 Gaiffe 等[14-16]在介绍法国 iXSea 公司光纤捷联罗经系统 Octans（南极座）寻北算法时的一篇文章。Octans 寻北算法的基本原理是通过将滤除载体加速度后的加速度计输出，即重力加速度$\boldsymbol{g}$，投影到所构建的惯性坐标系上，即可“观测”到地球自转引起的重力加速度$\boldsymbol{g}$在惯性系中的缓慢漂移，而通过分析该视运动即可得到地理北向，如图 1.1 所示[16]。Octans 说明书中并未给出如何通过分析重力加速度视运动确定地理北向的方法，但是该说明书中两个关键点却启发了后续学者对该问题的深入研究：一是引入惯性坐标系，这也是为什么国内将这种对准方法称为惯性系初始对准方法；二是重力矢量在特定惯性系下的视运动构成一个锥面，从而保证不同时刻下重力矢量在该惯性系下的投影不共线，这一点是保证惯性系粗对准中实施姿态确定的先决条件。

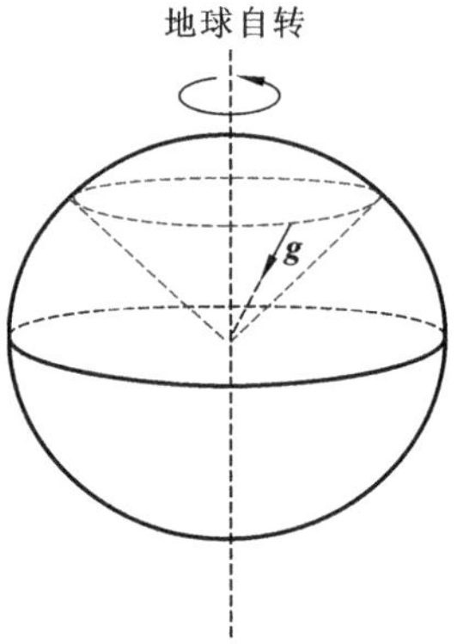

图 1.1　重力视运动示意图[16]

国内最早开始惯性系初始对准研究的是秦永元、严恭敏和武元新等学者，他们提出了摇摆基座上基于 $\boldsymbol{g}$ 信息的捷联式惯性导航粗对准方法[17]。其引入的惯性系是对准起始时刻的载体坐标系和地球坐标系。随后严恭敏等[18-20]在其后的研究工作中进一步细化了该方法。Wu 等[21-22]在研究其全局可观测性理论时发现了基于坐标系分解的惯性系初始对准方法的可行性，并在其论文中系统研究了该问题。该论文指出，常值姿态矩阵的求解本质上是一姿态确定问题，从而建立了初始对准与姿态确定两个平行研究数十年问题之间的联系，同时将姿态确定领域中经典的 Davenport-q 法引入常值姿态矩阵的求解问题中[23]。姿态确定问题也称为 Wahba 问题[24]，它是一个带约束的最小二乘问题，其求解过程可以视为一个对代价函数寻优的问题，因此也将该方法称为优化对准。实际上，秦永元等使用的双矢量定姿方法就是姿态确定领域中经典的双矢量定姿方法（three-axis attitude determination，TRIAD）[25]。文献[22]直接利用加速度信息构造矢量观测，针对的是纯惯性导航自主工作模式，为了抑制线运动干扰和噪声干扰，提出了使用数字低通滤波器来分离线运动干扰加速度和重力加速度。2013 年，Wu 等[26]研究了一种基于增量形式的速度和位置积分算法，并将其应用到了惯性系初始对准的矢量观测构造中，取得了良好的初始对准效果。文献[26]研究的是全球定位系统（global positioning system，GPS）辅助的动基座初始对准。

秦永元、严恭敏和 Wu 等学者的工作构建了惯性系初始对准的基本框架，尤其是 Wu 等学者在文献[22]中明确建立了惯性系初始对准与卫星姿态确定之间的内在联系，促使了后续一大批将经典卫星姿态确定算法引入惯性系初始对准问题中的论文的出现，如 QUEST（quaternion estimation）算法、SVD（singular value decomposition）算法、FOAM（fast optimal attitude matrix）算法、ESOQ （estimation of optimal quaternion）算法等[27-35]。这类论文犹如之前将最新非线性滤波算法引入大失准角非线性初始对准问题一般[36-41]。事实上，上述姿态确定算法在精度上的区别在惯性系初始对准问题中很难有所体现，当惯性系初始对准算法框架建立以后，对准的精度主要取决于惯性器件的精度而非姿态确定算法的精度。本书将对惯性系初始对准算法构建相关文献进行着重综述，而对于直接将现有姿态确定算法引入惯性系初始对准框架中的文献则不再赘述。

Calgary 大学的 Gu 等[42]也系统研究了惯性系初始对准方法，其思路与严恭敏和秦永元基本一致。Silson[43]在 Gu 等的工作基础之上，也注意到了对准初始时刻常值姿态矩阵的求解与姿态确定问题之间的联系，同时提出了两种利用 GPS 信息构造矢量观测的方法。Silson 的一种方法是对一小段时间内的加速度信息进行积分以构造速度矢量，这种方法的缺点是：如果积分时间太短，那么对加速度信息中噪声干扰的平滑作用不明显，而且短时间内由杆臂效应及信号延迟所引起的 GPS 信息不确定会造成较大的计算角误差。虽然可以通过延长积分时间来消除这些不利影响，但是随着积分时间的增长，在特定对准时间内的矢量观测数量就会减少，而且积分时间段内的 GPS 信息都未能充分利用，从而对对准效果产生不利影响。基于上述认识，Silson 提出了另一种观测信息交叉存取的方法，也就是说，仍然对特定时间段内的加速度信息进行积分，但是这些时间段不再像第一种方法那样相互首尾相连，而是相互耦合、逐步向前推移。这种方法既可以根据实际情况选择积分时间长度，又可以充分利用每一时刻的 GPS 信息。Li 等[44]注意到，文献[26]中矢量观测构造方法相对于文献[43]中的交叉存取方法，由于对初始阶段的加速度信息反复使用会造成较大的累积误差，从而影响最终的对准精度。但是 Chang 等[45]指出，应当根据惯性器件精度辩证地看待文献[26]和文献[43]中两种矢量观测构造方式，即当惯性器件精度较高、短时间内器件误差累积不明显时，文献[26]中矢量观测对加速度信息利用得更为充分，其对应的对准速度也较快；而当惯性器件精度较差时，为了抑制器件误差的累积，应当选取适当积分区间长度的交叉存取矢量观测构造方法。

需要指出的是，惯性系初始对准只是用来解决传统解析粗对准不能抵御角运动干扰的问题，其本质上仍然是一种解析粗对准方法。从惯性系初始对准方法发明之初，人们就尝试在惯性系初始对准框架下实现对惯性器件误差的估计或标定。文献[22]推导了初始时刻载体常值姿态矩阵和对准当前时刻载体姿态矩阵与惯性器件误差之间的定量关系，不过分析结果并不能用来标定惯性器件误差，这是因为这些定量关系推导出的前提是载体坐标系与导航坐标系重合，即是一种简化的处理方式。Kang（北京航空航天大学的康泰钟博士）等跟踪了武元新等学者的工作，他们在文献[46]中将文献[22]中的惯性系初始对准方法扩展到了动基座条件下 GPS 辅助的惯性导航初始对准。在此基础上，Kang 等[47]通过分析陀螺常值漂移在惯性系下的传播规律，构建了陀螺漂移与初始对准时刻的姿态矩阵 $\boldsymbol{C}_{\mathrm{b}}^{\mathrm{n}}(0)$ 联合优化的代价函数，最终通过特征根分解解析求出了陀螺漂移和 $\boldsymbol{C}_{\mathrm{b}}^{\mathrm{n}}(0)$。实验结果表明，这种方法较传统的 Kalman 滤波方法精度更高。Wu 等[48]将加速度计常值零偏、陀螺漂移、GPS 与惯性导航之间的杆臂连同 $\boldsymbol{C}_{\mathrm{b}}^{\mathrm{n}}(0)$ 一起构建了代价函数，推导了这些参数在线递推解析求解的方程。仿真实验结果表明，这种方法求解的加速度计常值零偏和杆臂精度较好，但陀螺漂移标定效果并不理想。由于惯性系初始对准方法的核心是将传统的初始对准问题转化为姿态确定问题，Chang 等[49]从卫星姿态确定相关研究入手，通过分析姿态确定与姿态估计之间的内在关系，在传统惯性系初始对准模型的基础上重新推导了系统和观测模型，将传统初始对准问题转化为姿态估计问题。相对于传统的惯性系初始对准方法，Chang 等[49]的方法在进行姿态估计的同时，可以实现对陀螺漂移的建模估计，低精度捷联式惯性导航车载实验也验证了该算法的有效性。但是这种方法不能对加速度计常值零偏进行建模估计。为了综合利用文献[48]和[49]中方法的优点，Chang 在文献[50]中提出了一种半解析姿态对准与器件误差标定的方法，即通过姿态估计的方式计算载体坐标系姿态变化和陀螺漂移，而常值姿态矩阵 $\boldsymbol{C}_{\mathrm{b}}^{\mathrm{n}}(0)$ 和加速度计零偏则通过文献[48]中的优化方法计算。但是，文献[50]也指出了这种方法只是理论上成立，由于惯性导航系统中各种误差之间的强耦合关系，在实际的姿态对准和器件误差标定中效果并不一定理想，文献[50]也没有进行相关仿真和车载实验。

上述文献都是针对晃动条件下惯性导航自对准或运动条件下 GPS 辅助对准，对准过程中所需的导航坐标系位置和速度信息都认为是已知的。相关学者也研究了里程计或计程仪等提供载体坐标系速度信息的外部传感器辅助的动基座惯性系初始对准。这种方法在姿态矩阵分解上与 GPS 辅助下的初始对准是类似的，区别仅在于如何改造比力方程以构建矢量观测。为了在矢量观测构建时利用载体坐标系速度信息，需要将比力方程所涉及的量投影到载体坐标系下。文献[19]在动基座里程计辅助条件下，推导了求解常值姿态矩阵的矢量观测。为了抑制里程计输出中的高频干扰噪声，在使用惯性系初始对准方法对准之前，需先进行一段时间的罗经水平对准，待罗经水平对准稳定后，才开始进行惯性系初始对准，并且在惯性系初始对准整个过程中，同时使用罗经水平对准为新对准方法提供准确而平滑的载体坐标系速度信息。由于里程计辅助对准中不能实时获取地理坐标系下的位置和速度信息，在更新$\boldsymbol{C}_{\mathrm{n}(0)}^{\mathrm{n}(t)}$时所需的位置和速度信息只能由其初始值近似获得，为了解决这一问题，严恭敏等[51]提出了一种基于惯性基准的惯性导航系统定位方法，姿态对准和定位导航都达到了较为满意的精度。文献[52]研究了多普勒计程仪辅助下的水下动基座姿态和位置对准算法，首先通过惯性系初始对准方法进行姿态对准，进而将位置更新方程投影到机体坐标系下，并通过姿态更新方程的分离与单独积分，完成位置的初始对准。文献[53]研究了在惯性系初始对准框架下多普勒计程仪安装误差角校准的问题，相对于传统的校准方法需要在初始对准完成获取精确姿态信息后才能进行，该算法能够与初始对准同时完成，不需要额外的校准时间。其校准算法的巧妙之处就在于，姿态矩阵链式相乘时，小角度所对应的姿态矩阵可以交换相乘次序。文献[54]从非线性可观测性分析的角度研究了惯性/里程计问题，提出了相应的自动标定、运动对准和自主定位算法，进行了 200 km 全自动跑车实验测试，定位精度为 0.2%里程。文献[54]将参数标定与运动对准视为两个相互耦合的子问题进行求解，其中运动对准采用的是惯性系初始对准。

惯性系初始对准是近年来惯性导航领域兼具理论性和实用性的一种方法，得到了广泛的研究和应用。惯性系初始对准方法充分发挥了捷联式惯性导航数学编排的独特优势，利用与传统算法相同的输入，仅通过算法编排即可得到大幅改进的输出。惯性系初始对准方法中通过坐标系凝固的方式引入中间惯性系，使得人们意识到导航算法编排可以不仅仅局限在传统的导航坐标系下。在惯性系初始对准方法的基础上，Li 等[55-58]推导了惯性系下捷联式惯性导航系统的误差方程，并基于此误差方程设计了惯性系下的 Kalman 滤波精对准。Li 等[55]指出，相对于传统导航坐标系下的误差方程，惯性系下的误差方程形式更为简单，在进行正逆向对准时存储的数据量更小。Wu 等[59]在研究磁强计与惯性器件之间的动态对准与标定时，也是利用载体坐标系相对于惯性坐标系 b(0)的姿态误差方程作为滤波状态方程。武元新[60]在其基金项目结题报告中提出了一种姿态分裂导航编排，将传统的姿态分解为三个子姿态，该导航编排含有一个特殊的常值状态，可用来评估状态估计性能的指标。文献[61]中首先通过非线性滤波的方式进行水平精对准，然后将水平坐标系引入惯性系初始对准问题中，利用重力矢量在地理坐标系与当地水平坐标系下投影相同的性质来构造惯性系初始对准的矢量观测。

虽然在惯性系初始对准发明之初，我国相关学者都声称受启发于 Octans 寻北算法，但不可否认的是，惯性系初始对准算法的提出、发展到应用都是由国人自己主导完成的。从上述文献综述可知，国外仅 Silson 做出了较为有意义的工作，但是 Silson 的工作仍然是在国内学者顾冬晴工作的基础上扩展而来的。另外，文献[62]对包括惯性系初始对准方法在内的所有静基座粗对准方法进行了比较研究，其中大量引用了国内学者在惯性系初始对准方法的文献。可以说以旋转调制为代表的系统级技术及以惯性系初始对准为代表的理论方法引领了国内十余年来惯性导航技术及系统的繁荣发展。

根据惯性系初始对准方法的特点，下面给出有关惯性系初始对准应用的几点建议。

（1）在惯性系初始对准方法具体实施方面，首先关于矢量观测构建，为了抑制惯性器件和外界的各种干扰噪声，建议采用速度积分或位置积分的方式进行降噪，因为数字滤波算法一方面实时性难以保证，另一方面也可能对载体自身运动信息有一定干扰。其次关于初始时刻常值姿态矩阵求解，建议采用递推姿态确定算法，例如，文献[22]和[26]采用了递推 Davenport-q 法，文献[43]采用了滤波形式的 QUEST 算法。相对于传统粗对准方法中的双矢量定姿算法，递推姿态确定算法更稳定、平滑。另外，普通的递推姿态确定算法在求解初始时刻常值姿态矩阵时已经足够，没有必要花费更多精力去将更复杂的姿态确定算法引入惯性系初始对准问题中。

（2）实用的初始对准方案仍然建议为“粗对准+精对准”，即粗对准选用惯性系初始对准方法，精对准选用 Kalman 滤波初始对准方法。虽然有部分学者尝试在惯性系初始对准框架下实现对惯性器件误差的建模估计或标定，但惯性系初始对准框架中构造矢量观测时造成惯性器件误差与姿态误差之间的强耦合关系，导致器件误差实际的标定效果并不理想。另外，只要满足小角度姿态误差的前提，Kalman 滤波精对准已经被证实为一种行之有效的方法，并在实际系统中得到了成功应用。而惯性系初始对准方法在对准结束时刻基本可以保证 Kalman 滤波精对准所需的姿态精度，因此“惯性系粗对准+Kalman 滤波精对准”可视为一种实用的黄金组合。

（3）基于建议（2），惯性系初始对准方法被定位为一种粗对准方法，因此只需达到“快速地将姿态对准到概略已知的状态”这一粗对准的基本要求即可，无需进行基于逆向导航的反复迭代对准或其他类似的处理方式[63-64]。当然，在载体坐标系速度辅助的动基座初始对准中，在姿态对准的同时为了实现实时定位，可以采用逆向导航的方法[51,54]。

1.3 非线性初始对准研究进展

克服传统的初始对准方法缺陷的另一种方法是基于非线性惯性导航误差方程的非线性初始对准方法。1997 年，Dmitriyev 等[65]系统研究了利用非线性惯性导航误差方程进行初始对准的可行性，将初始对准问题转化为非线性状态估计问题，同时通过分段线性 Gauss 近似状态后验概率的方法分析了这种对准方法的潜在精度。几乎在同一时间，Rogers[66]研究了一种大航向误差条件下的粗对准方法，通过将航向误差转移到游动方位角中，建立了游动方位坐标系下的粗对准惯性导航误差方程，同时直接将游动方位角误差的正、余弦作为状态进行线性估计，避免了直接以游动方位角误差作为状态而产生的非线性问题。2004 年，Hong 等[67]指出，Rogers 方法中姿态误差与观测量之间的耦合系数太小，导致相应的估计速度和精度有一定限制。为此，Hong 等[67]通过引入一个中间过渡的游动方位水平坐标系将水平角误差与方位角误差分离处理，同时以方位角与方位误差角的函数作为状态构建了线性状态空间模型。Monte-Carlo 仿真结果表明，该方法可以在 150 s 左右的时间内估计 75%的方位误差。相比于小角度假设的线性对准模型，该方法明显改善了方位粗对准的收敛特性。Hong 等的方法提高了姿态误差与观测量之间的耦合程度，从一定程度上提高了对准速度和精度，但是在其建立的模型中包含了姿态估计值，因此当误差角较大时，对准的精度会受到严重影响。2010 年，Han 等[68]出于与 Hong 等相同的考虑，采用了与 Hong 等几乎相同的状态模型构建思路，对 Rogers 方法进行了改进。与 Hong 等不同的是，Han 等直接将方位角误差的正余弦函数构建进系统状态，从而使得状态模型中不含姿态估计信息，在提高收敛速度的同时保证了对准精度[68-69]。Kong 等[70]提出了一种非线性的 Ψ角对准方法，在这种 Ψ角模型中三个失准角都假定为大角度。Kong 等采用标准的扩展 Kalman 滤波（extended Kalman filter，EKF）解决了非线性数据融合问题，采用了低成本的惯性测量单元（inertial measurement unit，IMU）和差分 GPS 进行实验，考虑了方位失准角的全方位不稳定性，给出了飞行对准与标定的结果。Kong[71]同时还研究了基于四元数的非线性初始对准模型，并采用无迹 Kalman 滤波（unscented Kalman filter，UKF）实现了非线性初始对准（虽然 Kong 在其论文中介绍其滤波算法时使用的是 distribution approximation filter，但是其本质就是 UKF）。Asaoka 等[72]推导了大失准角条件下非线性动基座对准的状态方程，所选取的状态量也比较有新意，包含方位角的误差正弦和余弦，借用游动方位坐标系表述大的方位失准角，而水平失准角还是作为小角度近似成线性，这样既减少了非线性变量的个数，又满足了实际对准需求。Shin 等[73]研究了采用 UKF 的动基座非线性初始对准方法，对大失准角误差有较好的适应性。UKF 的状态变量包含位置、速度、姿态、传感器漂移和比例因子误差。从差分 GPS 得到的位置信息被作为观测量，不管是方位失准角还是水平失准角，即使有 30° 的误差，UKF 初始对准滤波器仍然可以很好地收敛。Shin 等的方法与其他非线性初始对准方法的本质区别在于状态模型的选择，即直接选用惯性导航基本方程作为滤波状态模型。Ahn 等[74]建立了基于旋转矢量的非线性初始对准误差模型，在该误差模型中，滤波状态与观测信息之间相对于 Euler 角模型具有更强的耦合性，因此航向失准角的收敛速度更快。Yu 等[75]提出了一种基于 $H\infty$滤波 Riccati 方程的鲁棒观测器，即使包含过程信息项的下界变为 0，该观测器也能保证有足够的滤波稳定度。Yu 等将提出的观测器用在了基于四元数误差模型的捷联式惯性导航初始对准中，取得了满意的对准精度。Yu 等建立了大姿态误差角条件下的加性和乘性四元数误差模型并推导出二者之间的相互转换关系，同时指出了即使在大姿态误差角条件下，加性四元数误差方程对四元数而言也是线性的，因此在应用滤波算法时不会引入模型线性化误差。但是由于采用了四元数作为滤波状态，在滤波过程中同样需要注意四元数规范性约束可能带来的数值计算问题。

国内方面也较早地开展了非线性初始对准方法的研究，王丹力等学者开展了早期的探索研究工作[76-78]。后续工作中比较有影响力的是严恭敏等学者的工作，他们摒弃了可交换性的做法，使用 Euler 平台误差角来表示从理论导航坐标系到计算导航坐标系之间的三个失准角，提出了大失准角误差条件下的捷联式惯性导航非线性初始对准误差模型[19,79]。在推导非线性误差模型中，严恭敏等也指出了文献[65]中模型所存在的近似误差，并对所提出的非线性误差模型进行了准确性仿真。从时间线上来看，非线性初始对准思路的提出与 UKF 算法的提出几乎是一致的。UKF 的研究热潮在一定程度上促进了非线性初始对准方法的研究，可以说非线性初始对准方法的研究与非线性滤波算法的发展密不可分，而过去十年来不断涌现的新型非线性滤波算法也促使了非线性初始对准方法研究的热潮。但不可否认的是，其中大部分非线性初始对准问题的研究都是集中在非线性滤波算法的设计与验证上，而仅仅将非线性初始对准问题当成一仿真实例[21-24]，此处不再一一列举。对于非线性初始对准方法能否统一传统的两步初始对准方法，直接实现精对准，很多研究都没有提及或是刻意回避；但存在一个共识，非线性初始对准模型在建立过程中的各种近似及各种姿态表示方法本身固有的缺陷，使得对准速度和精度都受到一定的影响。所以，非线性初始对准方法仍然有一定的理论研究空间，同时其距真正走向实用还有一定的路要走。

本章参考文献

[1] 秦永元. 惯性导航[M]. 北京: 科学出版社, 2006.

[2] 陈永冰, 钟斌. 惯性导航原理[M]. 北京: 国防工业出版社, 2007.

[3] TITTERTON D H, WESTON J L. Strapdown inertial navigation technology[M]. 2nd ed. London: The Institution of Electrical Engineers, 2004.

[4] SAVAGE P G. Strapdown analytics[M]. 2nd ed. Maple Plain: Strapdown Associates, 2007.

[5] BRITTING K R. Inertial navigation systems analysis[M]. New York: John Wiley & Sons, 1971.

[6] BEKIR E. Introduction to modern navigation systems[M]. Hackensack: World Scientific, 2007.

[7] HAYS K M, SCHMIDT R G, WILSON W A, et al. A submarine navigator for the 21st century[C]//IEEE Position Location and Navigation Symposium, 2002: 179-188.

[8] VAJDA S, ZORN A. Survey of existing and emerging technologies for strategic submarine navigation[C]// IEEE Position Location and Navigation Symposium, 1998: 309-315.

[9] CHATFIELD A B. Fundamentals of high accuracy inertial navigation[M]. Reston: American Institute of Aeronautics and Astronautics, 1997.

[10] GROVES P D. Principles of GNSS, inertial, and multisensor integrated navigation systems[M]. New York: Artech House, 2008.

[11] FARRELL J A. Aided navigation: GPS with high rate sensors[M]. New York: McGraw Hill, 2008.

[12] JIANG Y F. Error analysis of analytic coarse alignment methods[J]. IEEE Transactions on Aerospace and Electronic Systems, 1998, 34(1): 334-337.

[13] FANG J C, WAN D J. A fast initial alignment method for strapdown inertial navigation system on stationary base[J]. IEEE Transactions on Aerospace and Electronic Systems, 1996, 32(4): 1501-1505.

[14] GAIFFE T, COTTREAU Y, FAUSSOT N, et al. Highly compact fiber optic gyrocompass for applications at depths up to 3000 meters[C]//Proceedings of the 2000 International Symposium on Underwater Technology, 2000: 155-160.

[15] NAPOLHANO F, GAIFFE T, COTTREAU Y, et al. PHINS: The first high performances inertial navigation system based on fiber optic gyroscopes[C]//The 9th Saint Petersburg International Conference on Integrated Navigation Systems, 2002: 296-304.

[16] iXSea Ltd, Octans III UG Part 1 Introduction[EB/DK]. MU-OCTIII-002-A. pdf 2004.

[17] 秦永元, 严恭敏, 顾冬晴, 等. 摇摆基座上基于信息的捷联惯导粗对准研究[J]. 西北工业大学学报, 2005, 23(5): 681-684.
[18] 严恭敏, 秦永元, 马建萍. 车载导航系统动态高精度初始对准技术[J]. 系统工程与电子技术, 2006, 28 (9): 1404-1407.
[19] 严恭敏. 捷联惯导系统动基座初始对准及其他相关问题研究[R]. 西安: 西北工业大学博士后研究工作报告, 2008.
[20] 严恭敏, 秦永元, 卫育新, 等. 一种适用于 SINS 动基座初始对准的新算法[J]. 系统工程与电子技术, 2009, 31 (3): 634-637.
[21] WU Y X, ZHANG H L, WU M P, et al. Observability of SINS alignment: A global perspective[J]. IEEE Transactions on Aerospace and Electronic Systems, 2012, 48(1): 78-102.
[22] WU M P, WU Y X, HU X P, et al. Optimization-based alignment for inertial navigation systems: Theory and algorithm[J]. Aerospace Science and Technology, 2011, 15(1): 1-17.
[23] DAVENPORT P B. A vector approach to the algebra of rotations with applications[R]. NASA, Goddard Space Flight Center Greenbelt, MD, Technique Report TN D-4696, 1968.
[24] WAHBA G. A least squares estimate of spacecraft attitude[J]. SIAM Review, 1965, 7(3): 409-409.
[25] SHUSTER M D, OH S D. Three-axis attitude determination from vector observations[J]. Journal of Guidance, Control, and Dynamics, 1981, 4(1): 70-77.
[26] WU Y X, PAN X F. Velocity/position integration formula, Part I: Application to in-flight coarse alignment[J]. IEEE Transactions on Aerospace and Electronic Systems, 2013, 49(2): 1006-1023.
[27] MARKLEY F L. Attitude determination using vector observations and the singular value decomposition[J]. The Journal of the Astronautical Sciences, 1988, 36(3): 245-258.
[28] MARKLEY F L. Attitude determination using vector observations: A fast optimal matrix algorithm[J]. The Journal of the Astronautical Sciences, 1993, 41(2): 264-280.
[29] MORTARI D. ESOQ: A closed-form solution to the Wahba problem[J]. The Journal of Astronautical Sciences, 1997, 45(2): 159-204.
[30] MORTARI D. ESOQ2: Single-point algorithm for fast optimal attitude determination[J]. Advances in the Astronautical Sciences, 1997, 95: 817-826.
[31] MORTARI D. Second estimator of the optimal quaternion[J]. Journal of Guidance, Control, and Dynamics, 2000, 23(5): 885-888.
[32] SHUSTER M D. Maximum likelihood estimation of spacecraft attitude[J]. Journal of Astronautical Sciences, 1989, 37(1): 79-88.

[33] BAR-ITZHACK I Y. REQUEST: A recursive QUEST algorithm for sequential attitude determination[J]. Journal of Guidance, Control, and Dynamics, 1996, 19(5): 1034-1038.
[34] SHUSTER M. Filter QUEST or REQUEST[J]. Journal of Guidance, Control, and Dynamics, 2008, 19(5): 1034-1038.
[35] CRASSIDIS J L, MARKLEY F L, CHENG Y. Survey of nonlinear attitude estimation methods[J]. Journal of Guidance, Control, and Dynamics, 2007, 30(1): 12-28.
[36] XU X, XU X S, ZHANG T, et al. In-motion filter-QUEST algorithm for strapdown inertial navigation systems[J]. IEEE Transactions on Instrumentation and Measurement, 2018, 67(8): 1979-1993.
[37] ZHU Y Y, ZHANG T, XU X. A coarse-alignment method based on the optimal REQUEST algorithm[J]. Sensors（Basel Switzerland）, 2018, 18(1): 239.
[38] 翁浚, 秦永元, 严恭敏, 等. 车载动基座FOAM对准算法[J]. 系统工程与电子技术, 2013, 35 (7): 1498-1501.
[39] 郭玉胜, 付梦印, 邓志红, 等. 晃动基座行进间对准问题的 QUEST 算法[J]. 中国惯性技术学报, 2017, 25 (2): 182-185.
[40] 高薪, 卞鸿巍, 傅中泽, 等. 捷联惯导晃动基座四元数估计对准算法[J]. 中国惯性技术学报, 2014, 22 (6): 724-727, 740.
[41] 梅春波, 秦永元, 游金川. 制导炮弹捷联惯导航基于 GPS 的飞行中对准算法[J]. 中国惯性技术学报, 2014, 22 (1): 51-57.
[42] GU D Q, EL-SHEIMY N, HASSAN T, et al. Coarse alignment for marine SINS using gravity in the inertial frame as a reference[C]//IEEE Position Location and Navigation Symposium, Monterey, CA, May 6-8, 2008: 961-965.
[43] SILSON P M G. Coarse alignment of a ship's strapdown inertial attitude reference system using velocity loci[J]. IEEE Transactions on Instrumentation and Measurement, 2011, 60(6): 1930-1941.
[44] LI J S, XU J N, CHANG L B, et al. An improved optimal method for initial alignment[J]. The Journal of Navigation, 2014, 67 (4): 727-736.
[45] CHANG L B, LI J S, LI K L. Optimization-based alignment for strapdown inertial navigation system: Comparison and extension[J]. IEEE Transactions on Aerospace and Electronic Systems, 2016, 52(4): 1697-1713.
[46] KANG T Z, FANG J C, WANG W. Quaternion-optimization-based in-flight alignment approach for airborne POS[J]. IEEE Transactions on Instrumentation and Measurement, 2012, 61(11): 1916-2923.

[47] KANG T Z, FANG J C, WANG W. In-flight calibration approach based on quaternion optimization for POS used in airborne remote sensing[J]. IEEE Transactions on Instrumentation and Measurement, 2013, 62(11): 2882-2889.

[48] WU Y X, WANG J L, HU D W. A new technique for INS/GNSS attitude and parameter estimation using online optimization[J]. IEEE Transactions on Signal Processing, 2014, 62 (10): 2642-2655.

[49] CHANG L B, LI J S, CHEN S Y. Initial alignment by attitude estimation for strapdown inertial navigation systems[J]. IEEE Transactions on Instrumentation and Measurement, 2015, 64 (3): 784-794.

[50] CHANG L B. Semi-analytic method for SINS attitude and parameters online estimation[J]. arXiv preprint, arXiv: 1801. 05212.

[51] 严恭敏, 翁浚, 白亮, 等. 基于惯性参考系的动基座初始对准与定位导航[J]. 系统工程与电子技术, 2011, 33 (3): 618-621.

[52] KANG L, YE L Y, SONG K C. A fast in-motion alignment algorithm for DVL aided SINS[J]. Mathematical Problems in Engineering, 2014, 1155(10): 593692.

[53] 康力. 水下装备组合导航关键技术研究[D]. 杭州: 浙江大学, 2015.

[54] WU Y X. Versatile land navigation using inertial sensors and odometry: Self-calibration, in-motion alignment and positioning[C]//Inertial Sensors and Systems-Symposium Gyro Technology（ISS-SGT）, Karlsruhe, September 16-17, 2014.

[55] LI W L, WU W Q, WANG J L, et al. A fast SINS initial alignment scheme for underwater vehicle applications[J]. Journal of Navigation, 2013, 66 (2): 181-198.

[56] LI W L, TANG K H, LU L Q, et al. Optimization-based INS in-motion alignment approach for underwater vehicles[J]. Optik, 2013, 124(20): 4581-4585.

[57] LI W L, WU W Q, WANG J L, et al. A novel backtracking navigation scheme for autonomous underwater vehicles[J]. Measurement, 2014, 47: 496-504.

[58] GAO W, BEN Y Y, ZHANG X, et al. Rapid fine strapdown INS alignment method under marine mooring condition[J]. IEEE Transactions on Aerospace and Electronic Systems, 2011, 47 (4): 2887-2896.

[59] WU Y X, ZOU D P, LIU P L, et al. Dynamic magnetometer calibration and alignment to inertial sensors by Kalman filtering[J]. IEEE Transactions on Control Systems Technology, 2018, 26 (2): 716-723.

[60] 武元新. 基于非线性全局可观测性的惯性/里程计组合导航分析与综合: 自动标定、运动对准与自主定位[R]. 国家自然科学基金资助项目结题报告, 2016.

[61] CHE Y T, WANG Q Y, GAO W, et al. An improved inertial frame alignment algorithm based on horizontal alignment information for marine SINS[J]. Sensors, 2015, 15: 25520-25545.

[62] SILVA F O, HEMERLY E M, FILHO W C L, et al. Error analysis of analytical coarse alignment formulations for stationary SINS[J]. IEEE Transactions on Aerospace and Electronic Systems, 2016, 52 (4): 1777-1796.

[63] CHANG L B, QIN F J, LI A. A novel backtracking scheme for attitude determination-based initial alignment[J]. IEEE Transactions on Automation Science and Engineering, 2015, 12 (1): 384-390.

[64] CHANG L B, HU B Q, LI Y. Backtracking integration for fast attitude determination-based initial alignment[J]. IEEE Transactions on Instrumentation and Measurement, 2015, 64 (3): 795-803.

[65] DMITRIYEV S P, STEPANOV O A, SHEPEL S V. Nonlinear filtering methods application in INS alignment[J]. IEEE Transactions on Aerospace and Electronic Systems, 1997, 33 (1): 260-272.

[66] ROGERS R M. IMU in-motion alignment without benefit of attitude initialization[J]. Navigation-Journal of the Institute of Navigation, 1997, 44(3): 301-311.

[67] HONG H S, LEE J G, PARK C G. Performance improvement of in-flight alignment for autonomous vehicle under large initial heading error[J]. IEEE Proceedings: Radar, Sonar and Navigation, 2004, 151(1): 57-62.

[68] HAN S L, WANG J L. A novel initial alignment scheme for low-cost INS aided by GPS for land vehicle applications[J]. The Journal of Navigation, 2010, 63(4): 663-680.

[69] 韩松来. GPS 和捷联惯导组合导航新方法及系统误差补偿方案研究[D]. 长沙: 国防科学技术大学, 2010.

[70] KONG X, NEBOT E, DURRANT-WHYTE H. Development of a non-linear psi-angle model for large misalignment errors and its application in INS alignment and calibration[C]// Proceedings of the IEEE International Conference on Robotics and Automation, Detroit, MI, USA, 1999: 1430-1435.

[71] KONG X Y. INS algorithm using quaternion model for low cost IMU[J]. Robotics and Autonomous Systems, 2004, 46(4): 221-246.

[72] ASAOKA N, OOIWA M, TANIKAWARA M, et al. Nonlinear filtering methods for INS/DGPS in-motion alignment[C]// IONGPS/GNSS2003, Portland, OR, 2003.

[73] SHIN E H, EL-SHEIMY N. An unscented Kalman filter for in-motion alignment of low-vost IMUs[C]// Proceedings of IEEE Frames Conference, 2004: 273-279.

[74] AHN H S, VON C H. Fast Alignment using rotation vector and adaptive Kalman filter[J]. IEEE Transactions on Aerospace and Electronic Systems, 2006, 42(1): 70-83.

[75] YU M J, LEE J G, PARK C G. Nonlinear robust observer design for strapdown INS in-flight alignment[J]. IEEE Transactions on Aerospace and Electronic Systems, 2004, 40(3): 797-807.

[76] 王丹力，张洪钺. 惯导系统初始对准的非线性滤波算法[J]. 中国惯性技术学报，1999, 7(3): 17-21.

[77] 李东明. 捷联式惯导系统初始对准方法研究[D]. 哈尔滨: 哈尔滨工程大学, 2006.

[78] 魏春岭. 非线性滤波与神经网络在导航系统中的应用研究[D]. 北京: 北京航空航天大学, 2001.

[79] 严恭敏，严卫生，徐德民. 简化 UKF 滤波在 SINS 大失准角初始对准中的应用[J]. 中国惯性技术学报, 2008, 16(3): 253-264.

第 2 章　基于矢量观测积分构建的改进惯性系初始对准方法

2.1　惯性系初始对准方法基本原理

2.1.1　主要坐标系

本章所涉及的主要参考坐标系如图 2.1 所示，相关定义如下。

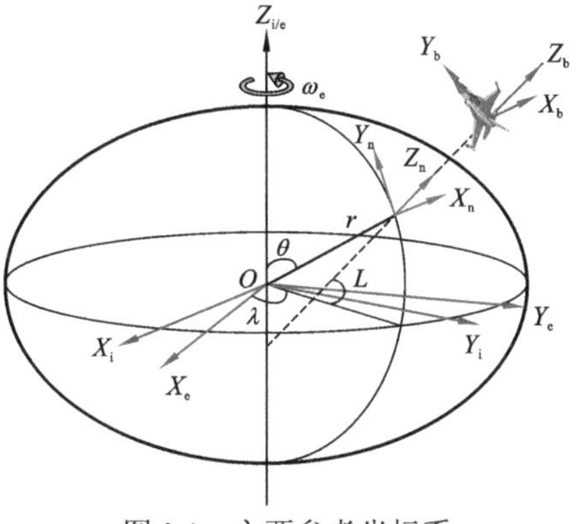

图 2.1　主要参考坐标系

（1）惯性坐标系 $OX_iY_iZ_i$（i 系）：本书将惯性空间内固定不动的直角坐标系统一定义为惯性坐标系。

（2）地球坐标系 $OX_eY_eZ_e$（e 系）：地球坐标系的原点位于赤道平面的圆心，OZ_e 轴沿地球自转方向，OX_e 轴在赤道平面内且指向中央子午线，三轴构成右手坐标系。地球坐标系与地球固连，绕其 OZ_e 轴以角速率 ω_{ie} 自转。

（3）地理坐标系或导航坐标系 $OX_nY_nZ_n$（n 系）：导航坐标系的原点就是载体所在点（对于地球表面载体而言），OZ_n 轴沿当地参考椭球的法线指向天顶，OX_n 轴在与 OZ_n 轴垂直的平面内，沿当地纬度线指向正东，三轴构成右手坐标系。

（4）载体坐标系 $OX_bY_bZ_b$（b 系）：载体坐标系就是与载体固连的直角坐标

系，其坐标系原点位于载体重心处，OY_b 轴沿载体的纵轴方向指向前，OX_b 轴方向沿横轴方向指向右，OZ_b 轴在载体竖轴方向，三轴构成右手坐标系。

（5）初始时刻导航坐标系（n_0 系）：初始对准起始时刻 n 系相对惯性空间凝固所得的惯性坐标系。

（6）初始时刻载体坐标系（b_0 系）：初始对准起始时刻 b 系相对惯性空间凝固所得的惯性坐标系。

值得注意的是，本章没有给出惯性坐标系坐标轴的明确指向，而是将惯性空间内保持不动的坐标系统称为惯性坐标系，从这个角度讲，n_0 系和 b_0 系都是惯性坐标系。本章后续相关姿态转移矩阵的求解及姿态估计模型的建立都是基于这种约定。

2.1.2 坐标系分解

捷联式惯性导航动基座初始对准的本质是确定载体坐标系相对于导航坐标系的姿态转移矩阵 $\boldsymbol{C}_b^n$。根据姿态矩阵链式法则及相关坐标系定义可得[1]

$$\boldsymbol{C}_b^n(t)=\boldsymbol{C}_{b(t)}^{n(t)}=\boldsymbol{C}_{n(0)}^{n(t)}\boldsymbol{C}_{b(0)}^{n(0)}\boldsymbol{C}_{b(t)}^{b(0)}=\boldsymbol{C}_{n(0)}^{n(t)}\boldsymbol{C}_b^n(0)\boldsymbol{C}_{b(t)}^{b(0)} \tag{2.1}$$

式中：$\boldsymbol{C}_{b(0)}^{b(t)}$ 和 $\boldsymbol{C}_{n(0)}^{n(t)}$ 分别为对准时间间隔 $[0,t]$ 上载体坐标系和导航坐标系的姿态变化，其对应的姿态微分方程分别为

$$\dot{\boldsymbol{C}}_{b(t)}^{b(0)}=\boldsymbol{C}_{b(t)}^{b(0)}\boldsymbol{\omega}_{ib}^b\times \tag{2.2}$$

$$\dot{\boldsymbol{C}}_{n(t)}^{n(0)}=\boldsymbol{C}_{n(t)}^{n(0)}\boldsymbol{\omega}_{in}^n\times \tag{2.3}$$

式中：$\boldsymbol{\omega}_{ib}^b$ 为载体运动角速度，一般由陀螺仪测得；$\boldsymbol{\omega}_{in}^n$ 为导航坐标系运动角速度，一般由地球自转和载体线运动所引起；$(\cdot\times)$ 表示某一矢量的反对称矩阵。

$\boldsymbol{C}_{b(t)}^{b(0)}$ 和 $\boldsymbol{C}_{n(0)}^{n(t)}$ 可以通过捷联式惯性导航姿态更新算法分别求解式（2.2）和式（2.3）获得，因此求解姿态转移矩阵 $\boldsymbol{C}_b^n$ 的关键转化为确定常值矩阵 $\boldsymbol{C}_b^n(0)$。下面将分别从矢量观测构建及姿态确定算法等角度给出 $\boldsymbol{C}_b^n(0)$ 的具体求解方法。

2.1.3 矢量观测构建

导航坐标系下捷联式惯性导航的比力方程为

$$\dot{\boldsymbol{v}}^n=\boldsymbol{C}_b^n\boldsymbol{f}^b-(2\boldsymbol{\omega}_{ie}^n+\boldsymbol{\omega}_{en}^n)\times\boldsymbol{v}^n+\boldsymbol{g}^n \tag{2.4}$$

式中：$\boldsymbol{f}^{\mathrm{b}}$ 为载体坐标系内加速度计的比力输出；$\boldsymbol{g}^{\mathrm{n}}$ 为地球重力矢量；$\boldsymbol{\omega}_{\mathrm{en}}^{\mathrm{n}}$ 为导航坐标系相对于地球坐标系的运动角速度，一般由载体线运动引起。

将式（2.1）中 $\boldsymbol{C}_{\mathrm{b}}^{\mathrm{n}}$ 的分解形式代入式（2.4）可得

$$\dot{\boldsymbol{v}}^{\mathrm{n}} = \boldsymbol{C}_{\mathrm{n}(0)}^{\mathrm{n}(t)} \boldsymbol{C}_{\mathrm{b}}^{\mathrm{n}}(0) \boldsymbol{C}_{\mathrm{b}(t)}^{\mathrm{b}(0)} \boldsymbol{f}^{\mathrm{b}} - (2\boldsymbol{\omega}_{\mathrm{ie}}^{\mathrm{n}} + \boldsymbol{\omega}_{\mathrm{en}}^{\mathrm{n}}) \times \boldsymbol{v}^{\mathrm{n}} + \boldsymbol{g}^{\mathrm{n}} \tag{2.5}$$

式（2.5）两边同时左乘 $\boldsymbol{C}_{\mathrm{n}(t)}^{\mathrm{n}(0)}$ 可得

$$\boldsymbol{C}_{\mathrm{n}(t)}^{\mathrm{n}(0)} \dot{\boldsymbol{v}}^{\mathrm{n}} = \boldsymbol{C}_{\mathrm{b}}^{\mathrm{n}}(0) \boldsymbol{C}_{\mathrm{b}(t)}^{\mathrm{b}(0)} \boldsymbol{f}^{\mathrm{b}} - \boldsymbol{C}_{\mathrm{n}(t)}^{\mathrm{n}(0)} (2\boldsymbol{\omega}_{\mathrm{ie}}^{\mathrm{n}} + \boldsymbol{\omega}_{\mathrm{en}}^{\mathrm{n}}) \times \boldsymbol{v}^{\mathrm{n}} + \boldsymbol{C}_{\mathrm{n}(t)}^{\mathrm{n}(0)} \boldsymbol{g}^{\mathrm{n}} \tag{2.6}$$

重新整理式（2.6）可得

$$\boldsymbol{C}_{\mathrm{b}}^{\mathrm{n}}(0) \boldsymbol{C}_{\mathrm{b}(t)}^{\mathrm{b}(0)} \boldsymbol{f}^{\mathrm{b}} = \boldsymbol{C}_{\mathrm{n}(t)}^{\mathrm{n}(0)} [\dot{\boldsymbol{v}}^{\mathrm{n}} + (2\boldsymbol{\omega}_{\mathrm{ie}}^{\mathrm{n}} + \boldsymbol{\omega}_{\mathrm{en}}^{\mathrm{n}}) \times \boldsymbol{v}^{\mathrm{n}} - \boldsymbol{g}^{\mathrm{n}}] \tag{2.7}$$

令

$$\boldsymbol{\alpha}_a = \boldsymbol{C}_{\mathrm{b}(t)}^{\mathrm{b}(0)} \boldsymbol{f}^{\mathrm{b}} \tag{2.8a}$$

$$\boldsymbol{\beta}_a = \boldsymbol{C}_{\mathrm{n}(t)}^{\mathrm{n}(0)} [\dot{\boldsymbol{v}}^{\mathrm{n}} + (2\boldsymbol{\omega}_{\mathrm{ie}}^{\mathrm{n}} + \boldsymbol{\omega}_{\mathrm{en}}^{\mathrm{n}}) \times \boldsymbol{v}^{\mathrm{n}} - \boldsymbol{g}^{\mathrm{n}}] \tag{2.8b}$$

则式（2.7）可写为

$$\boldsymbol{C}_{\mathrm{b}}^{\mathrm{n}}(0) \boldsymbol{\alpha}_a = \boldsymbol{\beta}_a \tag{2.9}$$

式（2.9）是一姿态确定问题，该问题在航天卫星姿态确定中得到了广泛的研究，其核心是通过两组不共线矢量观测确定出载体对应的姿态。通过式（2.1）～式（2.9）的改造，捷联式惯性导航动基座初始对准问题转化为一姿态确定问题。式（2.8）是利用加速度计输出和外测速度信息（由 GPS 或计程仪/里程计提供）构造的矢量观测。

由于外测速度和加速度计输出中含有较大干扰噪声，直接利用式（2.8）中的矢量观测会影响初始对准结果的平稳性。为了抑制相关噪声干扰，分别对式（2.7）两边进行积分可得

$$\boldsymbol{C}_{\mathrm{b}}^{\mathrm{n}}(0) \int_0^t \boldsymbol{C}_{\mathrm{b}(\tau)}^{\mathrm{b}(0)} \boldsymbol{f}^{\mathrm{b}} \mathrm{d}\tau = \int_0^t \boldsymbol{C}_{\mathrm{n}(\tau)}^{\mathrm{n}(0)} [\dot{\boldsymbol{v}}^{\mathrm{n}} + (2\boldsymbol{\omega}_{\mathrm{ie}}^{\mathrm{n}} + \boldsymbol{\omega}_{\mathrm{en}}^{\mathrm{n}}) \times \boldsymbol{v}^{\mathrm{n}} - \boldsymbol{g}^{\mathrm{n}}] \mathrm{d}\tau \tag{2.10}$$

由分部积分法可知如下关系式成立：

$$\int_0^t \boldsymbol{C}_{\mathrm{n}(\tau)}^{\mathrm{n}(0)} \dot{\boldsymbol{v}}^{\mathrm{n}} \mathrm{d}\tau = \boldsymbol{C}_{\mathrm{n}(\tau)}^{\mathrm{n}(0)} \boldsymbol{v}^{\mathrm{n}} \Big|_0^t - \int_0^t \boldsymbol{C}_{\mathrm{n}(\tau)}^{\mathrm{n}(0)} \boldsymbol{\omega}_{\mathrm{in}}^{\mathrm{n}} \times \boldsymbol{v}^{\mathrm{n}} \mathrm{d}\tau \tag{2.11}$$

将式（2.11）代入式（2.10）并重新整理可得

$$\boldsymbol{C}_{\mathrm{b}}^{\mathrm{n}}(0) \boldsymbol{\alpha}_v = \boldsymbol{\beta}_v \tag{2.12}$$

式中：

$$\boldsymbol{\alpha}_v = \int_0^t \boldsymbol{C}_{\mathrm{b}(\tau)}^{\mathrm{b}(0)} \boldsymbol{f}^{\mathrm{b}} \mathrm{d}\tau \tag{2.13a}$$

$$\boldsymbol{\beta}_v = \boldsymbol{C}_{\mathrm{n}(\tau)}^{\mathrm{n}(0)} \boldsymbol{v}^{\mathrm{n}} \Big|_0^t + \int_0^t \boldsymbol{C}_{\mathrm{n}(\tau)}^{\mathrm{n}(0)} \boldsymbol{\omega}_{\mathrm{ie}}^{\mathrm{n}} \times \boldsymbol{v}^{\mathrm{n}} \mathrm{d}\tau - \int_0^t \boldsymbol{C}_{\mathrm{n}(\tau)}^{\mathrm{n}(0)} \boldsymbol{g}^{\mathrm{n}} \mathrm{d}\tau \tag{2.13b}$$

式（2.12）即为基于速度矢量观测的姿态确定模型。

为了求解式(2.13)中的积分，Wu 等设计了一种增量形式的速度积分公式，在该方法中，任意时间段内的速度积分可以通过该时间段内每一惯性导航更新时间间隔内速度增量的叠加得到。该方法能够有效处理速度积分中的姿态矩阵项，较传统算法具有明显的精度优势。这里不加证明地给出式（2.13）中积分项的积分公式，详细的推导过程可参考文献[2]和[3]。

假设捷联式惯性导航更新间隔为 Δt ，令当前时刻为 $t = M\Delta t$ （ M 为一整数），则 $[0,t)$ 上任意一时刻 t_k 可表示为 $t_k = k\Delta t$ ($k = 0,1,2,\cdots,M-1$)。

式（2.13a）中的积分可近似为

$$\begin{aligned}\int_0^t \boldsymbol{C}_{\mathrm{b}(\tau)}^{\mathrm{b}(0)} \boldsymbol{f}^{\mathrm{b}} \mathrm{d}\tau &= \sum_{k=0}^{M-1} \boldsymbol{C}_{\mathrm{b}(t_k)}^{\mathrm{b}(0)} \int_{t_k}^{t_{k+1}} \boldsymbol{C}_{\mathrm{b}(\tau)}^{\mathrm{b}(t_k)} \boldsymbol{f}^{\mathrm{b}} \mathrm{d}\tau \\ &\approx \sum_{k=0}^{M-1} \boldsymbol{C}_{\mathrm{b}(t_k)}^{\mathrm{b}(0)} \int_{t_k}^{t_{k+1}} \left(\boldsymbol{I}_3 + \int_{t_k}^{t} \boldsymbol{\omega}_{\mathrm{ib}}^{\mathrm{b}} \mathrm{d}t \right) \boldsymbol{f}^{\mathrm{b}} \mathrm{d}\tau\end{aligned} \tag{2.14}$$

为了有效处理上式增量项中的快变量 $\boldsymbol{\omega}_{\mathrm{ib}}^{\mathrm{b}}$ 和 $\boldsymbol{f}^{\mathrm{b}}$ ，上式增量项中的积分可以借鉴导航算法中的双子样划摇补偿算法求解，即

$$\begin{aligned}&\int_{t_k}^{t_{k+1}} \left(\boldsymbol{I}_3 + \int_{t_k}^{t} \boldsymbol{\omega}_{\mathrm{ib}}^{\mathrm{b}} \mathrm{d}t \right) \boldsymbol{f}^{\mathrm{b}} \mathrm{d}\tau \\ &= \Delta v + \frac{1}{2}\Delta\theta \times \Delta v + \frac{2}{3}\left(\Delta\theta_1 \times \Delta v_2 + \Delta v_1 \times \Delta\theta_2 \right)\end{aligned} \tag{2.15}$$

式中： $\Delta\theta = \Delta\theta_1 + \Delta\theta_2$ ； $\Delta v = \Delta v_1 + \Delta v_2$ ； $\Delta\theta_1$ 、 $\Delta\theta_2$ 和 Δv_1 、 Δv_2 分别为惯性导航更新周期的二等分时间间隔内陀螺角增量输出和加速度计速度增量输出。

式（2.13b）右侧第一个积分项可近似为

$$\begin{aligned}&\int_0^t \boldsymbol{C}_{\mathrm{n}(\tau)}^{\mathrm{n}(0)} \boldsymbol{\omega}_{\mathrm{ie}}^{\mathrm{n}} \times \boldsymbol{v}^{\mathrm{n}} \mathrm{d}\tau \\ &= \sum_{k=0}^{M-1} \boldsymbol{C}_{\mathrm{n}(t_k)}^{\mathrm{n}(0)} \int_{t_k}^{t_{k+1}} \boldsymbol{C}_{\mathrm{n}(\tau)}^{\mathrm{n}(t_k)} \boldsymbol{\omega}_{\mathrm{ie}}^{\mathrm{n}} \times \boldsymbol{v}^{\mathrm{n}} \mathrm{d}\tau \\ &\approx \sum_{k=0}^{M-1} \boldsymbol{C}_{n(t_k)}^{n(0)} \left[\left(\frac{\Delta t}{2}\boldsymbol{I}_3 + \frac{\Delta t^2}{6}\boldsymbol{\omega}_{\mathrm{in}}^{\mathrm{n}} \times \right) \boldsymbol{\omega}_{\mathrm{ie}}^{\mathrm{n}} \times \boldsymbol{v}^{\mathrm{n}}(t_k) + \left(\frac{\Delta t}{2}\boldsymbol{I}_3 + \frac{\Delta t^2}{3}\boldsymbol{\omega}_{\mathrm{in}}^{\mathrm{n}} \times \right) \boldsymbol{\omega}_{\mathrm{ie}}^{\mathrm{n}} \times \boldsymbol{v}^{\mathrm{n}}(t_{k+1}) \right]\end{aligned} \tag{2.16}$$

式（2.13b）右侧第二个积分项可近似为

$$\begin{aligned}\int_0^t \boldsymbol{C}_{\mathrm{n}(\tau)}^{\mathrm{n}(0)} \boldsymbol{g}^{\mathrm{n}} \mathrm{d}\tau &= \sum_{k=0}^{M-1} \boldsymbol{C}_{\mathrm{n}(t_k)}^{\mathrm{n}(0)} \int_{t_k}^{t_{k+1}} \boldsymbol{C}_{\mathrm{n}(\tau)}^{\mathrm{n}(t_k)} \boldsymbol{g}^{\mathrm{n}} \mathrm{d}\tau \\ &\approx \sum_{k=0}^{M-1} \boldsymbol{C}_{\mathrm{n}(t_k)}^{\mathrm{n}(0)} \left(\Delta t\boldsymbol{I}_3 + \frac{\Delta t^2}{2}\boldsymbol{\omega}_{\mathrm{in}}^{\mathrm{n}} \times \right) \boldsymbol{g}^{\mathrm{n}}\end{aligned} \tag{2.17}$$

通过式（2.14）～式（2.17）即可求得式（2.13）中的矢量观测。

2.1.4　姿态确定问题的递归求解

在过去的 40 多年中，载体姿态确定问题引起了很多学者和工程师的关注，一系列的求解方法相继提出。1965 年，Wahba[4]首次将姿态确定问题描述为最小二乘问题，即 Wahba 问题，为研究姿态确定算法建立了理论框架。对于式（2.12）和式（2.13）所描述的常值姿态矩阵求解问题，其 Wahba 问题描述如下。

存在两组 M 个矢量观测

$$\{\boldsymbol{\alpha}_v(1),\boldsymbol{\alpha}_v(2),\cdots,\boldsymbol{\alpha}_v(M)\} \quad 和 \quad \{\boldsymbol{\beta}_v(1),\boldsymbol{\beta}_v(2),\cdots,\boldsymbol{\beta}_v(M)\} \quad (M \geqslant 2)$$

Wahba 问题的目的是确定正交矩阵 $\boldsymbol{A}$ 使得如下代价函数最小：

$$J(\boldsymbol{A})=\frac{1}{2}\sum_{k=1}^{M}\left\|\boldsymbol{\beta}_v(k)-\boldsymbol{A}\boldsymbol{\alpha}_v(k)\right\|^2 \tag{2.18}$$

使得上述代价函数最小的正交矩阵 $\boldsymbol{A}$ 即是 $\boldsymbol{C}_{\mathrm{b}}^{\mathrm{n}}(0)$ 。

在上述 Wahba 问题描述的基础上，相关学者研究了解决 Wahba 问题的各种方法。Markley 等[5]提出了一种几何 TRIAD 算法，该方法将同一时刻的两个矢量观测通过几何方法组合，由于其简便性，曾被多次采用。捷联式惯性导航中基于双矢量定姿的传统粗对准方法本质上也是一种 TRIAD 算法。然而 TRIAD 算法只能利用两个不同时刻的矢量观测数据，损失了很多可用信息，同时姿态确定的效果与不同时刻矢量观测的选取有关，因此 TRIAD 算法在基于姿态确定的初始对准中效果往往不是很理想。Davenport[6]提出了一种 Davenport-q 算法来求解 Wahba 问题。Davenport-q 算法用四元数表示姿态，将 Wahba 问题描述为矩阵的特征值分解，所构造矩阵的最大特征值对应的特征向量即为四元数的最优估计，亦即姿态矩阵的最优估计。Davenport-q 算法具有精度高、稳定性好、速度快等优点，在姿态确定领域得到了广泛的应用。虽然在 Davenport-q 算法之后又陆续出现了其他一系列算法，如 QUEST 算法、SVD 算法、FOAM 算法、ESOQ 算法等[7-16]，但这些算法只是在姿态表示方法、数值稳定性、计算速度等方面有些许差别，它们在基于姿态确定的初始对准问题中差别不大。因此本书只以 Davenport-q 算法为代表给出式（2.18）所描述 Wahba 问题的递推求解方法。

式（2.18）所描述的代价函数经过转化可写为

$$J(\boldsymbol{q})=\boldsymbol{q}^{\mathrm{T}}\boldsymbol{K}\boldsymbol{q} \tag{2.19}$$

式中：$\boldsymbol{q}$ 为姿态矩阵 $\boldsymbol{A}$ 所对应的四元数；矩阵 $\boldsymbol{K}$ 的递推计算过程如下。

构造如下两个矩阵：

$$\boldsymbol{\beta}_v(k)^+=\begin{bmatrix} \boldsymbol{0} & -\boldsymbol{\beta}_v(k)^{\mathrm{T}} \\ \boldsymbol{\beta}_v(k)_k & \boldsymbol{\beta}_v(k)\times \end{bmatrix} \tag{2.20}$$

$$\boldsymbol{\alpha}_v(k)^-=\begin{bmatrix} \boldsymbol{0} & -\boldsymbol{\alpha}_v(k)^{\mathrm{T}} \\ \boldsymbol{\alpha}_v(k) & -\boldsymbol{\alpha}_v(k)\times \end{bmatrix} \tag{2.21}$$

递推计算如下矩阵：

$$\boldsymbol{K}_k=\boldsymbol{K}_{k-1}+\{[\boldsymbol{\beta}_v(k)^+-\boldsymbol{\alpha}_v(k)^-]^{\mathrm{T}}[\boldsymbol{\beta}_v(k)^+-\boldsymbol{\alpha}_v(k)^-]\}\Delta t \tag{2.22}$$

式中：$\boldsymbol{K}$ 的初始值为 $\boldsymbol{K}_0=\boldsymbol{0}_{4\times4}$。不难得出，使得式（2.19）中代价函数最小的四元数为对应于 $\boldsymbol{K}$ 最小特征值的特征向量，即

$$\boldsymbol{K}\boldsymbol{q}^*=\lambda_{\min}\boldsymbol{q}^* \tag{2.23}$$

求得 $\boldsymbol{q}^*$ 后即可将其转化为姿态矩阵形式，连同式（2.2）和式（2.3）求得的姿态矩阵一并代入式（2.1），即可求得当前时刻载体姿态矩阵。

2.2 基于滑动固定区间积分矢量观测构建的惯性系初始对准方法

2.2.1 滑动固定区间积分矢量观测构建

Wu 等学者提出的基于速度积分的矢量观测构建方法（即式（2.13））的示意图如图 2.2 所示[1]。从图中可以看出，起始阶段的运动信息被反复利用。如果惯性器件误差较大，在积分过程中惯性器件误差中的常值漂移势必会产生累积误差，从而影响矢量观测的精度，进而影响初始对准的精度。也就是说，如果不进行积分，直接采用式（2.8）中的矢量观测构建方法，噪声的影响以及运动信息利用不充分将导致对准的收敛速度较慢。而当采用式（2.13）中的速度积分方式的矢量观测构建方法在惯性器件误差较大的情况下将产生误差累积，并对最终的对准精度产生不利影响。

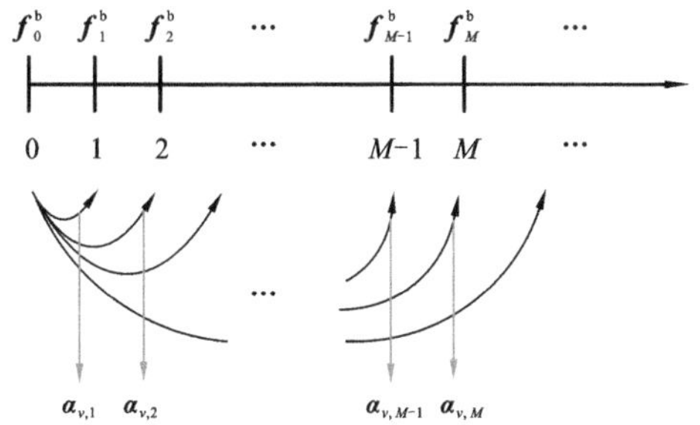

图 2.2　式（2.13）中的积分示意图

基于上述分析，本节研究一种基于滑动固定区间积分的矢量观测构建方法，根据惯性器件的精度水平灵活地选择积分的区间长度：一方面，通过积分可以抑制噪声的不利影响，还可以实现对部分加速度信息的反复利用；另一方面，滑动窗的形式可以在一定限度上抑制惯性器件误差在矢量观测中的累积。基于滑动固定区间积分的矢量观测构建具体方案如下。

构造基于滑动固定区间积分的矢量观测的姿态确定方程：

$$\boldsymbol{C}_{\mathrm{b}}^{\mathrm{n}}(0)\boldsymbol{\alpha}_{\Delta v}(t)=\boldsymbol{\beta}_{\Delta v}(t) \tag{2.24}$$

式中：

$$\boldsymbol{\alpha}_{\Delta v}(t)=\int_{t_m}^{t}\boldsymbol{C}_{\mathrm{b}(\tau)}^{\mathrm{b}(0)}\boldsymbol{f}^{\mathrm{b}}\mathrm{d}\tau \tag{2.25a}$$

$$\boldsymbol{\beta}_{\Delta v}(t)=\int_{t_m}^{t}\boldsymbol{C}_{\mathrm{n}(\tau)}^{\mathrm{n}(0)}[\dot{\boldsymbol{v}}^{\mathrm{n}}+(2\boldsymbol{\omega}_{\mathrm{ie}}^{\mathrm{n}}+\boldsymbol{\omega}_{\mathrm{en}}^{\mathrm{n}})\times\boldsymbol{v}^{\mathrm{n}}-\boldsymbol{g}^{\mathrm{n}}]\mathrm{d}\tau \tag{2.25b}$$

式中：$t-t_m\equiv Dt$ 为积分区间的长度，即滑动窗的宽度。

$$\begin{aligned}\int_{t_m}^{t}\boldsymbol{C}_{\mathrm{n}(\tau)}^{\mathrm{n}(0)}\dot{\boldsymbol{v}}^{\mathrm{n}}\mathrm{d}\tau&=\boldsymbol{C}_{\mathrm{n}(\tau)}^{\mathrm{n}(0)}\boldsymbol{v}^{\mathrm{n}}\Big|_{t_m}^{t}-\int_{t_m}^{t}\boldsymbol{C}_{\mathrm{n}(\tau)}^{\mathrm{n}(0)}\boldsymbol{\omega}_{\mathrm{in}}^{\mathrm{n}}\times\boldsymbol{v}^{\mathrm{n}}\mathrm{d}\tau\\&=\boldsymbol{C}_{\mathrm{n}(t)}^{\mathrm{n}(0)}\boldsymbol{v}^{\mathrm{n}}(t)-\boldsymbol{C}_{\mathrm{n}(t_m)}^{\mathrm{n}(0)}\boldsymbol{v}^{\mathrm{n}}(t_m)-\int_{t_m}^{t}\boldsymbol{C}_{\mathrm{n}(\tau)}^{\mathrm{n}(0)}\boldsymbol{\omega}_{\mathrm{in}}^{\mathrm{n}}\times\boldsymbol{v}^{\mathrm{n}}\mathrm{d}\tau\end{aligned} \tag{2.26}$$

将式（2.26）代入式（2.25b）可得

$$\boldsymbol{\beta}_{\Delta v}(t)=\boldsymbol{C}_{\mathrm{n}(t)}^{\mathrm{n}(0)}\boldsymbol{v}^{\mathrm{n}}(t)-\boldsymbol{C}_{\mathrm{n}(t_m)}^{\mathrm{n}(0)}\boldsymbol{v}^{\mathrm{n}}(t_m)+\int_{t_m}^{t}\boldsymbol{C}_{\mathrm{n}(\tau)}^{\mathrm{n}(0)}\boldsymbol{\omega}_{\mathrm{ie}}^{\mathrm{n}}\times\boldsymbol{v}^{\mathrm{n}}\mathrm{d}\tau-\int_{t_m}^{t}\boldsymbol{C}_{\mathrm{n}(\tau)}^{\mathrm{n}(0)}\boldsymbol{g}^{\mathrm{n}}\mathrm{d}\tau \tag{2.27}$$

参照式（2.14）～式（2.17）中的速度积分法则，式（2.25a）和式（2.27）中所涉及的速度积分具体计算方法如下：

$$\begin{aligned}\boldsymbol{\alpha}_{\Delta v}(M)&=\sum_{k=m}^{M-1}\boldsymbol{C}_{\mathrm{b}(t_k)}^{\mathrm{b}(0)}\int_{t_k}^{t_{k+1}}\boldsymbol{C}_{\mathrm{b}(t)}^{\mathrm{b}(t_k)}\boldsymbol{f}^{\mathrm{b}}\mathrm{d}t\\&=\sum_{k=m}^{M-1}\boldsymbol{C}_{\mathrm{b}(t_k)}^{\mathrm{b}(0)}\left[\Delta t\cdot\boldsymbol{I}_3+\frac{\Delta t^2(\boldsymbol{\omega}_{\mathrm{ib}}^{\mathrm{b}}\times)}{2}\right]\boldsymbol{f}^{\mathrm{b}}\end{aligned} \tag{2.28}$$

式（2.27）中第一个积分的具体计算方法如下：

$$\int_{t_m}^{t} \boldsymbol{C}_{\mathrm{n}(\tau)}^{\mathrm{n}(0)} \boldsymbol{\omega}_{\mathrm{ie}}^{\mathrm{n}} \times \boldsymbol{v}^{\mathrm{n}} \mathrm{d}\tau = \sum_{k=m}^{M-1} \boldsymbol{C}_{\mathrm{n}(t_k)}^{\mathrm{n}(0)} \int_{t_k}^{t_{k+1}} \boldsymbol{C}_{\mathrm{n}(\tau)}^{\mathrm{n}(t_k)} \boldsymbol{\omega}_{\mathrm{ie}}^{\mathrm{n}} \times \boldsymbol{v}^{\mathrm{n}} \mathrm{d}\tau \tag{2.29}$$

式中：

$$\begin{aligned} &\int_{t_k}^{t_{k+1}} \boldsymbol{C}_{\mathrm{n}(\tau)}^{\mathrm{n}(t_k)} \boldsymbol{\omega}_{\mathrm{ie}}^{\mathrm{n}} \times \boldsymbol{v}^{\mathrm{n}} \mathrm{d}\tau \\ &= \left[\frac{\Delta t \cdot \boldsymbol{I}_3}{2} + \frac{\Delta t^2 (\boldsymbol{\omega}_{\mathrm{in}}^{\mathrm{n}} \times)}{6}\right] \boldsymbol{\omega}_{\mathrm{ie}}^{\mathrm{n}} \times \boldsymbol{v}^{\mathrm{n}}(t_k) + \left[\frac{\Delta t \cdot \boldsymbol{I}_3}{2} + \frac{\Delta t^2 (\boldsymbol{\omega}_{\mathrm{in}}^{\mathrm{n}} \times)}{3}\right] \boldsymbol{\omega}_{\mathrm{ie}}^{\mathrm{n}} \times \boldsymbol{v}^{\mathrm{n}}(t_{k+1}) \end{aligned} \tag{2.30}$$

类似于式（2.17），式（2.27）中第二个积分具体计算方法如下：

$$\begin{aligned} \int_{t_m}^{t} \boldsymbol{C}_{\mathrm{n}(\tau)}^{\mathrm{n}(0)} \boldsymbol{g}^{\mathrm{n}} \mathrm{d}\tau &= \sum_{k=m}^{M-1} \boldsymbol{C}_{\mathrm{n}(t_k)}^{\mathrm{n}(0)} \boldsymbol{C} \int_{t_k}^{t_{k+1}} \boldsymbol{C}_{\mathrm{n}(t)}^{\mathrm{n}(t_k)} \boldsymbol{g}^{\mathrm{n}} \mathrm{d}t \\ &= \sum_{k=m}^{M-1} \boldsymbol{C}_{\mathrm{n}(t_k)}^{\mathrm{n}(0)} \left[\Delta t \cdot \boldsymbol{I}_3 + \frac{\Delta t^2 (\boldsymbol{\omega}_{\mathrm{in}}^{\mathrm{n}} \times)}{2}\right] \boldsymbol{g}^{\mathrm{n}} \end{aligned} \tag{2.31}$$

式（2.25）中矢量观测积分构建示意图如图 2.3 所示。

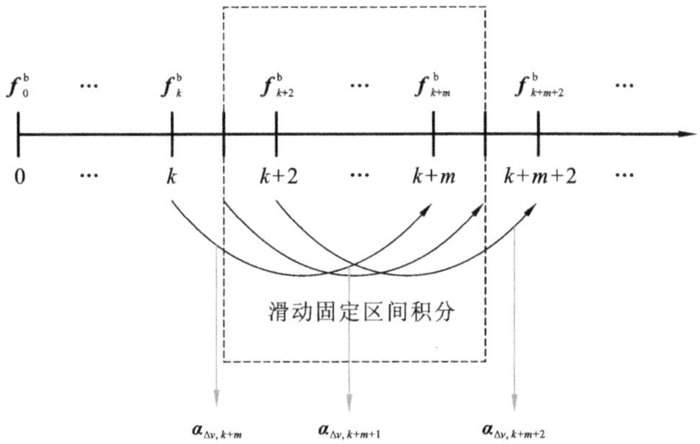

图 2.3　式（2.25）中的积分示意图

根据计算得到的矢量观测式（2.25）计算常值姿态矩阵 $\boldsymbol{C}_{\mathrm{b}}^{\mathrm{n}}(0)$ 的过程与 2.1 节完全一致，此处不再赘述。

2.2.2　实验研究

需要指出的是，基于滑动固定区间积分矢量观测构建方法在导航级系统中的应用优势并不明显。这主要是因为导航级系统器件精度都比较高，误差累积一般需要较长的时间；而惯性系初始对准一般都是用来进行粗对准，即快速地获得系统概略的姿态信息，短时间内误差累积带来的不利影响并未显现。因此，滑动固定区间积分矢量观测构建相对于文献[2]中矢量观测构建方法的优势更多地在于，惯性系初始对准向低精度惯性导航系统拓展的领域，即第 3、4 章中的应用。为了直观地显示滑动固定区间积分矢量观测构建方法对累积误差的抑制效果，本节并未进行捷联式惯性导航惯性系初始对准仿真实验，而是利用文献[17]中的卫星姿态确定模型加以仿真。

文献[4]中姿态确定模型所对应的 Wahba 代价函数为

$$J(\boldsymbol{A})=\frac{1}{2}\sum_{k=1}^{M}\left\|\overline{\boldsymbol{b}}_k-\boldsymbol{A}(\boldsymbol{q}_{\mathrm{i}}^{\mathrm{b}_0})\boldsymbol{r}_k\right\|^2 \tag{2.32}$$

式中：i 为惯性坐标系；b_0 为初始时刻载体坐标系，也是一个惯性系；$\boldsymbol{A}(\boldsymbol{q}_{\mathrm{i}}^{\mathrm{b}_0})$ 为待求的常值姿态矩阵，$\boldsymbol{q}_{\mathrm{i}}^{\mathrm{b}_0}$ 为相应的四元数；$\boldsymbol{r}_k$ 为参考矢量观测，是已知量；$\overline{\boldsymbol{b}}_k$ 为构建的矢量观测，其具体形式为

$$\overline{\boldsymbol{b}}_k=\boldsymbol{A}(\boldsymbol{q}_{\mathrm{b},k}^{\mathrm{b}_0})\boldsymbol{b}_k \tag{2.33}$$

式中：$\boldsymbol{A}(\boldsymbol{q}_{\mathrm{b},k}^{\mathrm{b}_0})$ 根据陀螺输出经姿态更新获得

$$\boldsymbol{q}_{\mathrm{b}_0,k}^{\mathrm{b}}=\boldsymbol{\Omega}(\boldsymbol{\omega}_{k-1})\boldsymbol{q}_{\mathrm{b}_0,k-1}^{\mathrm{b}} \tag{2.34}$$

式中：

$$\boldsymbol{\Omega}(\boldsymbol{\omega}_{k-1})=\begin{bmatrix}\boldsymbol{Z}_{k-1} & \boldsymbol{\varphi}_{k-1}\\ -\boldsymbol{\varphi}_{k-1}^{\mathrm{T}} & \cos(0.5\|\boldsymbol{\omega}_{k-1}\|\Delta t)\end{bmatrix} \tag{2.35a}$$

$$\boldsymbol{Z}_{k-1}=\cos(0.5\|\boldsymbol{\omega}_{k-1}\|\Delta t)\boldsymbol{I}_{3\times3}-(\boldsymbol{\varphi}_{k-1}\times) \tag{2.35b}$$

$$\boldsymbol{\varphi}_{k-1}=\frac{\sin(0.5\|\boldsymbol{\omega}_{k-1}\|\Delta t)\boldsymbol{\omega}_{k-1}}{\|\boldsymbol{\omega}_{k-1}\|} \tag{2.35c}$$

$\boldsymbol{b}_k$ 为由星敏感器观测的实际矢量。根据式（2.32）和式（2.33）可以看出，当获得 k 时刻的矢量观测后，k 时刻之前的所有观测信息都可以用于求解常值姿态矩阵 $\boldsymbol{A}(\boldsymbol{q}_{\mathrm{i}}^{\mathrm{b}_0})$，因此起始时刻的矢量观测被反复利用。由于陀螺漂移的存在，反复利用 $\overline{\boldsymbol{b}}_k=\boldsymbol{A}(\boldsymbol{q}_{\mathrm{b},k}^{\mathrm{b}_0})\boldsymbol{b}_k$ 势必会产生累积误差，可以采用滑动窗的形式抑制累积误差的不利影响。与滑动窗积分稍有不同的是，此处采用滑动窗来计算矩阵 $\boldsymbol{K}_k$，即

$$\boldsymbol{K}_k=\begin{cases}\displaystyle\sum_{i=0}^{k}\delta\boldsymbol{K}_k(:,i), & i\leqslant M\\ \displaystyle\sum_{i=k-M}^{k}\delta\boldsymbol{K}_k(:,i), & i>M\end{cases} \tag{2.36}$$

式中：

$$\delta \boldsymbol{K}_k(:,k)=[(\overline{\boldsymbol{b}}_k^{+}-\boldsymbol{r}_k^{-})^{\mathrm{T}}(\overline{\boldsymbol{b}}_k^{+}-\boldsymbol{r}_k^{-})]\Delta t \tag{2.37}$$

$\overline{\boldsymbol{b}}_k^{+}$ 和 $\boldsymbol{r}_k^{-}$ 的计算方法参见式（2.20）和式（2.21）。

图 2.4 给出了不同陀螺漂移条件下姿态确定的三轴姿态规范误差。图中：虚线表示没有采用滑动窗形式的姿态确定，即当前时刻之前的每一个矢量观测都被用于解算常值姿态四元数 $\boldsymbol{q}_{\mathrm{i}}^{\mathrm{b}_0}$；实线表示与虚线直接对应的采用滑动窗形式的姿态确定方法，其中滑动窗的宽度选取为 $M=50$。从图中可以明显看出滑动窗对累积误差的抑制效果。

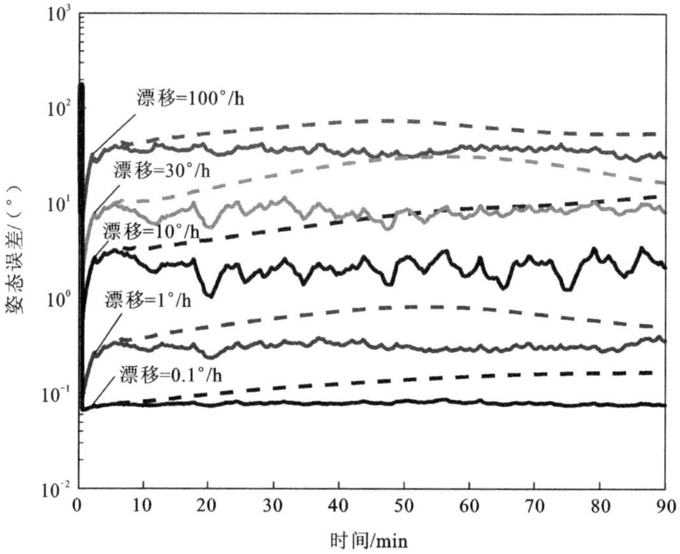

图 2.4　不同陀螺漂移条件下的姿态估计结果

2.3　基于积分翻转的惯性系快速初始对准方法

2.3.1　基于积分翻转的矢量观测构建

2.2 节讨论了基于滑动固定区间积分矢量观测构建方法，其基本出发点是抑制矢量观测构建过程中积分所带来的累积误差。如果惯性器件精度较高，那么可以通过对惯性器件输出信息的反复利用来提高初始对准的速度，即熟知的逆向导航。本小节将逆向导航思想与惯性系初始对准结合，提出一种基于积分翻转的矢量观测构建方法，用于提升惯性系初始对准的速度[18-19]。

此处的积分翻转是在式（2.13）的基础上进行的，将式（2.13）所对应的积分称为前向积分。假设整个对准时长的离散刻度为N，则前向积分为从时刻0到时刻N。积分翻转即为从时刻N到时刻0进行积分用于构建矢量观测。

本书积分翻转方式构建的矢量观测为

$$\boldsymbol{\alpha}_{v\text{b}}(t)=\int_{t_N}^{t}\boldsymbol{C}_{\text{b}(\tau)}^{\text{b}(0)}\boldsymbol{f}^{\text{b}}\text{d}\tau \tag{2.38a}$$

$$\boldsymbol{\beta}_{v\text{b}}(t)=\int_{t_N}^{t}\boldsymbol{C}_{\text{n}(\tau)}^{\text{n}(0)}[\dot{\boldsymbol{v}}^{\text{n}}+(2\boldsymbol{\omega}_{\text{ie}}^{\text{n}}+\boldsymbol{\omega}_{\text{en}}^{\text{n}})\times\boldsymbol{v}^{\text{n}}-\boldsymbol{g}^{\text{n}}]\text{d}\tau \tag{2.38b}$$

式中：下标b表示该矢量观测是用在翻转解算中的。

式（2.38）所描述的积分方式如图2.5（a）所示。

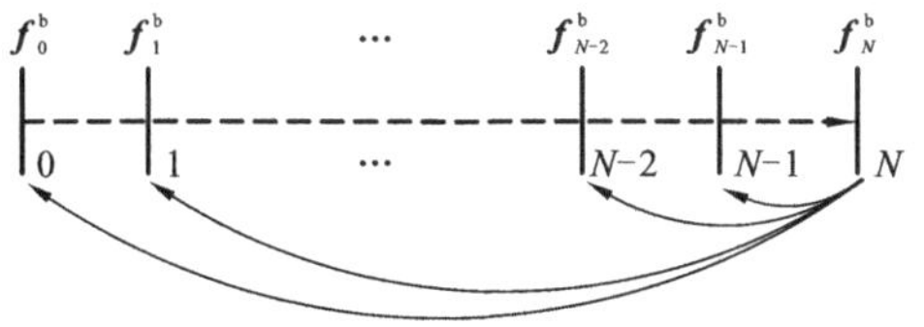

（a）式（2.38）

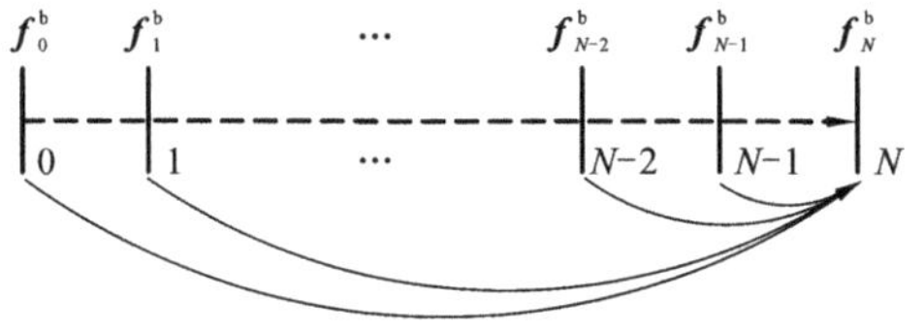

（b）式（2.39）

图2.5　式（2.38）和式（2.39）所采用的积分方式

但是，若$t-t_N\leqslant 0$，则式（2.38）所采用的积分区间是没有任何实际意义的。因此，从算法实际应用角度出发，考虑对式（2.38）中的积分区间进行翻转，得到如下矢量观测：

$$\boldsymbol{\alpha}_{v\text{b}}(t)=\int_{t}^{t_N}\boldsymbol{C}_{\text{b}(\tau)}^{\text{b}(0)}\boldsymbol{f}^{\text{b}}\text{d}\tau \tag{2.39a}$$

$$\boldsymbol{\beta}_{v\text{b}}(t)=\int_{t}^{t_N}\boldsymbol{C}_{\text{n}(\tau)}^{\text{n}(0)}[\dot{\boldsymbol{v}}^{\text{n}}+(2\boldsymbol{\omega}_{\text{ie}}^{\text{n}}+\boldsymbol{\omega}_{\text{en}}^{\text{n}})\times\boldsymbol{v}^{\text{n}}-\boldsymbol{g}^{\text{n}}]\text{d}\tau \tag{2.39b}$$

式（2.39）所采用的积分方式如图2.5（b）所示。

与式（2.11）的积分方式类似，整理式（2.39b）可得

$$\boldsymbol{\beta}_{v\text{b}}(t)=\boldsymbol{C}_{\text{n}(t_N)}^{\text{n}(0)}\boldsymbol{v}^{\text{n}}(t_N)-\boldsymbol{C}_{\text{n}(t)}^{\text{n}(0)}\boldsymbol{v}^{\text{n}}(t)+\int_{t}^{t_N}\boldsymbol{C}_{\text{n}(\tau)}^{\text{n}(0)}\boldsymbol{\omega}_{\text{ie}}^{\text{n}}\times\boldsymbol{v}^{\text{n}}\text{d}\tau-\int_{t}^{t_N}\boldsymbol{C}_{\text{n}(\tau)}^{\text{n}(0)}\boldsymbol{g}^{\text{n}}\text{d}\tau \tag{2.40}$$

同2.1节，式（2.39a）中的积分项可以利用下式求解：

$$\boldsymbol{\alpha}_v(M)=\sum_{k=M}^{N-1}\boldsymbol{C}_{\mathrm{b}(t_k)}^{\mathrm{b}(0)}\left[\Delta t\cdot\boldsymbol{I}_3+\frac{\Delta t^2(\boldsymbol{\omega}_{\mathrm{ib}}^{\mathrm{b}}\times)}{2}\right]\boldsymbol{f}^{\mathrm{b}} \tag{2.41}$$

式（2.40）右边第一个积分项可以利用下式求解：

$$\int_t^{t_N}\boldsymbol{C}_{\mathrm{n}(\tau)}^{\mathrm{n}(0)}\boldsymbol{\omega}_{\mathrm{ie}}^{\mathrm{n}}\times\boldsymbol{v}^{\mathrm{n}}\mathrm{d}\tau=\sum_{k=M}^{N-1}\boldsymbol{C}_{\mathrm{n}(t_k)}^{\mathrm{n}(0)}\int_{t_k}^{t_{k+1}}\boldsymbol{C}_{\mathrm{n}(\tau)}^{\mathrm{n}(t_k)}\boldsymbol{\omega}_{\mathrm{ie}}^{\mathrm{n}}\times\boldsymbol{v}^{\mathrm{n}}\mathrm{d}\tau \tag{2.42}$$

式（2.40）右边第二个积分项可以通过下式求解：

$$\int_t^{t_N}\boldsymbol{C}_{\mathrm{n}(\tau)}^{\mathrm{n}(0)}\boldsymbol{g}^{\mathrm{n}}\mathrm{d}\tau=\sum_{k=M}^{N-1}\boldsymbol{C}_{\mathrm{n}(t_k)}^{\mathrm{n}(0)}\left[\Delta t\cdot\boldsymbol{I}_3+\frac{\Delta t^2(\boldsymbol{\omega}_{\mathrm{in}}^{\mathrm{n}}\times)}{2}\right]\boldsymbol{g}^{\mathrm{n}} \tag{2.43}$$

基于积分翻转的矢量观测构建方式如图 2.6 所示。

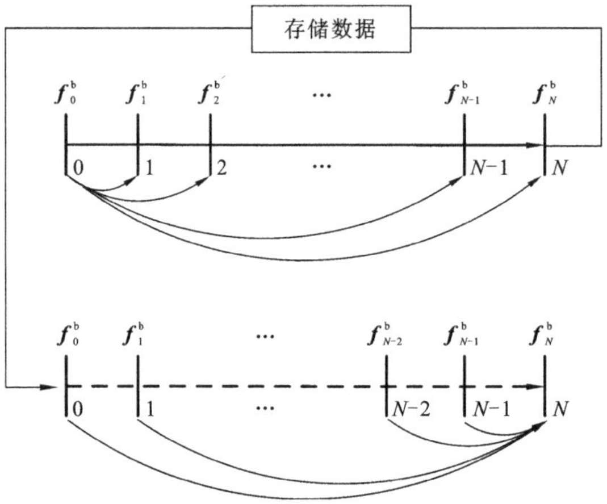

图 2.6 基于积分翻转的矢量观测构建

从图 2.6 可以看出，在前向解算积分过程中，惯性器件输出和外界辅助量测信息（包括 GPS、DVL 等）被存储下来，这些信息将被直接用于接下来的积分翻转解算过程中。经过积分翻转过程，量测信息得到了更加充分的利用，等价于延长了对准的时间，实现了在相同对准时间长度内达到更高对准精度。

2.3.2 基于积分翻转的惯性系初始对准算法流程

本节所研究的积分翻转矢量观测构建方法中前向过程与 2.1 节中完全一致，因此计算 Davenport 矩阵 $\boldsymbol{K}$ 的过程也完全一致。本小节将重点给出后向即翻转过程中 $\boldsymbol{K}$ 的计算过程。

首先对后向 Davenport 矩阵 $\boldsymbol{K}$ 进行初始化：

$$\boldsymbol{K}_{0,\mathrm{b}}=\boldsymbol{K}_N \tag{2.44}$$

从式(2.44)可以看出，后向 Davenport 矩阵 $\boldsymbol{K}$ 的初始值即为前向 Davenport 矩阵 $\boldsymbol{K}$ 整个对准时间区间的累加值。因此，后向姿态确定的每一步本质上利用了所有的前向矢量观测信息，达到了对惯性器件输出信息的反复利用。

后向 Davenport 矩阵 $\boldsymbol{K}$ 的递推计算过程为

$$\boldsymbol{K}_{\mathrm{b},k}=\boldsymbol{K}_{\mathrm{b},k-1}+\{[\boldsymbol{\beta}_{\mathrm{b}v}(k)^{+}-\boldsymbol{\alpha}_{\mathrm{b}v}(k)^{-}]^{\mathrm{T}}[\boldsymbol{\beta}_{\mathrm{b}v}(k)^{+}-\boldsymbol{\alpha}_{\mathrm{b}v}(k)^{-}]\}\Delta t \tag{2.45}$$

根据前向和后向的 Davenport 矩阵 $\boldsymbol{K}$ 即可求解常值姿态矩阵 $\boldsymbol{C}_{\mathrm{b}}^{\mathrm{n}}(0)$，下面给出具体的算法流程。

算法 2.1　基于积分翻转的惯性系初始对准算法流程。

初始化　设定 $k=0$；给定 $\boldsymbol{C}_{\mathrm{b}(t)}^{\mathrm{b}(0)}$ 和 $\boldsymbol{C}_{\mathrm{n}(t)}^{\mathrm{n}(0)}$ 的初始值，即 $\boldsymbol{C}_{\mathrm{b}(0)}^{\mathrm{b}(0)}=\boldsymbol{C}_{\mathrm{n}(0)}^{\mathrm{n}(0)}=\boldsymbol{I}_3$；给定 $\boldsymbol{K}_0=\boldsymbol{0}_{4\times 4}$。

前向对准及数据存储

步骤 1　令 $k=k+1$；

步骤 2　根据式（2.2）和式（2.3）更新 $\boldsymbol{C}_{\mathrm{b}(k)}^{\mathrm{b}(0)}$ 和 $\boldsymbol{C}_{\mathrm{n}(k)}^{\mathrm{n}(0)}$；

步骤 3　根据式（2.13）构建前向矢量观测 $\boldsymbol{\alpha}_v$ 和 $\boldsymbol{\beta}_v$；

步骤 4　根据式（2.22）递推计算 Davenport 矩阵 $\boldsymbol{K}$；

步骤 5　继续执行步骤 1～4，直到前向对准时刻结束；

后向对准

步骤 6　设定 $k=0$，并设定后向 Davenport 矩阵的初始值 $\boldsymbol{K}_{0,\mathrm{b}}=\boldsymbol{K}_N$；

步骤 7　令 $k=k+1$；

步骤 8　根据式（2.39）构建后向矢量观测；

步骤 9　根据式（2.45）递推计算后向 Davenport 矩阵 $\boldsymbol{K}_{\mathrm{b},k}$；

步骤 10　计算 $\boldsymbol{K}_{\mathrm{b},k}$ 最小特征值所对应的特征向量，并将其转化为矩阵形式，即 $\boldsymbol{C}_{\mathrm{b}}^{\mathrm{n}}(0)_k$；

步骤 11　根据式（2.1）计算姿态矩阵 $\boldsymbol{C}_{\mathrm{b}}^{\mathrm{n}}(k)$；

步骤 12　继续执行步骤 7～11，直到后向对准过程结束。

2.3.3　实验研究

利用一组激光捷联式惯性导航系统数据对本小节研究的对准算法进行有效性验证。惯性导航系统中激光陀螺随机漂移稳定性为 0.01°/h，加速度计零偏稳定性为 $5\times10^{-5}g$，更新率为 125 Hz。利用惯性导航与卫星导航速度信息组合的姿态信息作为参考信息，其中一组 20 s 的参考姿态信息如图 2.7 所示。

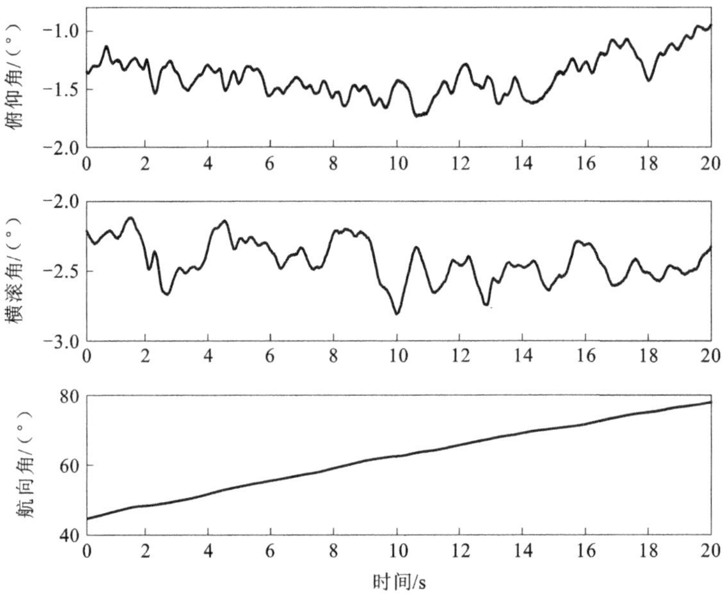

图 2.7　车载实验中姿态信息的参考信息

实验中主要对比以下几种积分方式。

积分方式 1：式（2.25）对应的滑动窗积分方式，窗宽为 1 s/Δt=125；

积分方式 2：式（2.25）对应的滑动窗积分方式，窗宽为 5 s/Δt=625；

积分方式 3：式（2.13）对应的积分方式；

积分方式 4：本节所研究的积分翻转所对应的积分方式。

4 种积分方式下惯性系初始对准的结果分别如图 2.8～图 2.10 所示。为了更清晰地看出不同积分方式所对应的对准误差，图中截去了前 10 s 的收敛过程。从图中可以明显看出，本节所提出的基于积分翻转的惯性系初始对准方法相比传统方法具有明显优势，特别是对于航向角的估计精度。从实验结果可以得出结论：对量测信息利用得越充分，则对准的精度越高。这也验证了将翻转技术引入惯性系初始对准问题中的有效性。本节方法通过充分利用前向解算和翻转解算中的量测信息，在确定的对准时间内达到了更高的对准精度，有效提高了对准的速度。

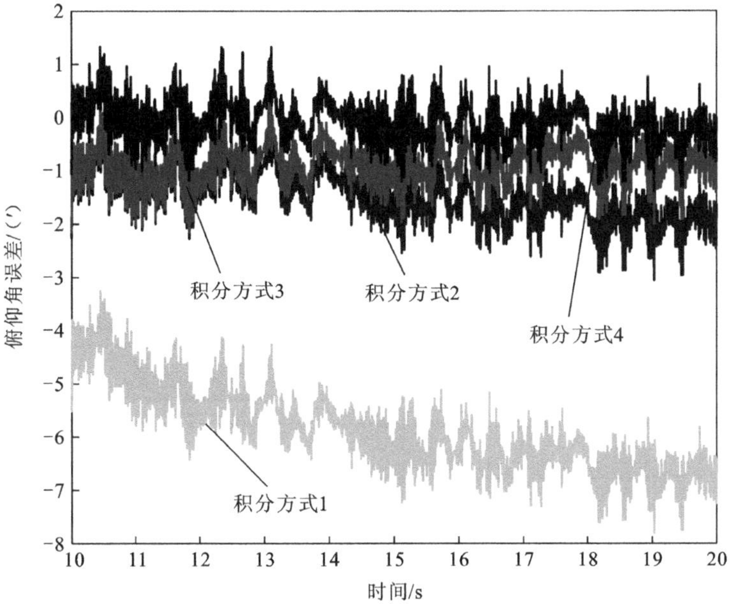

图 2.8　不同积分方式下俯仰角估计误差

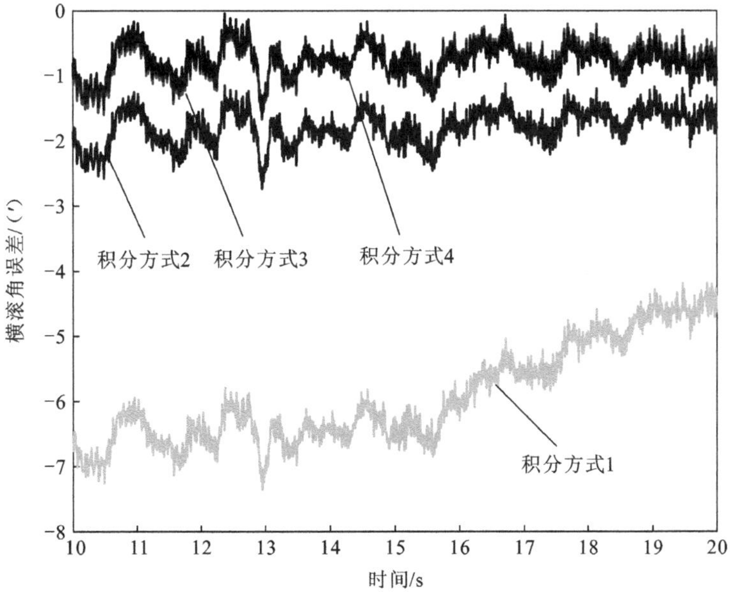

图 2.9　不同积分方式下横滚角估计误差

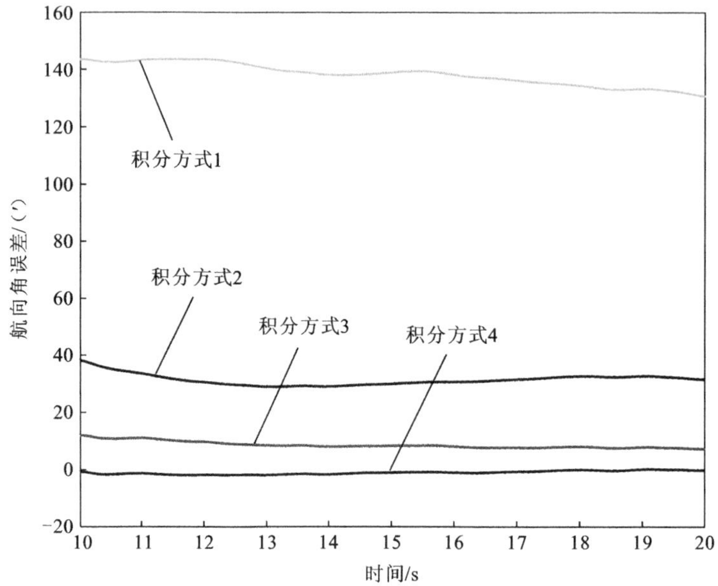

图 2.10　不同积分方式下航向角估计误差

2.4 本章小结

惯性系初始对准通过坐标系分解将传统的初始对准转化为初始时刻常值姿态矩阵的姿态确定问题。姿态确定问题的核心在于通过对惯性导航比力方程进行改造构建矢量观测。本章从矢量观测积分构建的角度系统研究了惯性系初始对准方法，分别研究了基于滑动固定区间积分的矢量观测构建方法和基于积分翻转的矢量观测构建方法。其中：基于滑动固定区间积分的矢量观测构建方法可以在一定限度上抑制惯性器件误差在积分过程中所产生的累积误差，其作用将在后续两章内容中进行介绍；基于积分翻转的矢量观测构建方法可以实现对惯性器件输出信息的反复利用，从而在特定对准时间长度下提高对准精度，或者在给定特定对准精度指标要求的情况下缩短对准时间。

本章参考文献

[1] WU M P, WU Y X, HU X P, et al. Optimization-based alignment for inertial navigation systems: Theory and algorithm[J]. Aerospace Science and Technology, 2011, 15(1): 1-17.

[2] WU Y X, PAN X F. Velocity/position integration formula, Part I: Application to in-flight coarse alignment[J]. IEEE Transactions on Aerospace and Electronic Systems, 2013, 49(2): 1006-1023.

[3] WU Y X, PAN X F. Velocity/position integration formula, Part II: Application to strapdown inertial navigation computation[J]. IEEE Transactions on Aerospace and Electronic Systems, 2013, 49(2): 1024-1034.

[4] WAHBA G. A least squares estimate of spacecraft attitude[J]. SIAM Review, 1965, 7(3): 409-409.

[5] MARKLEY F L, LERNER G. Three-axis attitude determination[J]. Spacecraft Altitude Determination and Control, 1978, 1: 70-77.

[6] DAVENPORT P. A vector approach to the algebra of rotations with applications[R]. NASA, Goddard Space Flight Center Greenbelt, MD, Technique Report TN D-4696, 1968.

[7] SHUSTER M D, OH S D. Attitude determination from vector observations[J]. Journal of Guidance, Control, and Dynamics, 1981, 4(1): 70-77.

[8] MARKLEY F L. Attitude determination using vector observations and the singular value decomposition[J]. Journal of the Astronautical Sciences, 1988, 38(3): 245-258.

[9] MARKLEY F L. Attitude determination using vector observations: A fast optimal matrix algorithm[J]. Journal of the Astronautical Sciences, 1993, 41(2): 264-280.

[10] MORTARI D. ESOQ: A closed-form solution to the Wahba problem[J]. Journal of the Astronautical Sciences, 1997, 45(2): 159-204.

[11] MORTARI D. ESOQ2: Single-point algorithm for fast optimal attitude determination[J]. Advances in the Astronautical Sciences, 1997, 95: 817-826.

[12] MORTARI D. Second estimator of the optimal quaternion[J]. Journal of Guidance, Control, and Dynamics, 2000, 23(4): 885-888.

[13] SHUSTER M D. Maximum likelihood estimation of spacecraft attitude[J]. Journal of Astronautical Sciences, 1989, 37(1): 79-88.

[14] BAR-ITZHACK I Y. REQUEST: A recursive QUEST algorithm for sequential attitude determination[J]. Journal of Guidance, Control, and Dynamics, 1996, 19(5): 1034-1038.

[15] SHUSTER M D. Filter QUEST or REQUEST[J]. Journal of Guidance, Control, and Dynamics, 2009, 32(2): 643-645.

[16] CRASSIDIS J L, MARKLEY F L, CHENG Y. Survey of nonlinear attitude estimation methods[J]. Journal of Guidance, Control, and Dynamics, 2007, 30(1): 12-28.

[17] CHANG L B, QIN F J, CHENG Y. Dynamic analytical initialization method for spacecraft

attitude estimators[J]. arXiv preprint arXiv: 1706. 06814, 2017.

[18] CHANG L B, QIN F J, LI A. A novel backtracking scheme for attitude determination-based initial alignment[J]. IEEE Transactions on Automation Science and Engineering, 2015, 12 (1): 384-390.

[19] CHANG L B, HU B Q, LI Y. Backtracking integration for fast attitude determination-based initial alignment[J]. IEEE Transactions on Instrumentation and Measurement, 2015, 64 (3): 795-803.

第 3 章　动态惯性系初始对准方法

第 2 章研究了惯性系初始对准方法，该方法通过坐标系分解，将初始对准的核心问题转化为求解对准初始时刻常值姿态矩阵的问题。基于姿态确定的惯性系初始对准方法将初始对准问题转化为利用矢量观测进行姿态确定的问题，建立了这两个平行研究数十年问题之间的联系，并将姿态确定问题中一些成熟的算法引入初始时刻常值姿态矩阵的求解中。不可否认，基于姿态确定的惯性系初始对准方法能够有效处理外界运动干扰，在中高精度捷联式惯性导航（如激光和光纤捷联式惯性导航）中已得到广泛的实际应用与推广。同时，这种方法能够对外侧辅助信息反复利用，极大地提高了初始对准的速度。然而，基于姿态确定的惯性系初始对准方法未对惯性器件误差进行建模，因此其本质上仍然是一种解析粗对准方法。由此可推测，基于姿态确定的惯性系初始对准方法因其不能估计除姿态以外的任何量而不再适用于基于微机电系统（micro-electromechanical system，MEMS）低精度捷联式惯性导航系统。

本章在分析与理解传统的基于姿态确定的惯性系对准方法的基础上，拟采用坐标系分解的方法，研究一种适用于低精度捷联式惯性导航的动态惯性系初始对准方法，在姿态对准的同时实现对惯性器件误差的建模估计[1]；重点研究动态惯性系初始对准模型的建立、基于速度积分算法的矢量观测构建，以及姿态估计滤波算法。

3.1　动态惯性系初始对准模型的建立

3.1.1　姿态确定初始对准方法再分析

捷联式惯性导航初始对准的本质是确定载体坐标系相对于导航坐标系的姿态转移矩阵 $\boldsymbol{C}_{\mathrm{b}}^{\mathrm{n}}$。根据姿态矩阵链式法则及相关坐标系定义可得

$$\boldsymbol{C}_{\mathrm{b}}^{\mathrm{n}}(t)=\boldsymbol{C}_{\mathrm{b}(t)}^{\mathrm{n}(t)}=\boldsymbol{C}_{\mathrm{n}(0)}^{\mathrm{n}(t)}\boldsymbol{C}_{\mathrm{b}(0)}^{\mathrm{n}(0)}\boldsymbol{C}_{\mathrm{b}(t)}^{\mathrm{b}(0)}=\boldsymbol{C}_{\mathrm{n}(0)}^{\mathrm{n}(t)}\boldsymbol{C}_{\mathrm{b}}^{\mathrm{n}}(0)\boldsymbol{C}_{\mathrm{b}(t)}^{\mathrm{b}(0)} \tag{3.1}$$

将姿态矩阵分解形式式（3.1）代入惯性导航比力方程并进行相应代数变换可得

$$\boldsymbol{C}_{\mathrm{b}}^{\mathrm{n}}(0)\boldsymbol{C}_{\mathrm{b}(t)}^{\mathrm{b}(0)}\boldsymbol{f}^{\mathrm{b}}=\boldsymbol{C}_{\mathrm{n}(t)}^{\mathrm{n}(0)}[\dot{\boldsymbol{v}}^{\mathrm{n}}+(2\boldsymbol{\omega}_{\mathrm{ie}}^{\mathrm{n}}+\boldsymbol{\omega}_{\mathrm{en}}^{\mathrm{n}})\times\boldsymbol{v}^{\mathrm{n}}-\boldsymbol{g}^{\mathrm{n}}] \tag{3.2}$$

对式（3.2）两边分别进行积分并重新整理可得

$$\boldsymbol{C}_{\mathrm{b}}^{\mathrm{n}}(0)\boldsymbol{\alpha}_{v}=\boldsymbol{\beta}_{v} \tag{3.3}$$

式中：

$$\boldsymbol{\alpha}_{v}=\int_{t_m}^{t}\boldsymbol{C}_{\mathrm{b}(\tau)}^{\mathrm{b}(0)}\boldsymbol{f}^{\mathrm{b}}\mathrm{d}\tau \tag{3.4a}$$

$$\boldsymbol{\beta}_{v}=\int_{t_m}^{t}\boldsymbol{C}_{\mathrm{n}(\tau)}^{\mathrm{n}(0)}[\dot{\boldsymbol{v}}^{\mathrm{n}}+(2\boldsymbol{\omega}_{\mathrm{ie}}^{\mathrm{n}}+\boldsymbol{\omega}_{\mathrm{en}}^{\mathrm{n}})\times\boldsymbol{v}^{\mathrm{n}}-\boldsymbol{g}^{\mathrm{n}}]\mathrm{d}\tau \tag{3.4b}$$

式中：$t_m\in[0,t]$。如果选定$t-t_m$为一固定常值，那么式（3.4）中的积分方式被称为滑动固定区间积分，如图 3.1 上半部分所示；如果令$t_m=0$，那么这种积分方式本书称为全积分，如图 3.1 下半部分所示。从图中可以清晰地看出，相对于滑动固定区间积分，全积分对观测信息的利用更加充分。然而这种充分的利用是把双刃剑：积分区间越长，则对噪声平滑效果越好，对观测量的利用也越充分；同时，积分区间越长，加速度计输出的误差累积也就越大，从而影响观测矢量的准确性，进而影响对准精度。

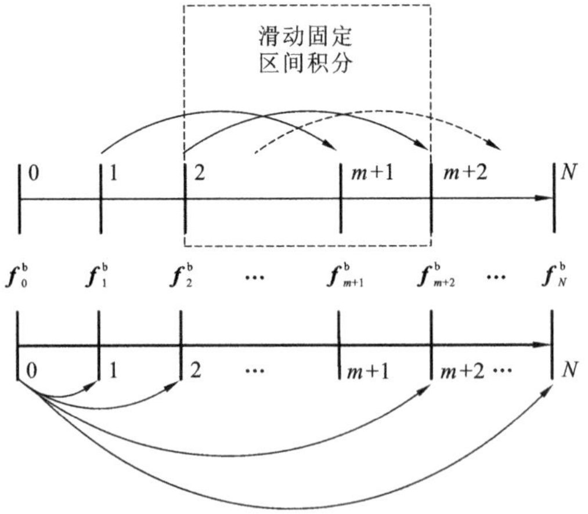

图 3.1 静态姿态确定对准矢量观测构建积分示意图

直观来讲，对低精度捷联式惯性导航系统而言，由于惯性器件误差太大，图 3.1 中的全积分方式显然是不合适的，需要重点研究滑动固定区间积分。通过推导基于滑动固定区间积分的惯性系初始对准算法的另一种形式，探讨得出动态惯性系初始对准模型的可能性。

根据姿态矩阵分解的链式法则可得

$$\boldsymbol{C}_{\mathrm{b}(t)}^{\mathrm{b}(0)}=\boldsymbol{C}_{\mathrm{b}(t_m)}^{\mathrm{b}(0)}\boldsymbol{C}_{\mathrm{b}(t)}^{\mathrm{b}(t_m)} \tag{3.5a}$$

$$\boldsymbol{C}_{\mathrm{n}(t)}^{\mathrm{n}(0)}=\boldsymbol{C}_{\mathrm{n}(t_m)}^{\mathrm{n}(0)}\boldsymbol{C}_{\mathrm{n}(t)}^{\mathrm{n}(t_m)} \tag{3.5b}$$

将式（3.5）代入式（3.2）中并对两边在$[t_m,t]$上进行积分可得

$$\begin{aligned}&\boldsymbol{C}_{\mathrm{b}}^{\mathrm{n}}(0)\int_{t_m}^{t}\boldsymbol{C}_{\mathrm{b}(t_m)}^{\mathrm{b}(0)}\boldsymbol{C}_{\mathrm{b}(\tau)}^{\mathrm{b}(t_m)}\boldsymbol{f}^{\mathrm{b}}\mathrm{d}\tau\\&=\int_{t_m}^{t}\boldsymbol{C}_{\mathrm{n}(t_m)}^{\mathrm{n}(0)}\boldsymbol{C}_{\mathrm{n}(\tau)}^{\mathrm{n}(t_m)}[\dot{\boldsymbol{v}}^{\mathrm{n}}+(2\boldsymbol{\omega}_{\mathrm{ie}}^{\mathrm{n}}+\boldsymbol{\omega}_{\mathrm{en}}^{\mathrm{n}})\times\boldsymbol{v}^{\mathrm{n}}-\boldsymbol{g}^{\mathrm{n}}]\mathrm{d}\tau\end{aligned} \tag{3.6}$$

相对积分算子$\mathrm{d}\tau$而言，$\boldsymbol{C}_{\mathrm{n}(t_m)}^{\mathrm{n}(0)}$是一常值矩阵，因此可以提到积分符号外面；同时对积分两边分别左乘$\boldsymbol{C}_{\mathrm{n}(0)}^{\mathrm{n}(t_m)}$并整理可得

$$\boldsymbol{C}_{\mathrm{b}}^{\mathrm{n}}(t_m)\boldsymbol{\alpha}_{\tilde{v}}=\boldsymbol{\beta}_{\tilde{v}} \tag{3.7}$$

式中：

$$\boldsymbol{\alpha}_{\tilde{v}}=\int_{t_m}^{t}\boldsymbol{C}_{\mathrm{b}(\tau)}^{\mathrm{b}(t_m)}\boldsymbol{f}^{\mathrm{b}}\mathrm{d}\tau \tag{3.8a}$$

$$\boldsymbol{\beta}_{\tilde{v}}=\int_{t_m}^{t}\boldsymbol{C}_{\mathrm{n}(\tau)}^{\mathrm{n}(t_m)}[\dot{\boldsymbol{v}}^{\mathrm{n}}+(2\boldsymbol{\omega}_{\mathrm{ie}}^{\mathrm{n}}+\boldsymbol{\omega}_{\mathrm{en}}^{\mathrm{n}})\times\boldsymbol{v}^{\mathrm{n}}+\boldsymbol{g}^{\mathrm{n}}]\mathrm{d}\tau \tag{3.8b}$$

因此式（3.7）也是一个姿态确定问题，而式（3.8）则是相应的矢量观测。式（3.7）中需要确定的姿态矩阵$\boldsymbol{C}_{\mathrm{b}}^{\mathrm{n}}(t_m)$是一个“动态常值”矩阵。其中：“常值”是指$\boldsymbol{C}_{\mathrm{b}}^{\mathrm{n}}(t_m)$相对于时间区间$[t_m,t]$是一个常值矩阵，这类似于$\boldsymbol{C}_{\mathrm{b}}^{\mathrm{n}}(0)$相对于区间$[0,t]$；“动态”是指$\boldsymbol{C}_{\mathrm{b}}^{\mathrm{n}}(t_m)$在整个对准时间内是随$t_m$变化的，因为$t_m\in[0,t]$。式（3.8）中的积分示意图如图 3.2 所示，图中黑点标记的位置即为$\boldsymbol{C}_{\mathrm{b}}^{\mathrm{n}}(t_m)$。

由于式（3.7）和式（3.8）通过相应的坐标变换可以转化为式（3.3）和式（3.4），静态优化对准算法本质上是利用了“动态常值”$\boldsymbol{C}_{\mathrm{b}}^{\mathrm{n}}(t_m)$的“常值”特性。经过上述深入分析，很容易想到利用“动态常值”$\boldsymbol{C}_{\mathrm{b}}^{\mathrm{n}}(t_m)$的“动态”特性导出所需要的动态优化对准模型。

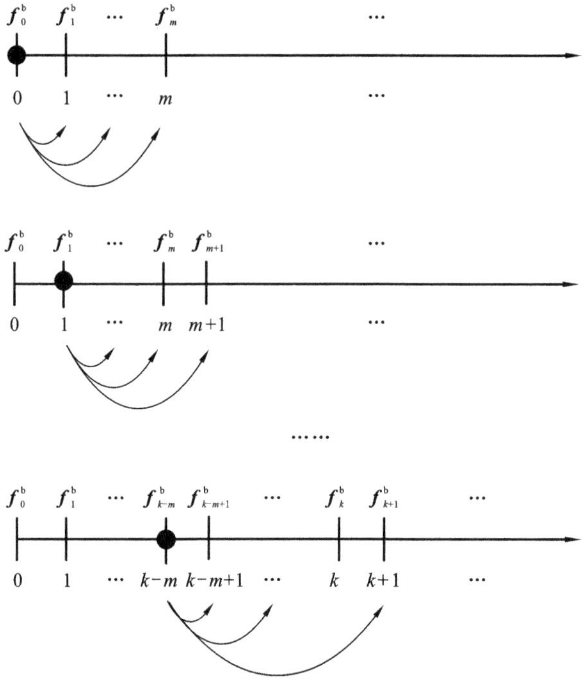

图 3.2 “动态常值”姿态矩阵示意图

3.1.2 从姿态确定到姿态估计

根据姿态矩阵分解的链式法则，对于任一时刻$\tau\in[t_m,t]$，有

$$C_{\mathrm{b}}^{\mathrm{n}}(\tau)=C_{\mathrm{n}(t)}^{\mathrm{n}(\tau)}C_{\mathrm{b}}^{\mathrm{n}}(t)C_{\mathrm{b}(\tau)}^{\mathrm{b}(t)} \tag{3.9}$$

将该姿态矩阵分解形式代入惯性导航比力方程，并在$[t_m,t]$上进行积分可得

$$\int_{t_m}^{t}C_{\mathrm{b}}^{\mathrm{n}}(t)C_{\mathrm{b}(\tau)}^{\mathrm{b}(t)}f^{\mathrm{b}}\mathrm{d}\tau=\int_{t_m}^{t}C_{\mathrm{n}(\tau)}^{\mathrm{n}(t)}[\dot{v}^{\mathrm{n}}+(2\omega_{\mathrm{ie}}^{\mathrm{n}}+\omega_{\mathrm{en}}^{\mathrm{n}})\times v^{\mathrm{n}}-g^{\mathrm{n}}]\mathrm{d}\tau \tag{3.10}$$

同理，$C_{\mathrm{b}}^{\mathrm{n}}(t)$相对于积分算子$\mathrm{d}\tau$是一常值矩阵，因此可以提到积分符号外面，经过整理可得

$$C_{\mathrm{b}}^{\mathrm{n}}(t)\alpha_{\mathrm{dv}}=\beta_{\mathrm{dv}} \tag{3.11}$$

式中：

$$\alpha_{\mathrm{dv}}=\int_{t_m}^{t}C_{\mathrm{b}(\tau)}^{\mathrm{b}(t)}f^{\mathrm{b}}\mathrm{d}\tau \tag{3.12a}$$

$$\beta_{\mathrm{dv}}=\int_{t_m}^{t}C_{\mathrm{n}(\tau)}^{\mathrm{n}(t)}[\dot{v}^{\mathrm{n}}+(2\omega_{\mathrm{ie}}^{\mathrm{n}}+\omega_{\mathrm{en}}^{\mathrm{n}})\times v^{\mathrm{n}}-g^{\mathrm{n}}]\mathrm{d}\tau \tag{3.12b}$$

式（3.11）实际上就是姿态矩阵 $\boldsymbol{C}_{\mathrm{b}}^{\mathrm{n}}(t)$ 的估计模型（利用了其“动态”特性），而 $\boldsymbol{C}_{\mathrm{b}}^{\mathrm{n}}(t)$ 的更新模型就是熟知的姿态微分方程

$$\dot{\boldsymbol{C}}_{\mathrm{b}}^{\mathrm{n}}(t)=\boldsymbol{C}_{\mathrm{b}}^{\mathrm{n}}(t)[\tilde{\boldsymbol{\omega}}_{\mathrm{ib}}^{\mathrm{b}}(t)-\boldsymbol{\varepsilon}^{\mathrm{b}}(t)-\boldsymbol{C}_{\mathrm{b}}^{\mathrm{n}}(t)^{\mathrm{T}}\boldsymbol{\omega}_{\mathrm{in}}^{\mathrm{n}}(t)-\boldsymbol{\eta}_{\mathrm{gv}}]\times \tag{3.13}$$

通过这种方式就实现了对陀螺常值漂移 $\boldsymbol{\varepsilon}^{\mathrm{b}}$ 的建模估计。这种姿态估计模型示意图如图 3.3 所示。图中：状态量 x 包括所要估计的姿态矩阵 $\boldsymbol{C}_{\mathrm{b}}^{\mathrm{n}}(t)$ 和陀螺常值漂移。

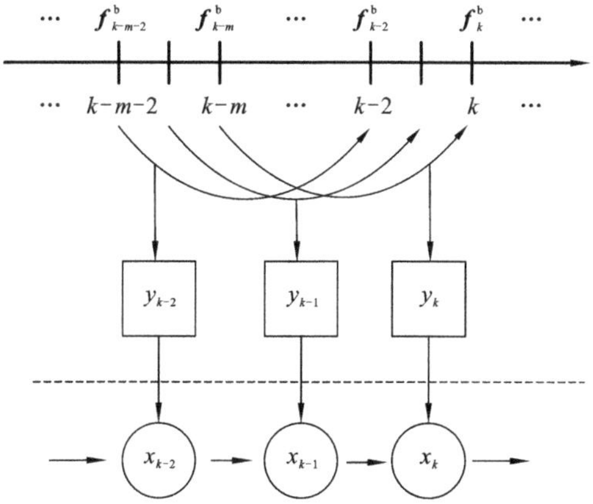

图 3.3　动态惯性系初始对准原理示意图

3.1.3　矢量观测构建

3.1.2 小节给出了动态惯性系初始对准的基本原理及其对应的矢量观测构建方法，接下来本小节给出相应矢量观测的具体求解方法。由式（3.12）可得

$$\int_{t_m}^{t}\boldsymbol{C}_{\mathrm{b}(\tau)}^{\mathrm{b}(t)}\boldsymbol{f}^{\mathrm{b}}\mathrm{d}\tau=\int_{t_m}^{t}\boldsymbol{C}_{\mathrm{b}(0)}^{\mathrm{b}(t)}\boldsymbol{C}_{\mathrm{b}(\tau)}^{\mathrm{b}(0)}\boldsymbol{f}^{\mathrm{b}}\mathrm{d}\tau=\boldsymbol{C}_{\mathrm{b}(0)}^{\mathrm{b}(t)}\int_{t_m}^{t}\boldsymbol{C}_{\mathrm{b}(\tau)}^{\mathrm{b}(0)}\boldsymbol{f}^{\mathrm{b}}\mathrm{d}\tau \tag{3.14}$$

从上式可以看出，其右边的积分与上一章姿态确定中观测矢量的形式类似，因此可以采用类似的方法进行求解，即

$$\boldsymbol{\alpha}_{\mathrm{dv}}=\boldsymbol{C}_{\mathrm{b}(0)}^{\mathrm{b}(t)}\sum_{k=m}^{M-1}\boldsymbol{C}_{\mathrm{b}(t_k)}^{\mathrm{b}(0)}\int_{t_k}^{t_{k+1}}\boldsymbol{C}_{\mathrm{b}(t)}^{\mathrm{b}(t_k)}\boldsymbol{f}^{\mathrm{b}}(t)\mathrm{d}t \tag{3.15}$$

对于式（3.12b），其中右边积分的第一项可以分解为

$$\begin{aligned}\int_{t_m}^{t}\boldsymbol{C}_{\mathrm{n}(\tau)}^{\mathrm{n}(t)}\dot{\boldsymbol{v}}^{\mathrm{n}}\mathrm{d}\tau&=\boldsymbol{C}_{\mathrm{n}(\tau)}^{\mathrm{n}(t)}\boldsymbol{v}^{\mathrm{n}}\Big|_{t_m}^{t}-\int_{t_m}^{t}\boldsymbol{C}_{\mathrm{n}(\tau)}^{\mathrm{n}(t)}\boldsymbol{\omega}_{\mathrm{in}}^{\mathrm{n}}\times\boldsymbol{v}^{\mathrm{n}}\mathrm{d}\tau\\&=\boldsymbol{v}^{\mathrm{n}}(t)-\boldsymbol{C}_{\mathrm{n}(t_m)}^{\mathrm{n}(t)}\boldsymbol{v}^{\mathrm{n}}(t_m)-\int_{t_m}^{t}\boldsymbol{C}_{\mathrm{n}(\tau)}^{\mathrm{n}(t)}\boldsymbol{\omega}_{\mathrm{in}}^{\mathrm{n}}\times\boldsymbol{v}^{\mathrm{n}}\mathrm{d}\tau\end{aligned} \tag{3.16}$$

将式（3.16）代入式（3.12b）可得

$$\boldsymbol{\beta}_{\mathrm{d}v}=\boldsymbol{v}^{\mathrm{n}}(t)-\boldsymbol{C}_{\mathrm{n}(t_m)}^{\mathrm{n}(t)}\boldsymbol{v}^{\mathrm{n}}(t_m)+\int_{t_m}^{t}\boldsymbol{C}_{\mathrm{n}(\tau)}^{\mathrm{n}(t)}\boldsymbol{\omega}_{\mathrm{ie}}^{\mathrm{n}}\times\boldsymbol{v}^{\mathrm{n}}\mathrm{d}\tau-\int_{t_m}^{t}\boldsymbol{C}_{\mathrm{n}(\tau)}^{\mathrm{n}(t)}\boldsymbol{g}^{n}\mathrm{d}\tau \tag{3.17}$$

式（3.17）右边第一项积分可以计算如下：

$$\begin{aligned}\int_{t_m}^{t}\boldsymbol{C}_{\mathrm{n}(\tau)}^{\mathrm{n}(t)}\boldsymbol{\omega}_{\mathrm{ie}}^{\mathrm{n}}\times\boldsymbol{v}^{\mathrm{n}}\mathrm{d}\tau&=\int_{t_m}^{t}\boldsymbol{C}_{\mathrm{n}(0)}^{\mathrm{n}(t)}\boldsymbol{C}_{\mathrm{n}(\tau)}^{\mathrm{n}(0)}\boldsymbol{\omega}_{\mathrm{ie}}^{\mathrm{n}}\times\boldsymbol{v}^{\mathrm{n}}\mathrm{d}\tau\\&=\boldsymbol{C}_{\mathrm{n}(0)}^{\mathrm{n}(t)}\sum_{k=m}^{M-1}\boldsymbol{C}_{\mathrm{n}(t_k)}^{\mathrm{n}(0)}\int_{t_k}^{t_{k+1}}\boldsymbol{C}_{\mathrm{n}(t)}^{\mathrm{n}(t_k)}\boldsymbol{\omega}_{\mathrm{ie}}^{\mathrm{n}}\times\boldsymbol{v}^{\mathrm{n}}\mathrm{d}t\end{aligned} \tag{3.18}$$

第二项积分可以计算如下：

$$\begin{aligned}\int_{t_m}^{t}\boldsymbol{C}_{\mathrm{n}(\tau)}^{\mathrm{n}(t)}\boldsymbol{g}^{\mathrm{n}}\mathrm{d}\tau&=\int_{t_m}^{t}\boldsymbol{C}_{\mathrm{n}(0)}^{\mathrm{n}(t)}\boldsymbol{C}_{\mathrm{n}(\tau)}^{\mathrm{n}(0)}\boldsymbol{g}^{\mathrm{n}}\mathrm{d}\tau\\&=\boldsymbol{C}_{\mathrm{n}(0)}^{\mathrm{n}(t)}\sum_{k=m}^{M-1}\boldsymbol{C}_{\mathrm{n}(t_k)}^{\mathrm{n}(0)}\int_{t_k}^{t_{k+1}}\boldsymbol{C}_{\mathrm{n}(t)}^{\mathrm{n}(t_k)}\boldsymbol{g}^{\mathrm{n}}(t)\mathrm{d}t\end{aligned} \tag{3.19}$$

将式（3.18）和式（3.19）代入式（3.17）可得

$$\begin{aligned}\boldsymbol{\beta}_{\mathrm{d}v}=&\boldsymbol{v}^{\mathrm{n}}(t)-\boldsymbol{C}_{\mathrm{n}(t_m)}^{\mathrm{n}(t)}\boldsymbol{v}^{\mathrm{n}}(t_m)\\&+\boldsymbol{C}_{\mathrm{n}(0)}^{\mathrm{n}(t)}\left[\sum_{k=m}^{M-1}\boldsymbol{C}_{\mathrm{n}(t_k)}^{\mathrm{n}(0)}\int_{t_k}^{t_{k+1}}\boldsymbol{C}_{\mathrm{n}(t)}^{\mathrm{n}(t_k)}\boldsymbol{\omega}_{\mathrm{ie}}^{\mathrm{n}}\times\boldsymbol{v}^{\mathrm{n}}\mathrm{d}t-\sum_{k=m}^{M-1}\boldsymbol{C}_{\mathrm{n}(t_k)}^{\mathrm{n}(0)}\int_{t_k}^{t_{k+1}}\boldsymbol{C}_{\mathrm{n}(t)}^{\mathrm{n}(t_k)}\boldsymbol{g}^{\mathrm{n}}(t)\mathrm{d}t\right]\end{aligned} \tag{3.20}$$

式（3.15）和式（3.20）中的积分可根据第 2 章中的速度积分算法直接求得，这里不再赘述。

3.2　姿态估计滤波算法

本节将针对 3.1 节建立的非线性姿态估计模型，详细介绍 UKF 在该问题中的实施流程，重点针对姿态四元数在传统 UKF 框架中规范性约束难以满足，以及如何解决的问题进行阐述。

3.2.1　基于四元数姿态估计问题的表述

3.1 节建立的姿态估计模型中采用了方向余弦矩阵来表示姿态，但是方向余弦矩阵用 9 个参量来表示 3 个参量的姿态，导致其在实际应用过程中需要较高的存储和计算成本，同时方向余弦矩阵常义正交条件难以满足，因此在大部分领域已很少采用方向余弦矩阵来表示姿态。四元数是目前所有姿态表示方法中不具奇异性的最小参数表示方法，同时四元数运动方程对于四元数是线性的，另外四元数与方向余弦矩阵的关系为二次幂函数，二者在转换过程中不存在超定方程。鉴于四元数的诸多优势，20 世纪 80 年代之后，在姿态估计领域就基本形成了共识：四元数是姿态表示最合适的方法[2]。本小节首先给出 3.1 节建立的姿态估计模型的四元数表示形式以进行接下来的滤波算法设计。

假设式（3.13）中 $\boldsymbol{C}_{\mathrm{b}}^{\mathrm{n}}(t)$ 对应的四元数为 $\boldsymbol{q}_{\mathrm{b}}^{\mathrm{n}}(t)$，则式（3.13）对应的四元数运动学方程为

$$\dot{\boldsymbol{q}}_{\mathrm{b}}^{\mathrm{n}}(t)=\frac{1}{2}\{\boldsymbol{q}_{\mathrm{b}}^{\mathrm{n}}(t)\otimes[\tilde{\boldsymbol{\omega}}_{\mathrm{ib}}^{\mathrm{b}}(t)-\boldsymbol{\varepsilon}^{\mathrm{b}}(t)]-\boldsymbol{\omega}_{\mathrm{in}}^{\mathrm{n}}(t)\otimes\boldsymbol{q}_{\mathrm{b}}^{\mathrm{n}}(t)\} \tag{3.21}$$

$\boldsymbol{C}_{\mathrm{b}}^{\mathrm{n}}$ 与 $\boldsymbol{q}_{\mathrm{b}}^{\mathrm{n}}$ 的转换关系为

$$\begin{aligned}\boldsymbol{C}(\boldsymbol{q}_{\mathrm{b}}^{\mathrm{n}})&=\boldsymbol{q}_v\boldsymbol{q}_v^{\mathrm{T}}+q_0^2\boldsymbol{I}_{3\times3}+2\boldsymbol{q}_0[\boldsymbol{q}_v\times]+[\boldsymbol{q}_v\times]^2\\&=\begin{bmatrix}q_0^2+q_1^2-q_2^2-q_3^2 & 2(q_1q_2-q_0q_3) & 2(q_1q_3+q_0q_2)\\ 2(q_1q_2+q_0q_3) & q_0^2-q_1^2+q_2^2-q_3^2 & 2(q_2q_3-q_0q_1)\\ 2(q_1q_3-q_0q_2) & 2(q_2q_3-q_0q_1) & q_0^2-q_1^2-q_2^2+q_3^2\end{bmatrix}\end{aligned} \tag{3.22}$$

式中：

$$\boldsymbol{q}_{\mathrm{b}}^{\mathrm{n}}=[q_0\quad \boldsymbol{q}_v^{\mathrm{T}}]^{\mathrm{T}}=[q_0\quad q_1\quad q_2\quad q_3]^{\mathrm{T}} \tag{3.23}$$

为了进行滤波算法设计，式（3.21）中的连续微分方程首先需要进行离散化，离散化本质上就是常说的计算机姿态解算。由于此处的姿态更新方程是用于滤波的状态模型，对姿态更新算法本身要求不是太苛刻，直接采用最简单的单子样算法：

$$\boldsymbol{q}_{\mathrm{b},k}^{\mathrm{n}}=\boldsymbol{q}_{\mathrm{b},k-1}^{\mathrm{n}}\otimes\Delta\boldsymbol{q}_{k-1} \tag{3.24}$$

式中：

$$\Delta\boldsymbol{q}_{k-1}=\begin{bmatrix}\cos\|0.5v_{k-1}\|\\ \dfrac{\sin\|0.5v_{k-1}\|}{\|0.5v_{k-1}\|}0.5v_{k-1}\end{bmatrix} \tag{3.25}$$

$$\boldsymbol{v}_{k-1}=[\tilde{\boldsymbol{\omega}}_{\mathrm{ib},k-1}^{\mathrm{b}}-\boldsymbol{\varepsilon}_{k-1}^{\mathrm{b}}-\boldsymbol{C}(\boldsymbol{q}_{\mathrm{b},k-1}^{\mathrm{n}})^{\mathrm{T}}\boldsymbol{\omega}_{\mathrm{in},k-1}^{\mathrm{n}}]\Delta t \tag{3.26}$$

因为在姿态估计过程中假设陀螺漂移为常值，所以有

$$\boldsymbol{\varepsilon}_k^{\mathrm{b}}=\boldsymbol{\varepsilon}_{k-1}^{\mathrm{b}} \tag{3.27}$$

式（3.11）观测方程对应的四元数形式为

$$\boldsymbol{C}(\boldsymbol{q}_{\mathrm{b},k}^{\mathrm{n}})\boldsymbol{\alpha}_{\mathrm{d}v,k}=\boldsymbol{\beta}_{\mathrm{d}v,k} \tag{3.28}$$

式（3.24）、式（3.27）和式（3.28）构成了离散形式的四元数姿态估计模型。

3.2.2 UKF 在四元数估计问题中的缺陷

由于式（3.24）和式（3.28）构成的离散状态空间模型是非线性的，本书将 UKF 用于该问题的状态估计。然而四元数在滤波过程中需要满足规范性约束条件，而该约束条件很容易在 UKF 框架中遭到破坏，具体分析如下。

考虑如下形式的四元数加权平均计算：

$$\hat{\boldsymbol{q}}=\sum_{i=1}^{N}\boldsymbol{w}(i)\cdot\boldsymbol{q}(i) \quad \text{且} \quad \sum_{i=1}^{N}\boldsymbol{w}(i)=1 \tag{3.29}$$

$\boldsymbol{q}(i)$ 在 UKF 中可以认为是四元数的 sigma 点，$\boldsymbol{w}(i)$ 是其对应的权值。式（3.29）中直接对四元数进行加权平均计算存在以下三个主要缺陷。

首先是最明显的一个缺陷，即四元数直接相加得到的量并不一定满足四元数规范性约束条件。例如，对于以下两个四元数

$$\boldsymbol{q}(1)=[0 \quad 0 \quad 0 \quad 1]$$

$$\boldsymbol{q}(2)=[0 \quad 0 \quad -\sqrt{0.001} \quad -\sqrt{0.999}]$$

有

$$\boldsymbol{q}(1)+\boldsymbol{q}(2)=[0 \quad 0 \quad -\sqrt{0.001} \quad 1-\sqrt{0.999}]$$

显然上式不满足四元数规范性约束条件。

其次，很容易知道 $\boldsymbol{q}$ 和 $-\boldsymbol{q}$ 表示同一个旋转结果，也就是说四元数与旋转之间存在一个 2∶1 的映射，因此改变式（3.29）中任一 $\boldsymbol{q}(i)$ 的符号不应该影响 $\hat{\boldsymbol{q}}$ 的计算结果。显然式（3.29）不满足这种条件。

第三个缺陷与 UKF 的滤波框架有关。因为四元数是用 4 个参量来表示 3 个参量的姿态，所以四元数对应的 4×4 协方差矩阵的秩是 3。在 UKF 滤波框架中，为了计算状态 sigma 点，需要对状态协方差进行平方根运算，因此如果直接对四元数的 4×4 协方差矩阵进行平方根运算，会因其奇异性引起滤波过程的数值不稳定问题，严重时可能会导致滤波发散甚至终止。故在四元数状态估计问题中不能直接应用 UKF。

3.2.3 USQUE 算法设计

为了解决 UKF 在四元数状态估计中的问题，Crassidis 等[3-4]提出了一种无迹四元数估计算法（unscentd quaternion estimator，USQUE）巧妙地解决了四元数在 UKF 中规范性约束保持的问题。USQUE 算法本质上是采用双层姿态传递

方法，即载体姿态更新采用四元数的形式，而在滤波传递中则采用 3 个参量［USQUE 算法采用的是 MRP（modified rodrigues parameter）］的姿态误差表示形式，同时根据乘性四元数误差模型将 MRP 表示的姿态误差与四元数表示的姿态联系起来。由于在 USQUE 中姿态对应的状态为 3 个参量的 MRP，避免了如式（3.29）中对四元数直接进行加权平均所带来的一系列问题。USQUE 算法继承了 UKF 算法的诸多优点，同时又解决了四元数直接在 UKF 框架中传递带来的问题，因此一经提出就在姿态估计领域得到了广泛的应用与推广。本小节将针对前面所建立的姿态估计模型给出明确的 USQUE 算法设计。

在 USQUE 算法中采用乘性四元数误差作为过渡来进行姿态更新。定义四元数误差 $\delta\boldsymbol{q}=[\delta\boldsymbol{q}_0 \quad \delta\boldsymbol{q}_v^{\mathrm{T}}]^{\mathrm{T}}$，$\delta\boldsymbol{q}$ 的 MRP 形式可以表示为

$$\delta\boldsymbol{\mathfrak{R}}=f\frac{\delta\boldsymbol{q}_v}{a+\delta\boldsymbol{q}_0} \tag{3.30}$$

式中：f 和 a 为可选的参数。当 $f=1$，$a=0$ 时，式（3.30）表示的是 Rodrigues 参数或 Gibbs 矢量；当 $f=a=1$ 时，式（3.30）表示的是标准的 MRP。当旋转角度为小角度时，式（3.30）表示的矢量与姿态角矢量存在简单的比例关系，如 Gibbs 矢量等于姿态角矢量的二分之一，标准的 MRP 等于姿态角的四分之一。

在 USQUE 中状态选取为 MRP 和陀螺常值漂移。假设时刻 k 的状态估计量为 $\hat{\boldsymbol{x}}_{k-1}=[\delta\hat{\boldsymbol{\mathfrak{R}}}_{k-1}^{\mathrm{T}} \quad \hat{\boldsymbol{\varepsilon}}_{k-1}^{\mathrm{b}\ \mathrm{T}}]^{\mathrm{T}}$，对应的方差为 $\boldsymbol{P}_{k-1}$；姿态四元数的估计为 $\hat{\boldsymbol{q}}_{k-1}$，目的是要通过估计 $\hat{\boldsymbol{x}}_k$ 和 $\boldsymbol{P}_k$ 确定出相应的姿态四元数 $\hat{\boldsymbol{q}}_k$ 和陀螺常值漂移估计 $\hat{\boldsymbol{\varepsilon}}_k^{\mathrm{b}}$。具体步骤如下。

1. 时间更新

根据上一步状态估计和方差计算相应的 sigma 点：

$$\boldsymbol{\chi}_{k-1}(i)=\begin{bmatrix}\boldsymbol{\chi}_{k-1}^{\delta\mathfrak{R}}(i)\\ \boldsymbol{\chi}_{k-1}^{\varepsilon}(i)\end{bmatrix}=\mathrm{sigma}(\hat{\boldsymbol{x}}_{k-1},\boldsymbol{P}_{k-1}) \tag{3.31}$$

式中：$\mathrm{sigma}(\cdot,\cdot)$ 表示不同的 sigma 点采样方法，具体形式可以根据不同的应用条件选择相应的采样方法，如传统的 sigma 点、cubature 点和 transformed sigma 点，本章以传统的 UKF 对称采样方法进行相关算法说明；$\boldsymbol{\chi}_{k-1}^{\delta\mathfrak{R}}(i)$ 和 $\boldsymbol{\chi}_{k-1}^{\varepsilon}(i)$ 分别为 $\boldsymbol{\chi}_{k-1}(i)$ 对应的姿态部分和陀螺常值漂移部分。

由于建立的状态模型是四元数运动学方程，需要将式（3.31）中 MRP 对应

的 sigma 点转化为四元数误差形式的 sigma 点，进而求得四元数形式的 sigma 点。假设 $\boldsymbol{\chi}_{k-1}^{\delta\mathfrak{R}}(i)$ 对应的四元数误差形式为

$$\boldsymbol{\chi}_{k-1}^{\delta q}(i)=[\delta \boldsymbol{q}_{0,k-1}(i) \quad \delta \boldsymbol{q}_{v,k-1}(i)^{\mathrm{T}}]^{\mathrm{T}} \tag{3.32}$$

$\boldsymbol{\chi}_{k-1}^{\delta q}(i)$ 可以由式（3.30）的逆形式求得，即

$$\delta \boldsymbol{q}_{0,k-1}(i)=\frac{-a\left\|\boldsymbol{\chi}_{k-1}^{\delta\mathfrak{R}}(i)\right\|^2+f\sqrt{f^2+(1-a^2)\left\|\boldsymbol{\chi}_{k-1}^{\delta\mathfrak{R}}(i)\right\|^2}}{f^2+\left\|\boldsymbol{\chi}_{k-1}^{\delta\mathfrak{R}}(i)\right\|^2} \tag{3.33a}$$

$$\delta \boldsymbol{q}_{v,k-1}(i)=f^{-1}[a+\delta \boldsymbol{q}_{0,k-1}(i)]\boldsymbol{\chi}_{k-1}^{\delta\mathfrak{R}}(i) \tag{3.33b}$$

根据上一步四元数估计值计算四元数对应的 sigma 点：

$$\boldsymbol{\chi}_{k-1}^{q}(i)=\boldsymbol{\chi}_{k-1}^{\delta q}(i)\otimes\hat{\boldsymbol{q}}_{k-1} \tag{3.34}$$

将式（3.34）中计算得到的四元数 sigma 点在式（3.24）中传递：

$$\boldsymbol{\chi}_{k|k-1}^{q}(i)=\boldsymbol{\chi}_{k-1}^{q}(i)\otimes\Delta \boldsymbol{q}_{k-1}(i) \tag{3.35}$$

式中：

$$\Delta \boldsymbol{q}_{k-1}(i)=\begin{bmatrix}\cos\left\|0.5v_{k-1}(i)\right\| \\ \dfrac{\sin\left\|0.5v_{k-1}(i)\right\|}{\left\|0.5v_{k-1}(i)\right\|}0.5v_{k-1}(i)\end{bmatrix} \tag{3.36}$$

$$v_{k-1}(i)=\tilde{\boldsymbol{\omega}}_{\mathrm{ib},k-1}^{\mathrm{b}}-\boldsymbol{\chi}_{k-1}^{\varepsilon}(i)-\boldsymbol{C}[\boldsymbol{\chi}_{k-1}^{q}(i)]^{\mathrm{T}}\boldsymbol{\omega}_{\mathrm{in},k-1}^{\mathrm{n}} \tag{3.37}$$

为了求得状态预测均值和协方差，要根据传递的四元数 sigma 点 $\boldsymbol{\chi}_{k|k-1}^{q}(i)$ 求得相应的 MRP 形式的 sigma 点。由于 MRP 对应的是姿态误差，而 $\boldsymbol{\chi}_{k|k-1}^{q}(i)$ 对应的是姿态，需要根据某个参考四元数确定相应的四元数误差 sigma 点。文献[3]指出，传递的四元数 sigma 点 $\boldsymbol{\chi}_{k|k-1}^{q}(i)$ 中任意一点都可选取为参考四元数以求得相应四元数误差形式的 sigma 点。文献[3-4]选取 $\boldsymbol{\chi}_{k|k-1}^{q}(0)$ 作为参考四元数，则对应的四元数误差 sigma 点为

$$\boldsymbol{\chi}_{k|k-1}^{\delta q}(i)=\boldsymbol{\chi}_{k|k-1}^{q}(i)\otimes[\boldsymbol{\chi}_{k|k-1}^{q}(0)]^{-1} \tag{3.38}$$

记

$$\boldsymbol{\chi}_{k|k-1}^{\delta q}(i)=[\delta \boldsymbol{q}_{0,k|k-1}(i) \quad \delta \boldsymbol{q}_{v,k|k-1}(i)^{\mathrm{T}}]^{\mathrm{T}} \tag{3.39}$$

则 $\boldsymbol{\chi}_{k|k-1}^{\delta q}(i)$ 对应的 MRP 形式可由式（3.30）求得，即

$$\boldsymbol{\chi}_{k|k-1}^{\delta\mathfrak{R}}(i)=f\frac{\delta \boldsymbol{q}_{v,k|k-1}(i)}{a+\delta \boldsymbol{q}_{0,k|k-1}(i)} \tag{3.40}$$

由于陀螺漂移为常值，其在状态模型中传递的 sigma 点为

$$\boldsymbol{\chi}_{k|k-1}^{\varepsilon}(i)=\boldsymbol{\chi}_{k-1}^{\varepsilon}(i) \tag{3.41}$$

令 $\boldsymbol{\chi}_{k|k-1}(i)=[\boldsymbol{\chi}_{k|k-1}^{\delta\mathfrak{R}}(i)^{\mathrm{T}}\quad \boldsymbol{\chi}_{k|k-1}^{\varepsilon}(i)^{\mathrm{T}}]^{\mathrm{T}}$，则状态预测均值和方差分别为

$$\hat{\boldsymbol{x}}_{k|k-1}=\sum_{i=0}^{2n}\boldsymbol{w}(i)\boldsymbol{\chi}_{k|k-1}(i) \tag{3.42}$$

$$\boldsymbol{P}_{k|k-1}=\sum_{i=0}^{2n}\boldsymbol{w}(i)[\boldsymbol{\chi}_{k|k-1}(i)-\hat{\boldsymbol{x}}_{k|k-1}][\boldsymbol{\chi}_{k|k-1}(i)-\hat{\boldsymbol{x}}_{k|k-1}]^{\mathrm{T}}+\boldsymbol{Q}_{k-1} \tag{3.43}$$

式中：n 为选取状态的维数，在本章建立的模型中 $n=6$；$\boldsymbol{w}(i)$ 为 sigma 点的权值；$\boldsymbol{Q}_{k-1}$ 为状态噪声方差。

2. 量测更新

根据状态预测均值和方差计算相应的 sigma 点：

$$\boldsymbol{\chi}_{k|k-1}^{*}(i)=\begin{bmatrix}\boldsymbol{\chi}_{k|k-1}^{*\delta\mathfrak{R}}(i)\\ \boldsymbol{\chi}_{k|k-1}^{*\varepsilon}(i)\end{bmatrix}=\mathrm{sigma}(\hat{\boldsymbol{x}}_{k|k-1},\boldsymbol{P}_{k|k-1}) \tag{3.44}$$

由于观测方程（3.28）中与状态相关的是姿态四元数，需要先将 $\boldsymbol{\chi}_{k|k-1}^{*\delta\mathfrak{R}}(i)$ 转化为四元数误差形式，进而根据四元数预测求得相应四元数形式的 sigma 点。

$\boldsymbol{\chi}_{k|k-1}^{*\delta\mathfrak{R}}(i)$ 对应的四元数误差形式为

$$\boldsymbol{\chi}_{k|k-1}^{*\delta\boldsymbol{q}}(i)=[\delta\boldsymbol{q}_{0,k|k-1}^{*}(i)\quad \delta\boldsymbol{q}_{v,k|k-1}^{*}(i)^{\mathrm{T}}]^{\mathrm{T}} \tag{3.45}$$

$\boldsymbol{\chi}_{k|k-1}^{*\delta\boldsymbol{q}}(i)$ 可由式（3.30）的逆形式求得，即

$$\delta\boldsymbol{q}_{0,k|k-1}^{*}(i)=\frac{-a\left\|\boldsymbol{\chi}_{k|k-1}^{*\delta\mathfrak{R}}(i)\right\|^{2}+f\sqrt{f^{2}+(1-a^{2})\left\|\boldsymbol{\chi}_{k|k-1}^{*\delta\mathfrak{R}}(i)\right\|^{2}}}{f^{2}+\left\|\boldsymbol{\chi}_{k|k-1}^{*\delta\mathfrak{R}}(i)\right\|^{2}} \tag{3.46a}$$

$$\delta\boldsymbol{q}_{v,k|k-1}^{*}(i)=f^{-1}[a+\delta\boldsymbol{q}_{0,k|k-1}^{*}(i)]\boldsymbol{\chi}_{k|k-1}^{*\delta\mathfrak{R}}(i) \tag{3.46b}$$

由于在式（3.38）中求取四元数误差时将 $\boldsymbol{\chi}_{k|k-1}^{\boldsymbol{q}}(0)$ 作为四元数的预测值，此处求四元数 sigma 点时也将 $\boldsymbol{\chi}_{k|k-1}^{\boldsymbol{q}}(0)$ 作为四元数的预测值，即

$$\boldsymbol{\chi}_{k|k-1}^{*\boldsymbol{q}}(i)=\boldsymbol{\chi}_{k|k-1}^{*\delta\boldsymbol{q}}(i)\otimes\boldsymbol{\chi}_{k|k-1}^{\boldsymbol{q}}(0) \tag{3.47}$$

将 $\boldsymbol{\chi}_{k|k-1}^{*\boldsymbol{q}}(i)$ 在观测方程（3.28）中传递可得

$$\boldsymbol{y}_{k|k-1}(i)=\boldsymbol{C}[\boldsymbol{\chi}_{k|k-1}^{*\boldsymbol{q}}(i)]\boldsymbol{\alpha}_{\mathrm{d}v,k} \tag{3.48}$$

则观测的传递均值和方差分别为

$$\hat{\boldsymbol{y}}_{k|k-1}=\sum_{i=0}^{2n}\boldsymbol{w}(i)\boldsymbol{y}_{k|k-1}(i) \tag{3.49}$$

$$\boldsymbol{P}_{y,k|k-1}=\sum_{i=0}^{2n}\boldsymbol{w}(i)[\boldsymbol{y}_{k|k-1}(i)-\hat{\boldsymbol{y}}_{k|k-1}][\boldsymbol{y}_{k|k-1}(i)-\hat{\boldsymbol{y}}_{k|k-1}]^{\mathrm{T}}+\boldsymbol{R}_k \tag{3.50}$$

状态与观测之间的协方差为

$$\boldsymbol{P}_{xy,k|k-1}=\sum_{i=0}^{2n}\boldsymbol{w}(i)[\boldsymbol{\chi}_{k|k-1}(i)-\hat{\boldsymbol{x}}_{k|k-1}][\boldsymbol{y}_{k|k-1}(i)-\hat{\boldsymbol{y}}_{k|k-1}]^{\mathrm{T}} \tag{3.51}$$

由 Kalman 线性估计器可得状态更新的均值和方差分别为

$$\hat{\boldsymbol{x}}_k=\hat{\boldsymbol{x}}_{k|k-1}+\boldsymbol{K}_k(\boldsymbol{\beta}_{\mathrm{dv},k}-\hat{\boldsymbol{y}}_{k|k-1}) \tag{3.52}$$

$$\boldsymbol{P}_k=\boldsymbol{P}_{k|k-1}-\boldsymbol{K}_k\boldsymbol{P}_{y,k|k-1}\boldsymbol{K}_k^{\mathrm{T}} \tag{3.53}$$

式中：

$$\boldsymbol{K}_k=\boldsymbol{P}_{xy,k|k-1}(\boldsymbol{P}_{y,k|k-1})^{-1} \tag{3.54}$$

3. 姿态更新

令 $\hat{\boldsymbol{x}}_k=[\hat{\boldsymbol{x}}_k^{\delta\mathfrak{R}\mathrm{T}}\quad \hat{\boldsymbol{x}}_k^{\boldsymbol{\varepsilon}\mathrm{T}}]^{\mathrm{T}}$，则 $\hat{\boldsymbol{x}}_k^{\delta\mathfrak{R}}$ 对应的四元数形式为

$$\hat{\boldsymbol{x}}_k^{\delta\boldsymbol{q}}=[\delta\boldsymbol{q}_{0,k}\quad \delta\boldsymbol{q}_{v,k}^{\mathrm{T}}]^{\mathrm{T}} \tag{3.55}$$

式中：

$$\delta\boldsymbol{q}_{0,k}=\frac{-a\left\|\hat{\boldsymbol{x}}_k^{\delta\mathfrak{R}}\right\|^2+f\sqrt{f^2+(1-a^2)\left\|\hat{\boldsymbol{x}}_k^{\delta\mathfrak{R}}\right\|^2}}{f^2+\left\|\hat{\boldsymbol{x}}_k^{\delta\mathfrak{R}}\right\|^2} \tag{3.56a}$$

$$\delta\boldsymbol{q}_{v,k}=f^{-1}[a+\delta\boldsymbol{q}_{0,k}]\hat{\boldsymbol{x}}_k^{\delta\mathfrak{R}} \tag{3.56b}$$

故姿态四元数的更新为

$$\hat{\boldsymbol{q}}_k=\hat{\boldsymbol{x}}_k^{\delta\boldsymbol{q}}\otimes\boldsymbol{\chi}_{k|k-1}^{\boldsymbol{q}}(0) \tag{3.57}$$

最后将 $\hat{\boldsymbol{x}}_k$ 中姿态部分即 $\hat{\boldsymbol{x}}_k^{\delta\mathfrak{R}}$ 置零并进入下一时刻的滤波周期。此处将 $\hat{\boldsymbol{x}}_k^{\delta\mathfrak{R}}$ 置零是为了将姿态信息向前传递。

值得注意的是，在传统 USQUE 算法中，Crassidis 根据 MRP 的微分方程（二阶 Taylor 级数近似）的矩形积分规则构造了一个等价的过程噪声，根据此过程噪声进行 MRP 形式的 sigma 点计算及方差传递，可以避免在量测更新过程中重新计算 sigma 点。然而这种方法需要计算状态方程的 Jacobi 矩阵，破坏了 UKF 免

微分性的优点，因此本书在量测更新过程中进行了 sigma 点重采样以包含状态噪声信息，并设计了相应的量测更新过程。

3.3 实验研究

本节将首先从对准精度和速度两个初始对准性能评估指标对本章所研究算法进行定性分析，重点集中在所研究算法与已有算法之间的区别和联系；然后通过低精度捷联式惯性导航车载实验来验证所研究初始对准方法的有效性。

3.3.1 对准精度与速度

本章研究的动态惯性系初始对准方法是在基于姿态确定的惯性系初始对准方法的基础上提出来的，它们都属于基于坐标系分解的惯性系初始对准方法的范畴。相较基于姿态确定的初始对准方法，本章所研究方法具有两个突出的优点：首先，动态惯性系初始对准方法在确定载体姿态的同时实现了对陀螺器件误差的建模估计，特别适用于低精度捷联式惯性导航初始对准问题。如果说文献[5]首次建立了初始对准与姿态确定两个平行研究数十年问题之间的联系，那么本章所研究的方法则首次建立了初始对准与姿态估计问题之间的联系。在确定载体姿态的问题中，姿态确定属于静态算法，而姿态估计属于动态算法。静态算法将载体的姿态角速率（由陀螺仪测得）视为确切已知量，直接用其进行姿态更新，因此无法估计除姿态外的任何量；而动态算法将陀螺输出的姿态角速率视为载体真实姿态角速率与陀螺器件误差的叠加，并采用载体姿态的运动学模型将之前的观测信息与当前的观测信息进行融合，通过各种滤波算法实现姿态及器件误差在线估计。其次，研究了一种滑动区间速度积分公式对固定区间内的加速度信息进行积分整合，以构造姿态估计问题的观测量。这种积分方式一方面可以抑制直接利用加速度信息作为观测量所带来的噪声干扰，另一方面可以抑制文献[6]中对所有时刻加速度信息进行积分所带来的器件误差累积。

3.3.2 车载实验

为了验证本章所研究算法的有效性，设计了基于 MEMS 惯性测量单元的低精度捷联式惯性导航车载实验。车载导航设备主要包括低精度 MEMS 惯性测量单元 XW-IMU5220 和姿态航向参考系统（attitude and heading reference system，AHRS）XW-ADU7612。其中 XW-ADU7612 是一个由三个高精度闭环光纤陀螺仪、三个硅加速度计和两个 GPS 天线（XW-ADU3601）构成的组合系统，用来提供车载实验所需的高精度姿态、速度和位置参考。XW-IMU5220 和 XW-ADU7612 主要技术指标分别如表 3.1 和表 3.2 所示。

表 3.1 低精度惯性测量单元 XW-IMU5220 的主要性能指标

性能指标	陀螺仪	加速度计
动态范围	±150°/s	±10g
更新率	100 Hz	100 Hz
零偏	≤0.5°/s	≤0.005g
零偏稳定性	≤0.02°/s	≤0.001g
零偏重复性	≤0.02°/s	≤0.002g

表 3.2 组合导航系统 XW-ADU7612 的主要性能指标

性能指标	GPS 有效	无 GPS 信号
航向	0.1°（基线长度≥2 m）	60 s 无变化；1 h 变化小于 1°
姿态	0.05°（静态）；0.1°（动态）	60 s 无变化；1 h 变化小于 0.2°
速度	0.1 m/s	—
位置	水平≤2 m (1σ)；高程≤4 m (1σ)	—

车载实验在空旷的学校操场进行，车辆行驶过程中始终能够收到 GPS 信号，因此，由表 3.2 可知，AHRS 提供的姿态作为评价 MEMS 捷联式惯性导航初始对准精度的参考基准是可行的。整个车载实验持续时间约 250 s，实验过程中载体姿态和速度分别如图 3.4 和图 3.5 所示。

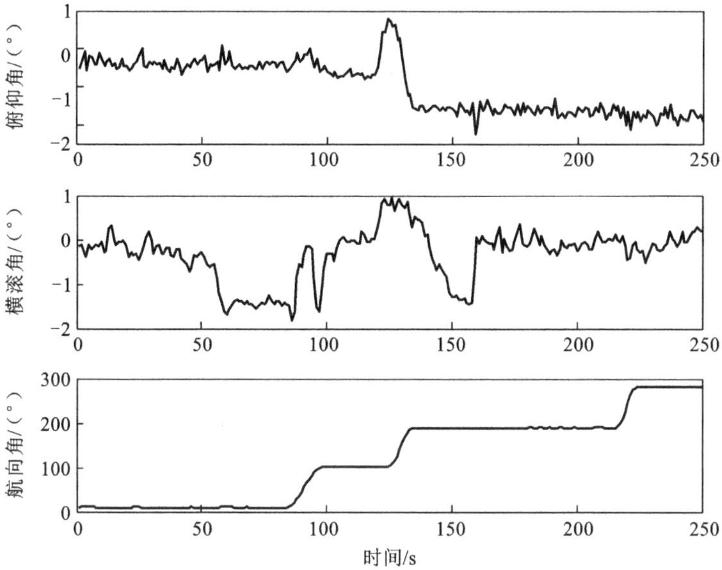

图 3.4 由 AHRS 提供的姿态参考基准

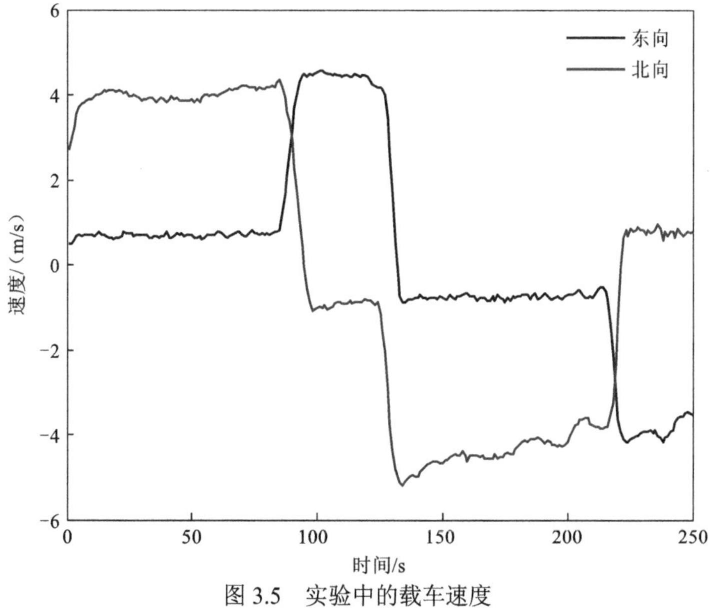

图 3.5 实验中的载车速度

由于 XW-ADU7612 的更新率为 10 Hz，在实验过程中对 XW-ADU7612 提供的速度进行线性内插用来构造不同初始对准算法的观测信息。为了衡量基于姿态估计初始对准方法对陀螺常值漂移的估计效果，实验中对三个 MEMS 陀螺的常值漂移进行了离线标定，结果分别为-0.007° /s、0.05° /s、-0.018° /s。

下面对本章所研究基于姿态估计初始对准算法在低精度捷联式惯性导航中的有效性进行验证。在 USQUE 算法中使用传统的 sigma 点对称采样方法，式（3.30）中的参数分别设为 $a=0$ 和 $f=1$。由于本实验重点比较不同初始对准方法的性能，不同采样方法和式（3.30）不同参数设置的优劣性不做过多讨论。将滤波状态的初值全设为 0，姿态部分对应的方差设为

$$\mathrm{diag}\{[10\cdot\pi/180;10\cdot\pi/180;20\cdot\pi/180]^2\}$$

将姿态四元数初值设为单位四元数。定义 inter=$M-m$ 为姿态估计问题中观测量构建时的积分区间长度。比较基于姿态估计的初始对准方法在不同 inter 下的状态估计效果。在不同 inter 下，做了大量基于姿态估计的初始对准实验，这里只给出几组有代表性的实验结果，三个轴向的姿态及陀螺常值漂移估计结果分别如图 3.6～3.11 所示。

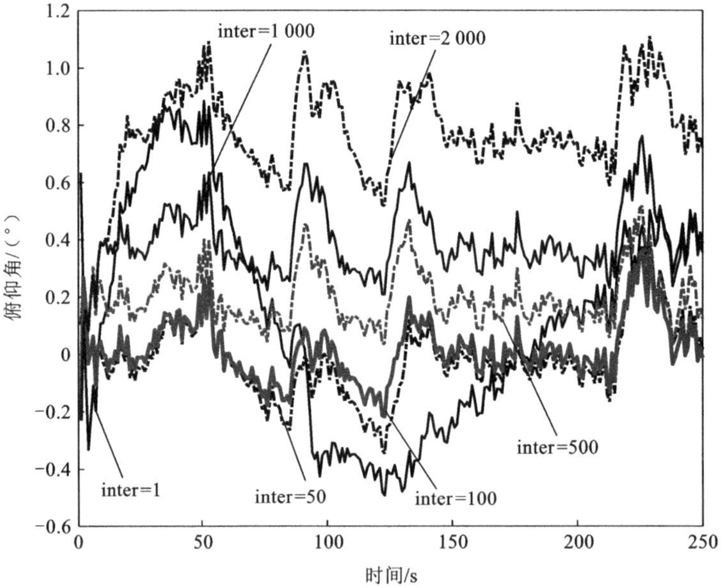

图 3.6　不同积分区间长度下俯仰角对准误差

从图 3.6～3.11 可以看出，当积分区间长度较小时，随着积分区间的增大，即每一时刻利用的加速度信息的增多，初始对准的精度和速度越来越好，三个陀螺常值漂移的估计效果也越来越好。这说明对固定区间内的加速度信息进行速度积分能够充分利用各时刻的加速度信息，从而改善初始对准的速度和精度，以及陀螺常值漂移的标定效果。但是，随着积分区间的继续增大，初始对准的

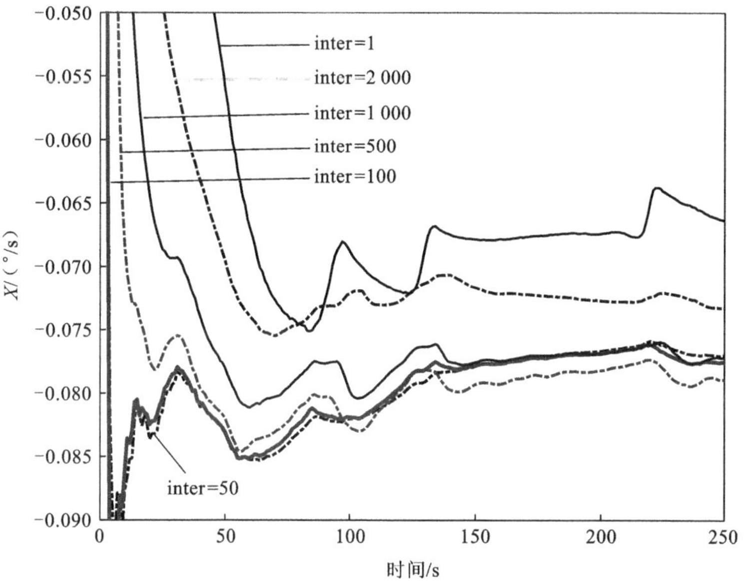

图 3.7 不同积分区间长度下 X 轴陀螺漂移估计

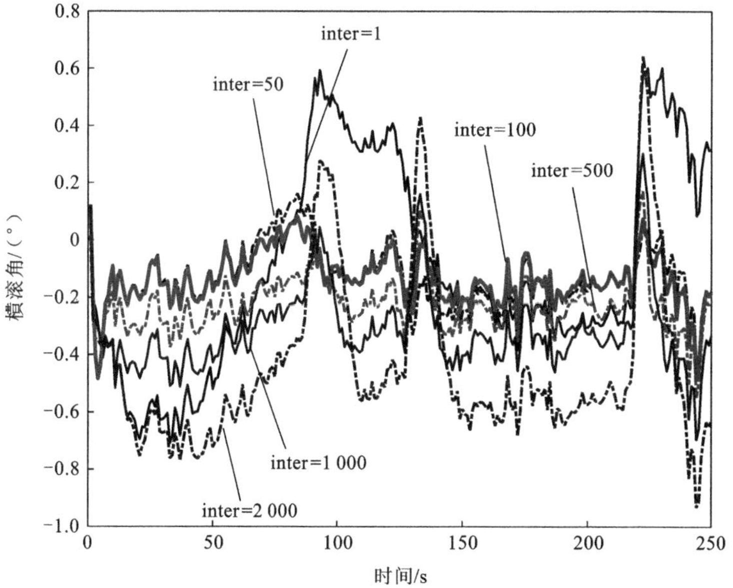

图 3.8 不同积分区间长度下横滚角对准误差

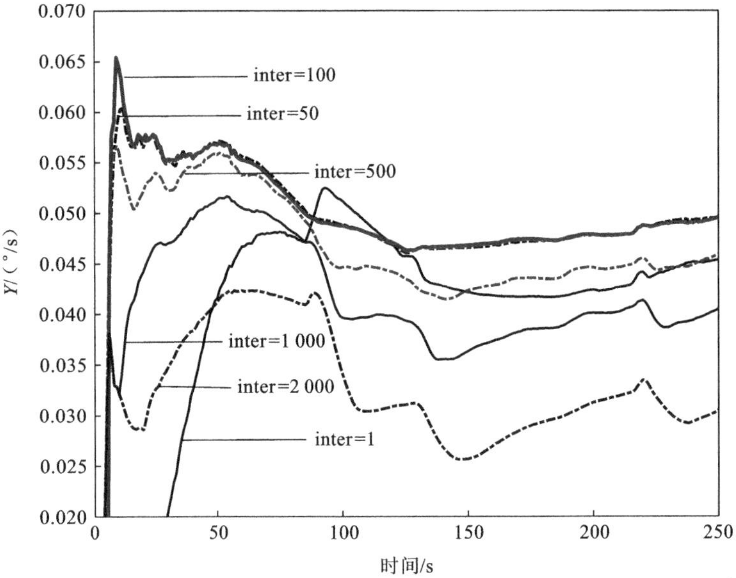

图 3.9 不同积分区间长度下 Y 轴陀螺漂移估计

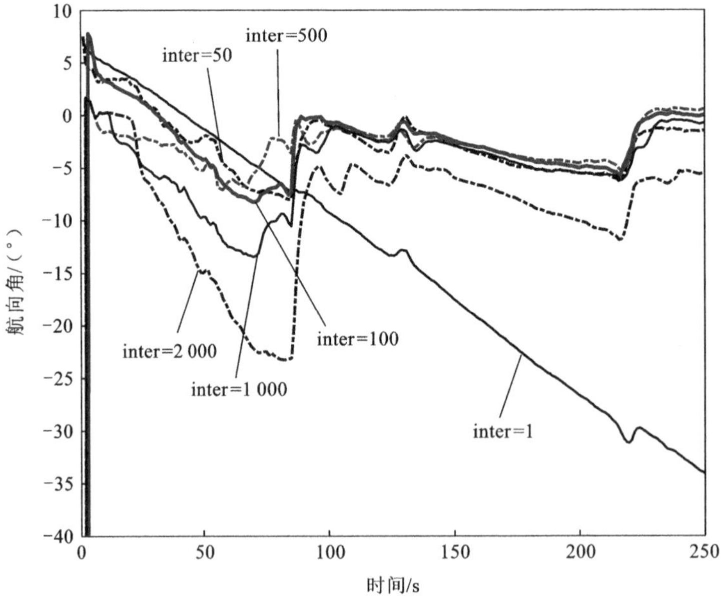

图 3.10 不同积分区间长度下航向角对准误差

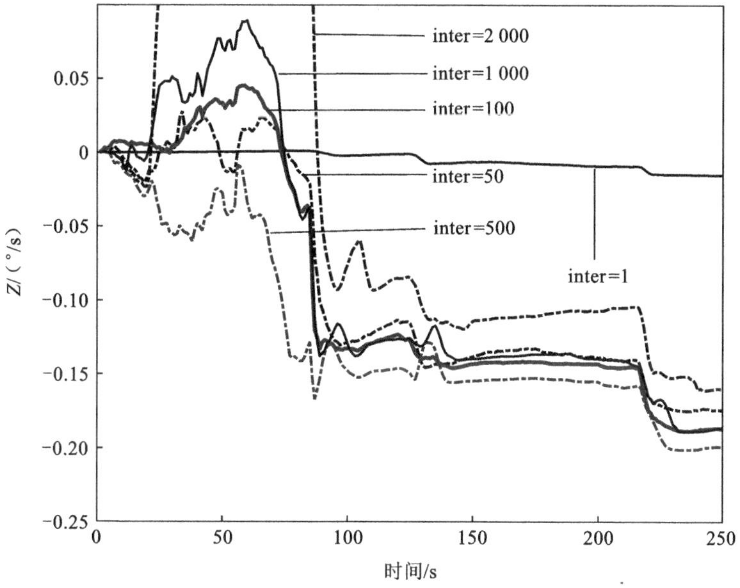

图 3.11　不同积分区间长度下 Z 轴陀螺漂移估计

效果越来越差，这主要是因为惯性测量单元的器件误差在观测量中累积所造成的。从 3.1 节中可以看出，本章所研究的初始对准方法未对加速度计的器件误差进行建模，而加速度计输出信息主要用来构造姿态估计的观测量；另外，在式（3.12a）中计算 $\boldsymbol{C}_{\mathrm{b}(t_m)}^{\mathrm{b}(t)}$ 时也未考虑陀螺常值漂移的补偿。因此，随着积分区间的增大，惯性测量单元的器件误差势必会引起所构造观测量误差的增大。如何选取积分区间的长度没有固定的方法，只能根据器件的性能凭经验选择。通过实验可以发现，积分长度在 50 到 300 之间比较合适，即只需要对几秒的加速度信息进行积分整合。本次车载实验中 inter=100 条件下初始对准效果最好，初始对准的精度也比较高，说明本章所研究的动态惯性系初始对准方法是有效的。

为了进一步说明动态惯性系初始对准方法较传统基于姿态确定的惯性系初始对准方法在低精度捷联式惯性导航领域中的优势，图 3.12～图 3.14 给出了基于姿态确定初始对准的结果。图中：“微分方法”是指在姿态确定中直接用当前时刻的加速度信息作为矢量观测，即直接利用式（2.7）中构建的矢量观测。由于式（2.7）中的 $\dot{\boldsymbol{v}}^{\mathrm{n}}$ 不能直接获得，采用速度差分（微分）的方法进行计算：

$$\dot{\boldsymbol{v}}^{\mathrm{n}}(k)=\frac{\boldsymbol{v}^{\mathrm{n}}(k+1)-\boldsymbol{v}^{\mathrm{n}}(k-1)}{\Delta t} \tag{3.58}$$

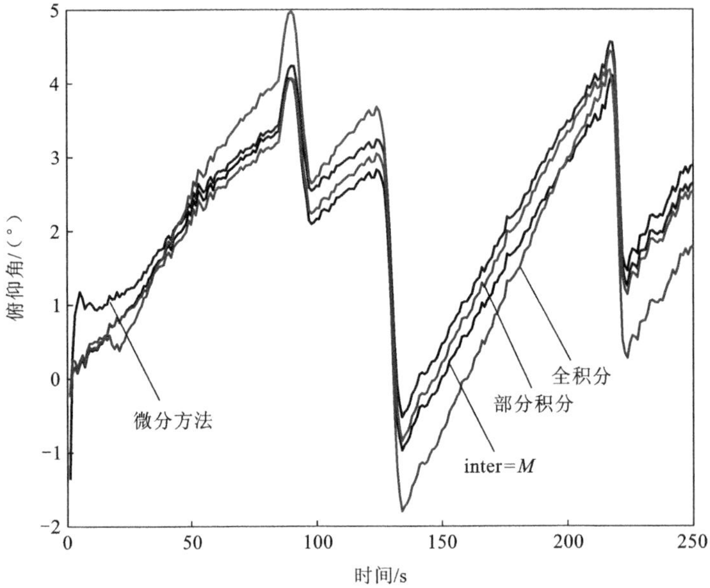

图 3.12　俯仰角估计误差

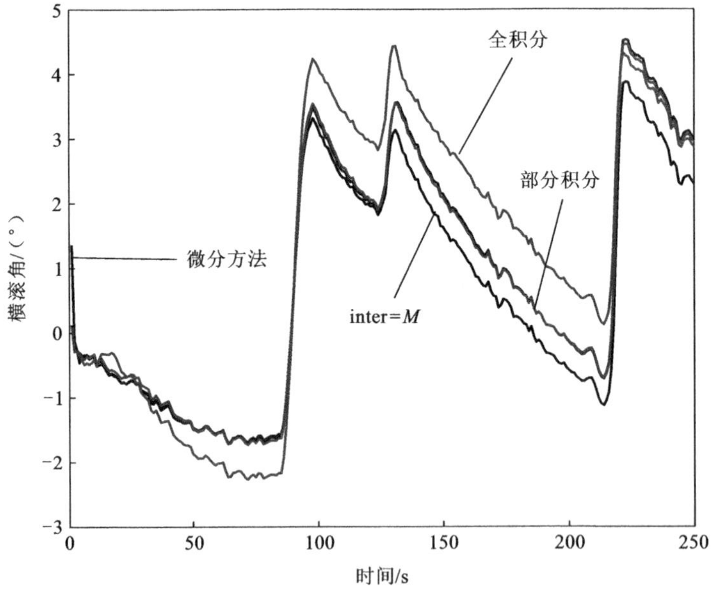

图 3.13　横滚角估计误差

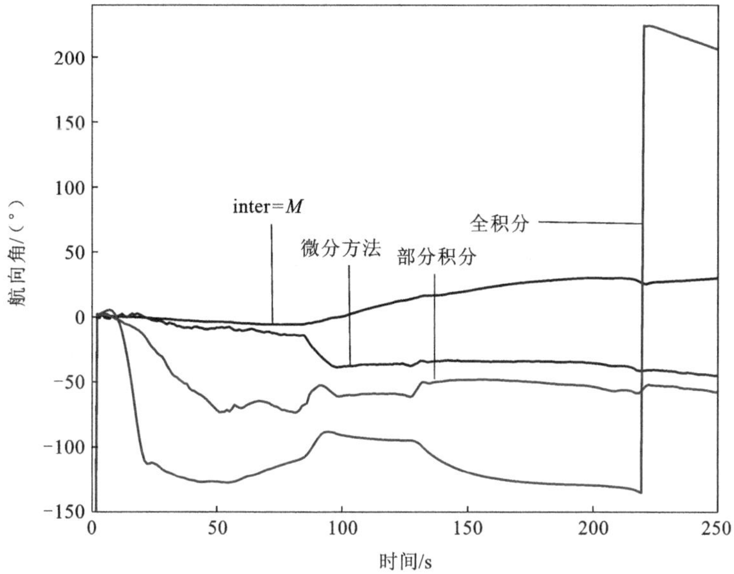

图 3.14　航向角估计误差

“全积分”是指式（2.13）中的矢量构建方法，即将初始时刻到当前时刻所有的加速度信息进行积分以构造当前时刻的矢量观测。“部分积分”是指式（2.25）中的滑动固定区间矢量构建方法，实验中选取的积分长度为 inter=100。“inter=M”表示的是动态惯性系初始对准方法的结果，其观测量构建时的积分区间长度是初始对准的时间长度，即将初始时刻到对准当前时刻所有的加速度信息进行积分整合以构造当前时刻的观测量。

从图 3.12～图 3.14 可以看出，基于姿态确定的初始对准方法由于不能对陀螺器件误差进行建模估计而在低精度捷联式惯性导航中失效。另外，随着积分长度的增大，器件误差在观测量中的累积影响也越来越大，即使基于姿态估计的初始对准方法，由于观测量误差较大，也不能完成有效的初始对准。

图 3.15 是 inter=M 条件下基于姿态估计初始对准方法对三个陀螺常值漂移的估计效果。从图中可以看出，陀螺常值漂移完全没有估计出来。

基于上述实验结果，首先分析初始对准中待估状态的可观测度影响。初始对准中两个水平姿态角的估计效果明显优于航向角，这主要是因为水平姿态角的可观测度远远大于航向角的可观测度。而且，从图 3.10 中可以看出，当载体直线航行时，航向角估计误差会由陀螺常值漂移的影响而产生累积误差，当载体转向或存在加速度变化时，航向角有明显的收敛倾向，这主要是因为转向或加速度变化有利于增强其可观测度。另外，对于基于 MEMS 的低精度捷联式

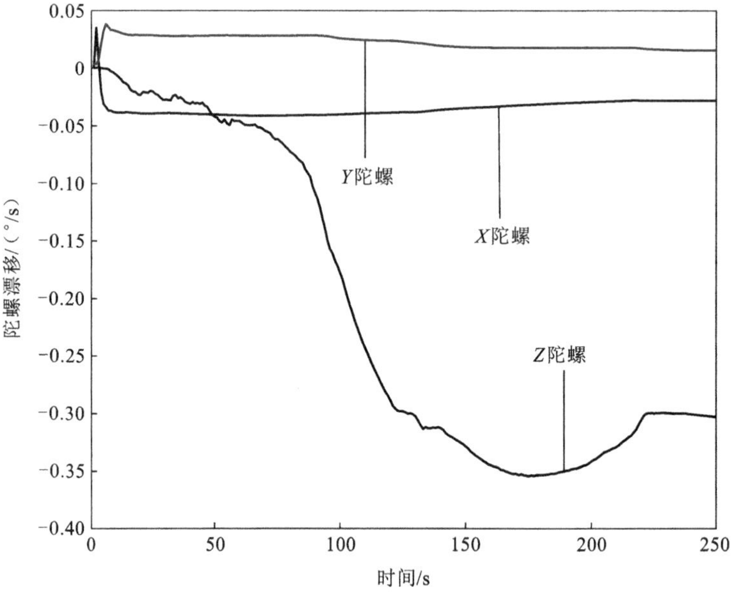

图 3.15　陀螺漂移估计结果

惯性导航系统，陀螺常值漂移的估计精度直接决定三个姿态角的对准精度。当未对陀螺常值漂移进行建模估计时，如基于姿态确定的初始对准方法，即使是可观测度很强的水平姿态角也不能有效收敛到真实值。载体外界机动的变化同样对陀螺常值漂移的可观测度有明显的影响，从图 3.11 中可以看出，当载体经过三次转向后，天向陀螺的常值漂移才收敛到真实值附近，而且当陀螺常值漂移得到有效估计补偿后，三个姿态角的对准都达到了相当高的精度。因此，合理设计载体的机动方式以提高航向角及天向陀螺常值漂移的可观测度对于低精度捷联式惯性导航而言至关重要。

其次分析探讨动态惯性系初始对准方法能否直接实现精对准。动态惯性系初始对准方法能够实现对陀螺常值漂移的建模估计，却不能估计加速度计的常值零偏，因此本书对动态惯性系初始对准方法能否直接实现精对准持保守态度。但是，可以从另一个角度对该问题进行考察：对于低精度捷联式惯性导航或是运动条件下的捷联式惯性导航，必须有外界辅助信息才能实现初始对准，由于动态惯性系初始对准对姿态失准角的估计已经达到了相对较高的估计精度，可以以此初始对准结果作为初始条件直接转入组合导航。从这个角度上讲，可以说动态惯性系初始对准方法能够有效完成初始对准阶段的任务，从而使得系统直接进入组合导航工作模式。

3.4 本章小结

本章在分析理解传统惯性系初始对准方法的基础上研究了一种动态惯性系初始对准方法。首先从传统惯性系初始对准方法矢量观测构建的角度出发得出了其本质上是一个静态姿态确定算法，并以此为基础推导出了动态惯性系初始对准方案；然后在所建立的动态惯性系初始对准姿态估计模型的基础之上，利用速度积分算法推导出了对应的矢量观测模型，并引入了适用于低精度捷联式惯性导航对准的滑动固定区间积分方案；最后将卫星姿态估计领域广泛应用的 USQUE 算法引入所建立的姿态估计问题中，实现了捷联式惯性导航的整个初始对准流程。基于 MEMS 的低精度捷联式惯性导航车载实验结果表明：本章研究的算法能够有效估计出三个轴向的陀螺常值漂移，从而保证了三个姿态角的对准精度；相反，基于姿态确定的惯性系初始对准方法由于未对陀螺常值漂移进行建模估计，其在低精度捷联式惯性导航初始对准中基本失效。因此，本章所研究的内容为低精度捷联式惯性导航初始对准提供了一种切实可行的方法。

本章参考文献

[1] CHANG L B, LI J S, LI K L. Optimization-based alignment for strapdown inertial navigation system: Comparison and extension[J]. IEEE Transactions on Aerospace and Electronic Systems, 2016, 52 (4): 1697-1713.

[2] MARKLEY F L, CRASSIDIS J L. Fundamentals of spacecraft attitude determination and control[M]. Berlin: Microcosm Press and Springer, 2014.

[3] CRASSIDIS J L, MARKLEY F L. Unscented filtering for spacecraft attitude estimation[J]. Journal of Guidance, Control, and Dynamics, 2003, 26(4): 536-542.

[4] CRASSIDIS J L. Sigma-point Kalman filtering for integrated GPS and inertial navigation[J]. IEEE Transactions on Aerospace and Electronic Systems, 2006, 42(2): 750-756.

[5] WU M P, WU Y X, HU X P, et al. Optimization-based alignment for inertial navigation systems: Theory and algorithm[J]. Aerospace Science and Technology, 2011, 15(1): 1-17.

[6] WU Y X, PAN X F. Velocity/position integration formula, Part I: Application to in-flight coarse alignment[J]. IEEE Transactions on Aerospace and Electronic Systems, 2013, 49(2)1006-1023.

第 4 章 基于姿态估计的初始对准方法

第 3 章从矢量观测构建的角度，将惯性系初始对准从静态姿态确定拓展到了动态姿态估计，在进行姿态对准的同时实现了陀螺漂移的建模估计。本章将从初始对准的基本概念出发，借鉴惯性系对准中坐标系分解的基本思路，导出另一种基于姿态估计的初始对准算法[1]。本章所研究的算法可以达到第 3 章动态惯性系初始对准算法同样的对准效果，但模型更为简单且与卫星姿态估计模型的联系更为直接，从而可以将卫星姿态估计领域的成熟或新型算法直接移植到本章所提出的初始对准方法中。

4.1 基于姿态估计的初始对准建模

4.1.1 基于坐标系分解的姿态估计系统模型

由式（2.1）可得

$$\boldsymbol{C}_{\mathrm{b}}^{\mathrm{n}}(t)=\boldsymbol{C}_{\mathrm{n}(0)}^{\mathrm{n}(t)}\boldsymbol{C}_{\mathrm{b}}^{\mathrm{n}}(0)\boldsymbol{C}_{\mathrm{b}(t)}^{\mathrm{b}(0)}=\boldsymbol{C}_{\mathrm{n}(0)}^{\mathrm{n}(t)}\boldsymbol{C}_{\mathrm{b}(t)}^{\mathrm{n}(0)} \tag{4.1}$$

基于惯性坐标系的定义，n(0) 系是一个惯性系，因此式（4.1）可写为如下形式：

$$\boldsymbol{C}_{\mathrm{b}}^{\mathrm{n}}(t)=\boldsymbol{C}_{\mathrm{i}}^{\mathrm{n}(t)}\boldsymbol{C}_{\mathrm{b}(t)}^{\mathrm{i}} \tag{4.2}$$

同理，$\boldsymbol{C}_{\mathrm{b}(t)}^{\mathrm{i}}$ 和 $\boldsymbol{C}_{\mathrm{n}(t)}^{\mathrm{i}}$ 可以分别由下式计算得到：

$$\dot{\boldsymbol{C}}_{\mathrm{b}(t)}^{\mathrm{i}}=\boldsymbol{C}_{\mathrm{b}(t)}^{\mathrm{i}}\boldsymbol{\omega}_{\mathrm{ib}}^{\mathrm{b}}\times \tag{4.3}$$

$$\dot{\boldsymbol{C}}_{\mathrm{n}(t)}^{\mathrm{i}}=\boldsymbol{C}_{\mathrm{n}(t)}^{\mathrm{i}}\boldsymbol{\omega}_{\mathrm{in}}^{\mathrm{n}}\times \tag{4.4}$$

由于陀螺仪器件存在误差，陀螺仪的实际输出为

$$\tilde{\boldsymbol{\omega}}_{\mathrm{ib}}^{\mathrm{b}}=\boldsymbol{\omega}_{\mathrm{ib}}^{\mathrm{b}}+\boldsymbol{\varepsilon}^{\mathrm{b}}+\boldsymbol{\eta}_{\mathrm{gv}} \tag{4.5}$$

式中：$\boldsymbol{\varepsilon}^{\mathrm{b}}$ 为陀螺常值漂移；$\boldsymbol{\eta}_{\mathrm{gv}}$ 为一 Gauss 白噪声。将式（4.5）代入式（4.3）可得

$$\dot{\boldsymbol{C}}_{\mathrm{b}(t)}^{\mathrm{i}}=\boldsymbol{C}_{\mathrm{b}(t)}^{\mathrm{i}}(\tilde{\boldsymbol{\omega}}_{\mathrm{ib}}^{\mathrm{b}}-\boldsymbol{\varepsilon}^{\mathrm{b}}-\boldsymbol{\eta}_{\mathrm{gv}})\times \tag{4.6}$$

通过对比式（4.6）与式（2.2）可知，$\boldsymbol{C}_{\mathrm{b}(t)}^{\mathrm{i}}$ 在姿态更新过程中始终含有常值误差 $\boldsymbol{C}_{\mathrm{b}}^{\mathrm{n}}(0)$，因此为了得到精确的 $\boldsymbol{C}_{\mathrm{b}}^{\mathrm{n}}(t)$，需要有相应的观测信息对 $\boldsymbol{C}_{\mathrm{b}(t)}^{\mathrm{i}}$ 进

行修正。

将式（4.1）中姿态矩阵的分解形式代入式（2.4）可得

$$\dot{\boldsymbol{v}}^{\mathrm{n}} = \boldsymbol{C}_{\mathrm{i}}^{\mathrm{n}(t)} \boldsymbol{C}_{\mathrm{b}(t)}^{\mathrm{i}} \boldsymbol{f}^{\mathrm{b}} - (2\boldsymbol{\omega}_{\mathrm{ie}}^{\mathrm{n}} + \boldsymbol{\omega}_{\mathrm{en}}^{\mathrm{n}}) \times \boldsymbol{v}^{\mathrm{n}} + \boldsymbol{g}^{\mathrm{n}} \tag{4.7}$$

式（4.7）两边同时左乘 $\boldsymbol{C}_{\mathrm{n}(t)}^{\mathrm{i}}$ 可得

$$\boldsymbol{C}_{\mathrm{n}(t)}^{\mathrm{i}} \dot{\boldsymbol{v}}^{\mathrm{n}} = \boldsymbol{C}_{\mathrm{b}(t)}^{\mathrm{i}} \boldsymbol{f}^{\mathrm{b}} - \boldsymbol{C}_{\mathrm{n}(t)}^{\mathrm{i}} (2\boldsymbol{\omega}_{\mathrm{ie}}^{\mathrm{n}} + \boldsymbol{\omega}_{\mathrm{en}}^{\mathrm{n}}) \times \boldsymbol{v}^{\mathrm{n}} + \boldsymbol{C}_{\mathrm{n}(t)}^{\mathrm{i}} \boldsymbol{g}^{\mathrm{n}} \tag{4.8}$$

重新整理式（4.8）可得

$$\boldsymbol{C}_{\mathrm{b}(t)}^{\mathrm{i}} \boldsymbol{f}^{\mathrm{b}} = \boldsymbol{C}_{\mathrm{n}(t)}^{\mathrm{i}} [\dot{\boldsymbol{v}}^{\mathrm{n}} + (2\boldsymbol{\omega}_{\mathrm{ie}}^{\mathrm{n}} + \boldsymbol{\omega}_{\mathrm{en}}^{\mathrm{n}}) \times \boldsymbol{v}^{\mathrm{n}} - \boldsymbol{g}^{\mathrm{n}}] \tag{4.9}$$

令

$$\boldsymbol{\alpha}_{\tilde{a}} = \boldsymbol{f}^{\mathrm{b}} \tag{4.10a}$$

$$\boldsymbol{\beta}_{\tilde{a}} = \boldsymbol{C}_{\mathrm{n}(t)}^{\mathrm{i}} [\dot{\boldsymbol{v}}^{\mathrm{n}} + (2\boldsymbol{\omega}_{\mathrm{ie}}^{\mathrm{n}} + \boldsymbol{\omega}_{\mathrm{en}}^{\mathrm{n}}) \times \boldsymbol{v}^{\mathrm{n}} - \boldsymbol{g}^{\mathrm{n}}] \tag{4.10b}$$

则式（4.9）可写为

$$\boldsymbol{C}_{\mathrm{b}(t)}^{\mathrm{i}} \boldsymbol{\alpha}_{\tilde{a}} = \boldsymbol{\beta}_{\tilde{a}} \tag{4.11}$$

式（4.10）和式（4.11）中 $\boldsymbol{\alpha}_{\tilde{a}}$、$\boldsymbol{\beta}_{\tilde{a}}$ 的表示形式是为了区别于 2.1 节中的 $\boldsymbol{\alpha}_{a}$、$\boldsymbol{\beta}_{a}$。通过相关坐标系的定义可知 $\boldsymbol{\beta}_{\tilde{a}} \equiv \boldsymbol{\beta}_{a}$。式（4.6）和式（4.11）构成了一个典型的姿态估计问题，利用该模型，通过设计相应滤波算法即可实现对姿态角及陀螺常值漂移的估计。

4.1.2 基于滑动固定区间速度积分的矢量观测构建

虽然利用式（4.6）和式（4.11）构成的模型即可实现对姿态角及陀螺常值漂移的估计，但是由于每次量测更新过程只利用了当前时刻的加速度信息，相应的滤波收敛速度会比较慢，同时稳态误差也可能比较大。因此，可以借鉴前两章中的积分方法，将一段时间内的加速度信息进行积分整合以构造当前时刻的观测量。与第 3 章的动态惯性系初始对准方法类似，由于本章建立的姿态估计模型没有对加速度计误差进行建模，相应的积分会导致器件误差在观测量中的累积。为了充分利用加速度信息，同时尽可能减小加速度误差累积的影响，本章同样利用滑动固定区间积分的思想，针对新的坐标系分解方式推导相应的矢量观测。

根据前面的约定，式（4.9）中各变量的时间相关性都已略去，为了推导式（4.1）坐标系分解下的滑动固定区间速度积分公式，下面将时间相关性加上，则有

$$C_{b(t)}^{i}f^{b}(t)=C_{n(t)}^{i}\{\dot{v}^{n}(t)+[2\omega_{ie}^{n}(t)+\omega_{en}^{n}(t)]\times v^{n}(t)-g^{n}\} \tag{4.12}$$

上式中 g^n 虽然与地理位置有关，且在动基座条件下与时间有关，但是此处将其视为常值。对于任一时刻 $\tau\in[0,t]$，下式成立：

$$C_{b(\tau)}^{i}f^{b}(\tau)=C_{n(\tau)}^{i}\{\dot{v}^{n}(\tau)+[2\omega_{ie}^{n}(\tau)+\omega_{en}^{n}(\tau)]\times v^{n}(\tau)-g^{n}\} \tag{4.13}$$

由姿态转移矩阵的链式法则可得

$$C_{b(\tau)}^{i}=C_{b(t)}^{i}C_{b(\tau)}^{b(t)} \tag{4.14}$$

将式（4.14）代入式（4.13）可得

$$C_{b(t)}^{i}C_{b(\tau)}^{b(t)}f^{b}(\tau)=C_{n(\tau)}^{i}\{\dot{v}^{n}(\tau)+[2\omega_{ie}^{n}(\tau)+\omega_{en}^{n}(\tau)]\times v^{n}(\tau)-g^{n}\} \tag{4.15}$$

选取时刻 $t_m\in[0,t]$，对上式在区间 $[t_m,t]$ 上进行积分可得

$$\int_{t_m}^{t}C_{b(t)}^{i}C_{b(\tau)}^{b(t)}f^{b}(\tau)\mathrm{d}\tau=\int_{t_m}^{t}C_{n(\tau)}^{i}\{\dot{v}^{n}(\tau)+[2\omega_{ie}^{n}(\tau)+\omega_{en}^{n}(\tau)]\times v^{n}(\tau)-g^{n}\}\mathrm{d}\tau \tag{4.16}$$

由于上式积分中时刻 t 是一常值，可将 $C_{b(t)}^{i}$ 提到积分符号外，即

$$C_{b(t)}^{i}\int_{t_m}^{t}C_{b(\tau)}^{b(t)}f^{b}(\tau)\mathrm{d}\tau=\int_{t_m}^{t}C_{n(\tau)}^{i}\{\dot{v}^{n}(\tau)+[2\omega_{ie}^{n}(\tau)+\omega_{en}^{n}(\tau)]\times v^{n}(\tau)-g^{n}\}\mathrm{d}\tau \tag{4.17}$$

令

$$\alpha_m=\int_{t_m}^{t}C_{b(\tau)}^{b(t)}f^{b}(\tau)\mathrm{d}\tau \tag{4.18a}$$

$$\beta_m=\int_{t_m}^{t}C_{n(\tau)}^{i}\{\dot{v}^{n}(\tau)+[2\omega_{ie}^{n}(\tau)+\omega_{en}^{n}(\tau)]\times v^{n}(\tau)-g^{n}\}\mathrm{d}\tau \tag{4.18b}$$

则有

$$C_{b(t)}^{i}\alpha_m=\beta_m \tag{4.19}$$

式（4.19）即为基于速度积分构造的姿态估计问题的观测方程。下面将 2.1 节中速度积分公式进行改造以求解式（4.18）中的积分。

由姿态转移矩阵的链式法则可得

$$C_{b(\tau)}^{b(t)}=C_{b(0)}^{b(t)}C_{b(\tau)}^{b(0)} \tag{4.20}$$

将式（4.20）代入式（4.18a）可得

$$\alpha_m=\int_{t_m}^{t}C_{b(0)}^{b(t)}C_{b(\tau)}^{b(0)}f^{b}(\tau)\mathrm{d}\tau=C_{b(0)}^{b(t)}\int_{t_m}^{t}C_{b(\tau)}^{b(0)}f^{b}(\tau)\mathrm{d}\tau \tag{4.21}$$

通过对比式（4.21）与式（2.13a）中的积分可以发现，二者的积分项完全相同，区别只存在于积分区间。由 2.1 节中速度积分公式的叠加性可知，式(2.14)中的积分计算方法可以直接引入式（4.21）中积分的计算，即

$$\begin{aligned}\boldsymbol{\alpha}_m &= \boldsymbol{C}_{\mathrm{b}(0)}^{\mathrm{b}(t_M)}\sum_{k=m}^{M-1}\boldsymbol{C}_{\mathrm{b}(t_k)}^{\mathrm{b}(0)}\int_{t_k}^{t_{k+1}}\boldsymbol{C}_{\mathrm{b}(\tau)}^{\mathrm{b}(t_k)}\boldsymbol{f}^{\mathrm{b}}\mathrm{d}\tau \\ &\approx \boldsymbol{C}_{\mathrm{b}(0)}^{\mathrm{b}(t_M)}\sum_{k=m}^{M-1}\boldsymbol{C}_{\mathrm{b}(t_k)}^{\mathrm{b}(0)}\int_{t_k}^{t_{k+1}}\left(\boldsymbol{I}_3+\int_{t_k}^{t}\boldsymbol{\omega}_{\mathrm{ib}}^{\mathrm{b}}\mathrm{d}t\right)\boldsymbol{f}^{\mathrm{b}}\mathrm{d}\tau\end{aligned} \tag{4.22}$$

上式最右侧的积分可由式（2.15）计算得到。值得注意的是，上式中 $\boldsymbol{C}_{\mathrm{b}(0)}^{\mathrm{b}(t_M)}$ 仍然是通过陀螺仪输出直接进行姿态更新得到的，也就是说，在计算 $\boldsymbol{C}_{\mathrm{b}(0)}^{\mathrm{b}(t_M)}$ 的过程中未对陀螺常值漂移进行补偿。虽然直观上看 $\boldsymbol{C}_{\mathrm{b}(0)}^{\mathrm{b}(t_M)}$ 的计算会因为陀螺常值漂移造成较大姿态累积误差，但是由式（4.18a）可知，在 $\boldsymbol{\alpha}_m$ 的计算过程中仅仅对区间 $[t_m,t]$ 上的陀螺常值漂移进行了累积。通过后面的车载实验可知，该算法在实际应用过程中区间 $[t_m,t]$ 的积分长度很短，一般只有几秒，因此陀螺常值漂移在 $\boldsymbol{C}_{\mathrm{b}(t_m)}^{\mathrm{b}(t)}$ 中的累积误差可以忽略不计。

式（4.18b）右侧第一个积分项由分部积分法可得

$$\int_{t_m}^{t}\boldsymbol{C}_{\mathrm{n}(\tau)}^{\mathrm{i}}\dot{\boldsymbol{v}}^{\mathrm{n}}(\tau)\mathrm{d}\tau=\boldsymbol{C}_{\mathrm{n}(\tau)}^{\mathrm{i}}\boldsymbol{v}^{\mathrm{n}}(\tau)\mathrm{d}\tau\Big|_{t_m}^{t}-\int_{t_m}^{t}\boldsymbol{C}_{\mathrm{n}(\tau)}^{\mathrm{i}}\boldsymbol{\omega}_{\mathrm{in}}^{\mathrm{n}}(\tau)\times\boldsymbol{v}^{\mathrm{n}}(\tau)\mathrm{d}\tau \tag{4.23}$$

将式（4.23）代入式（4.18b）可得

$$\boldsymbol{\beta}_m=\boldsymbol{C}_{\mathrm{n}(\tau)}^{\mathrm{i}}\boldsymbol{v}^{\mathrm{n}}(\tau)\mathrm{d}\tau\Big|_{t_m}^{t}+\int_{t_m}^{t}\boldsymbol{C}_{\mathrm{n}(\tau)}^{\mathrm{i}}\boldsymbol{\omega}_{\mathrm{ie}}^{\mathrm{n}}(\tau)\times\boldsymbol{v}^{\mathrm{n}}(\tau)\mathrm{d}\tau-\int_{t_m}^{t}\boldsymbol{C}_{\mathrm{n}(\tau)}^{\mathrm{i}}\boldsymbol{g}^{\mathrm{n}}\mathrm{d}\tau \tag{4.24}$$

根据 2.1 节中的速度积分公式，式（4.24）右侧的积分可分别由下面两式计算得到：

$$\int_{t_m}^{t}\boldsymbol{C}_{\mathrm{n}(\tau)}^{\mathrm{i}}\boldsymbol{\omega}_{\mathrm{ie}}^{\mathrm{n}}(\tau)\times\boldsymbol{v}^{\mathrm{n}}(\tau)\mathrm{d}\tau=\sum_{k=m}^{N-1}\boldsymbol{C}_{\mathrm{n}(t_k)}^{\mathrm{n}(0)}\int_{t_k}^{t_{k+1}}\boldsymbol{C}_{\mathrm{n}(\tau)}^{\mathrm{n}(t_k)}\boldsymbol{\omega}_{\mathrm{ie}}^{\mathrm{n}}(\tau)\times\boldsymbol{v}^{\mathrm{n}}(\tau)\mathrm{d}\tau \tag{4.25}$$

$$\int_{t_m}^{t}\boldsymbol{C}_{\mathrm{n}(\tau)}^{\mathrm{i}}\boldsymbol{g}^{\mathrm{n}}\mathrm{d}\tau=\sum_{k=m}^{N-1}\boldsymbol{C}_{\mathrm{n}(t_k)}^{\mathrm{n}(0)}\int_{t_k}^{t_{k+1}}\boldsymbol{C}_{\mathrm{n}(\tau)}^{\mathrm{n}(t_k)}\boldsymbol{g}^{\mathrm{n}}\mathrm{d}\tau \tag{4.26}$$

式（4.25）和式（4.26）右侧的积分可分别由式（2.16）和式（2.17）计算得到。

如果选取姿态及陀螺常值漂移作为状态，式（4.6）和式（4.19）分别构成了姿态估计问题的状态方程和观测方程。

4.1.3　基于四元数的姿态估计问题表述

类似于第 3 章，在应用所建立的姿态估计模型进行初始对准时，需要将涉及的姿态矩阵写成对应的四元数形式。记 $\boldsymbol{C}_{\mathrm{b}(t)}^{\mathrm{i}}$ 对应的四元数为 $\boldsymbol{q}_{\mathrm{b}(t)}^{\mathrm{i}}=[q_0\quad \boldsymbol{q}_v^{\mathrm{T}}]^{\mathrm{T}}$，则式（4.6）对应的四元数微分方程为

$$\dot{\boldsymbol{q}}_{\mathrm{b}(t)}^{\mathrm{i}}=\frac{1}{2}\boldsymbol{\Xi}(\boldsymbol{q}_{\mathrm{b}(t)}^{\mathrm{i}})(\tilde{\boldsymbol{\omega}}_{\mathrm{ib}}^{\mathrm{b}}-\boldsymbol{\varepsilon}^{\mathrm{b}}-\boldsymbol{\eta}_{gv}) \tag{4.27}$$

式中：

$$\boldsymbol{\Xi}(\boldsymbol{q}_{\mathrm{b}(t)}^{\mathrm{i}})=\begin{bmatrix}-\boldsymbol{q}_v^{\mathrm{T}}\\ q_0\boldsymbol{I}_3+(\boldsymbol{q}_v\times)\end{bmatrix} \tag{4.28}$$

式（4.27）对应的离散更新方程为

$$\boldsymbol{q}_{\mathrm{b},k}^{\mathrm{i}}=\boldsymbol{\Omega}(\boldsymbol{\omega}_{\mathrm{ib},k-1}^{\mathrm{b}})\boldsymbol{q}_{\mathrm{b},k-1}^{\mathrm{i}} \tag{4.29}$$

式中：

$$\boldsymbol{\omega}_{\mathrm{ib},k-1}^{\mathrm{b}}=\tilde{\boldsymbol{\omega}}_{\mathrm{ib},k-1}^{\mathrm{b}}-\boldsymbol{\varepsilon}_{k-1}^{\mathrm{b}} \tag{4.30}$$

$$\boldsymbol{\Omega}(\boldsymbol{\omega}_{\mathrm{ib},k-1}^{\mathrm{b}})=\begin{bmatrix}\cos(0.5\left\|\boldsymbol{\omega}_{\mathrm{ib},k-1}^{\mathrm{b}}\right\|\Delta t) & -\boldsymbol{\varphi}_{k-1}^{\mathrm{T}}\\ \boldsymbol{\varphi}_{k-1} & \boldsymbol{Z}_{k-1}\end{bmatrix} \tag{4.31}$$

$$\boldsymbol{Z}_{k-1}=\cos(0.5\left\|\boldsymbol{\omega}_{\mathrm{ib},k-1}^{\mathrm{b}}\right\|\Delta t)\boldsymbol{I}_3-(\boldsymbol{\varphi}_{k-1}\times) \tag{4.32}$$

$$\boldsymbol{\varphi}_{k-1}=\frac{\sin(0.5\left\|\boldsymbol{\omega}_{\mathrm{ib},k-1}^{\mathrm{b}}\right\|\Delta t)}{\left\|0.5\boldsymbol{\omega}_{\mathrm{ib},k-1}^{\mathrm{b}}\right\|}0.5\boldsymbol{\omega}_{\mathrm{ib},k-1}^{\mathrm{b}} \tag{4.33}$$

同样假设陀螺漂移为常值，即

$$\boldsymbol{\varepsilon}_k^{\mathrm{b}}=\boldsymbol{\varepsilon}_{k-1}^{\mathrm{b}} \tag{4.34}$$

式（4.19）对应的观测模型可以改写为

$$\boldsymbol{C}(\boldsymbol{q}_{\mathrm{b},k}^{\mathrm{i}})\boldsymbol{\alpha}_{m,k}=\boldsymbol{\beta}_{m,k} \tag{4.35}$$

值得注意的是，式（4.27）和式（4.35）所组成的姿态估计模型与经典的卫星姿态估计模型形式完全一致[2]，因此可以将经典的卫星姿态估计算法直接引入所构建的模型中来完成初始对准。

此外，式（4.27）可以改写为

$$\dot{\boldsymbol{q}}_{\mathrm{b}(t)}^{\mathrm{i}}=\frac{1}{2}\boldsymbol{\Gamma}(\boldsymbol{\omega}_{\mathrm{ib}}^{\mathrm{b}})\boldsymbol{q}_{\mathrm{b}(t)}^{\mathrm{i}} \tag{4.36}$$

式中：

$$\boldsymbol{\Gamma}(\boldsymbol{\omega}_{\mathrm{ib}}^{\mathrm{b}})=\begin{bmatrix}\boldsymbol{0} & -\boldsymbol{\omega}_{\mathrm{ib}}^{\mathrm{bT}}\\ \boldsymbol{\omega}_{\mathrm{ib}}^{\mathrm{b}} & -(\boldsymbol{\omega}_{\mathrm{ib}}^{\mathrm{b}}\times)\end{bmatrix} \tag{4.37}$$

因此，式（4.29）中的姿态模型本质上是四元数的线性方程。

但是需要指出的是，在滤波器选择方面，因为构建的姿态估计模型是用于初始对准的，即默认假设 $\boldsymbol{q}_{\mathrm{b}(t)}^{\mathrm{i}}$ 含有任意的初始误差（可能是大误差），所以仍然倾向于选择第 3 章所介绍的 USQUE 算法，而非姿态估计领域广泛应用的 MEKF 算法。有关此处的滤波算法实现流程，由于与第 3 章完全一致，此处不再赘述。

4.2 实验研究

为了验证本章所研究的姿态估计算法在初始对准中的有效性，本节设计了相关车载实验。实验包括两部分：高精度捷联式惯性导航系统动基座初始对准和低精度捷联式惯性导航动基座初始对准。辅助信息都是采用 GPS 输出的速度信息。

4.2.1 高精度惯性导航实验

实验设备主要包括一套高精度激光捷联式惯性导航系统及 GPS 天线。激光捷联式惯性导航惯性测量单元的主要参数如表 4.1 所示。为了获得初始对准的参考姿态基准，首先进行 SINS/GPS 组合导航，将组合后的姿态数据存储起来作为姿态基准，然后任意选取一段 100 s 的数据段进行相关对准算法的验证。

表 4.1　激光捷联式惯性导航惯性测量单元的主要参数

参数名称	陀螺仪	加速度计
动态范围	±400°/s	±3 g
更新率	100 Hz	100 Hz
零偏	≤0.05°/h	≤50 μg
零偏稳定性	≤0.007°/h	≤50 μg

为了充分比较以验证本章所设计算法的有效性，实验中主要对以下四种对准方案进行验证。

（1）姿态确定滑动固定区间积分，构造矢量观测时采用滑动固定区间积分，积分长度为 1 s，记为 ADPI（attitude determination partial integration）；

（2）姿态确定全积分，构造矢量观测时采用全积分，积分长度为对准当前时刻的时间长度，记为 ADFI（attitude determination full integration）；

（3）姿态估计滑动固定区间积分，构造矢量观测时采用滑动固定区间积分，积分长度为 1 s，记为 AEPI（attitude estimation partial integration）；

（4）姿态估计全积分，构造矢量观测时采用全积分，积分长度为对准当前时刻的时间长度，记为 AEFI（attitude estimation full integration）。

实验结果如图 4.1～图 4.6 所示。

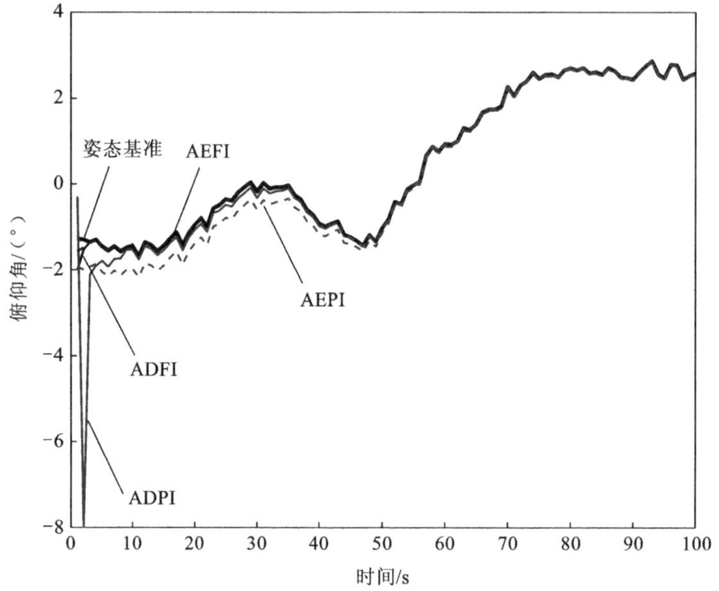

图 4.1　不同对准方案俯仰角估计结果

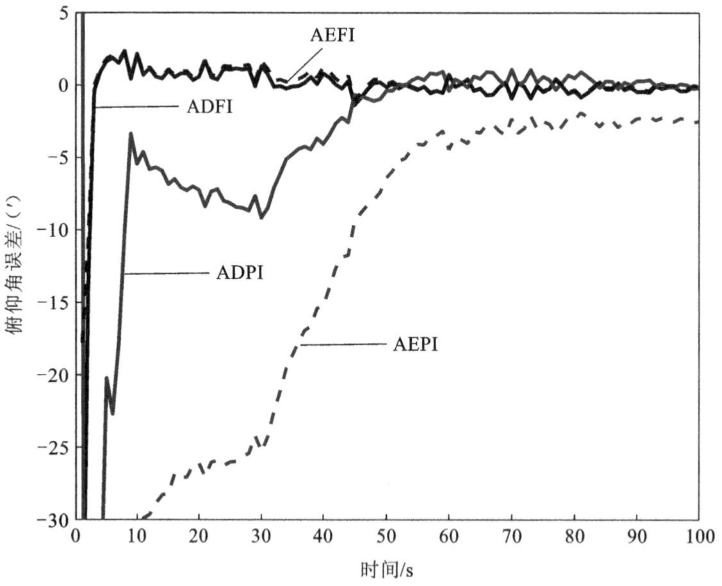

图 4.2　不同对准方案俯仰角估计误差

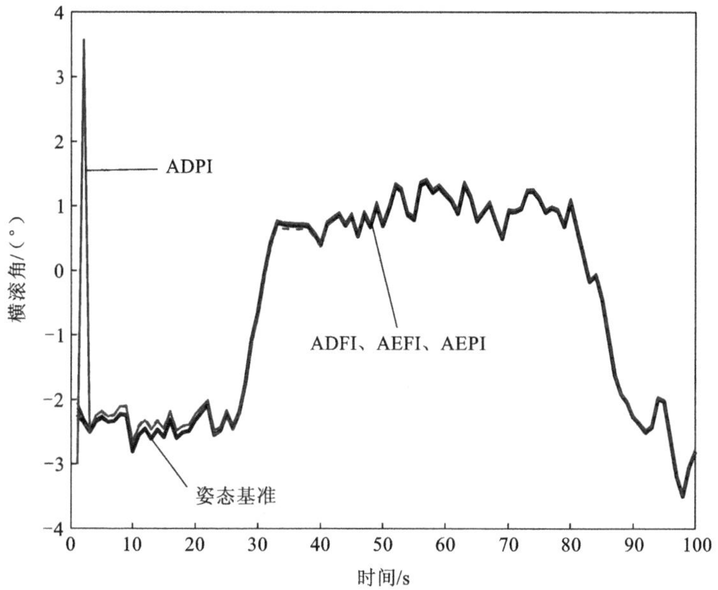

图 4.3 不同对准方案横滚角估计结果

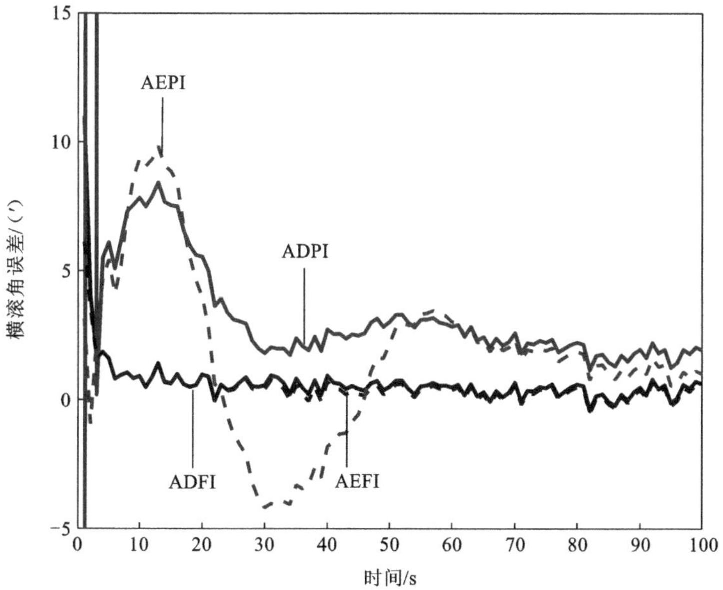

图 4.4 不同对准方案横滚角估计误差

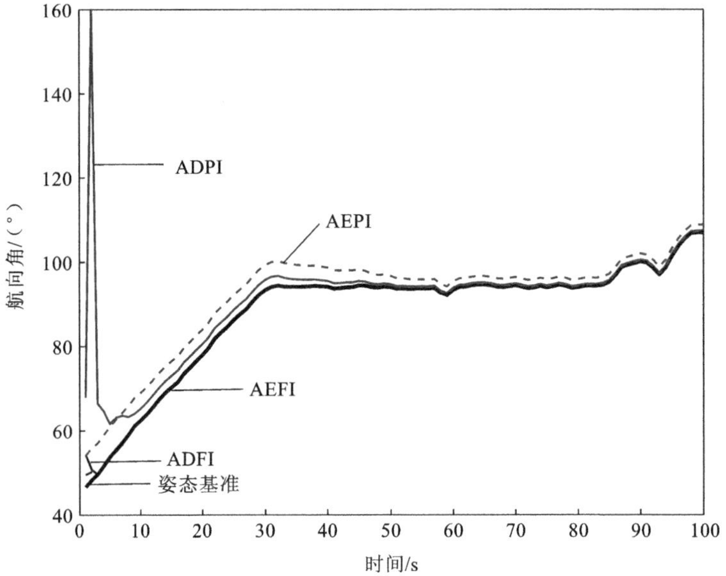

图 4.5　不同对准方案俯仰角估计结果

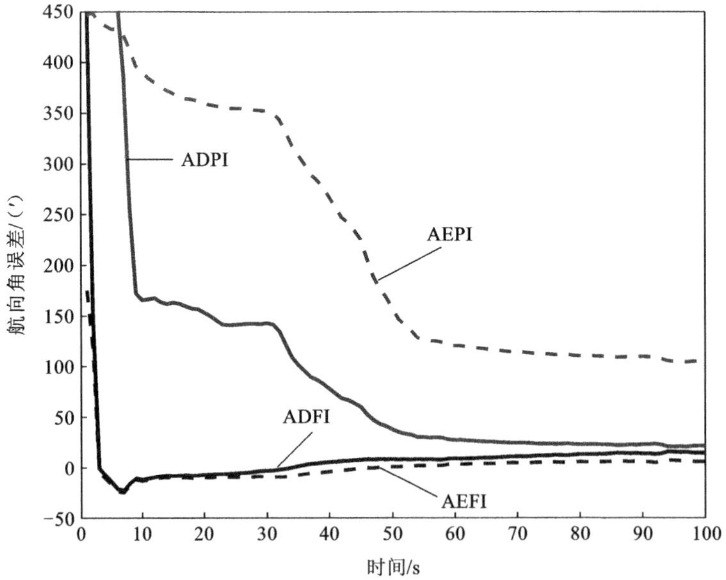

图 4.6　不同对准方案俯仰角估计误差

从图 4.1～图 4.6 可以看出，无论是姿态确定算法还是姿态估计算法，在高精度捷联式惯性导航初始对准中都非常有效，尤其是在构造矢量观测的过程中使用全积分的方法。这是因为对于高精度捷联式惯性导航，惯性器件误差比较小，在有限的对准时间内（100 s），其产生的姿态误差非常小，即使不对其进行估计，也能够很好地完成初始对准。另外，由于全积分可以对加速度计输出信息反复进行利用，也就是说，相对于滑动固定区间积分方式而言，全积分能够更加充分地利用惯性导航和 GPS 输出信息，从而对准速度和稳态精度都比部分积分要好。4 种不同对准方案的姿态估计误差总结在表 4.2。从表中可以看出，最优的对准方案为采用姿态估计的方法，同时采用全积分的形式构造矢量观测。这里所说的对准效果最好是指对准精度，如果将对准算法的计算量同时考虑进来的话，那么优先选择是姿态确定算法，同时采用全积分的形式构造矢量观测。这是因为，姿态估计算法要使用滤波算法，其计算量相对于解析求解方法要大很多。

表 4.2　高精度姿态估计误差　　（单位：′）

方法/姿态	俯仰角	横滚角	航向角
ADFI	−0.18	0.62	14.41
ADPI	−0.23	1.92	21.15
AEFI	−0.07	0.48	5.88
AEPI	−2.51	0.99	104.40

姿态估计算法的另一个重要优势是它可以对陀螺常值漂移进行建模估计，那么就来看一下姿态估计算法在高精度捷联式惯性导航初始对准中的陀螺常值漂移估计效果，如图 4.7 和图 4.8 所示。图 4.7 表示采用全积分的形式构造矢量观测的估计结果，图 4.8 表示采用滑动固定区间积分的形式构造矢量观测的估计结果。图中：SINS/GPS 表示组合导航算法所估计的陀螺常值漂移结果。

从图中可以看出，无论采用何种积分形式构造矢量观测，设计的姿态估计算法和 SINS/GPS 组合算法都不能很好地估计出陀螺常值漂移。这是因为在高精度捷联式惯性导航中，车载实验行驶路线没有太大的机动（图 4.5），陀螺常值漂移的可观测性较弱，在对准的短时间内不能得到有效估计。

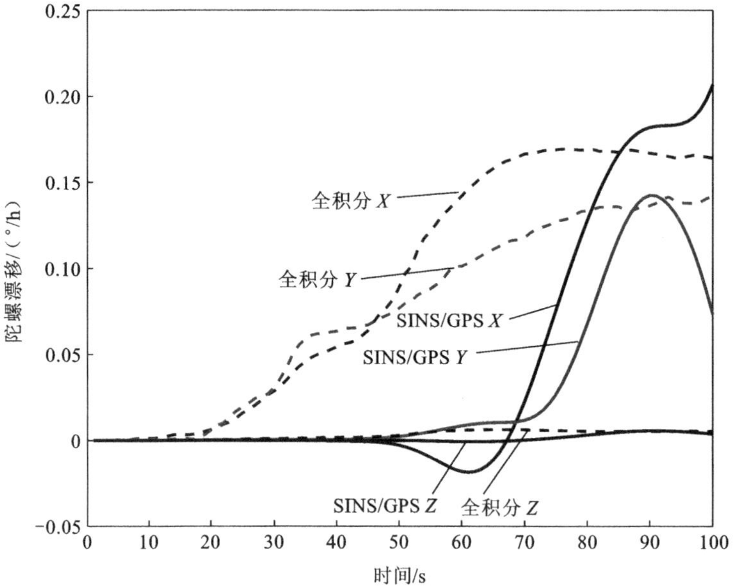

图 4.7　采用全积分构造矢量观测的陀螺漂移估计结果

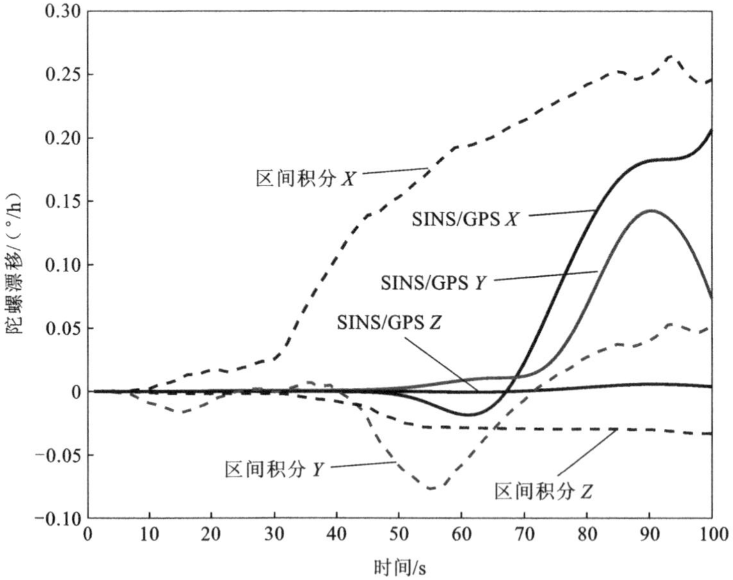

图 4.8　采用滑动固定区间积分构造矢量观测的陀螺漂移估计结果

4.2.2　低精度惯性导航实验

本节采用 3.3.2 小节中的实验平台和实验数据进行算法验证。4 种不用对准方案的对准结果分别如图 4.9～图 4.14 所示。

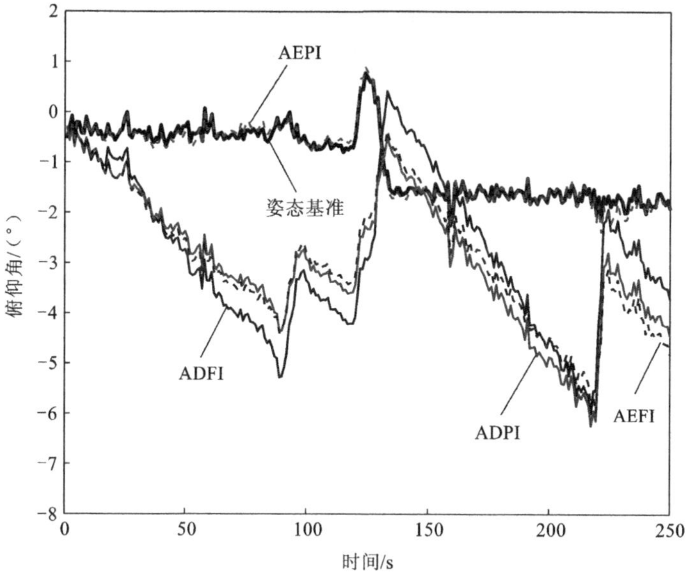

图 4.9　不同对准方案俯仰角估计结果

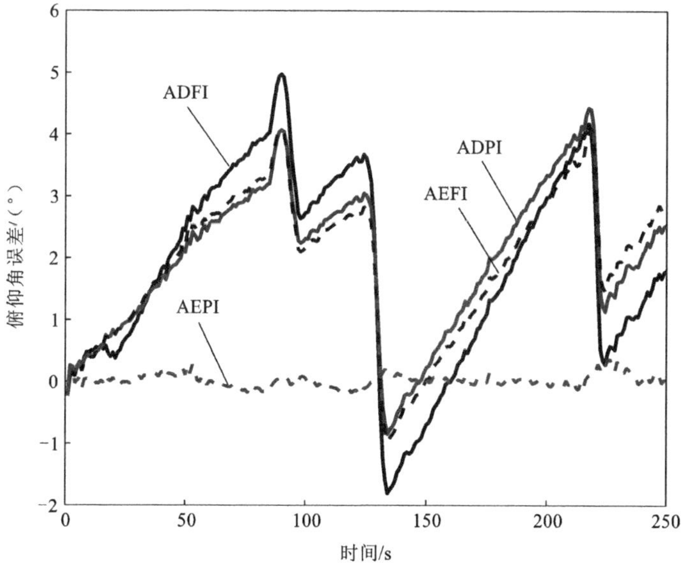

图 4.10　不同对准方案俯仰角估计误差

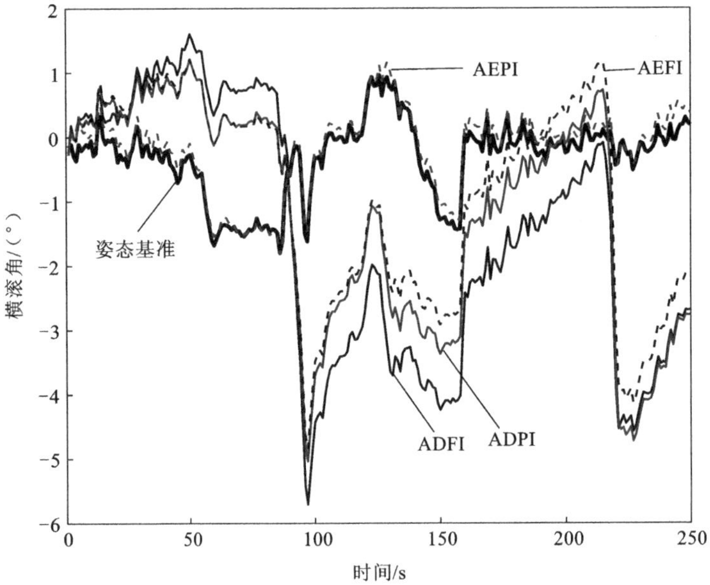

图 4.11　不同对准方案横滚角估计结果

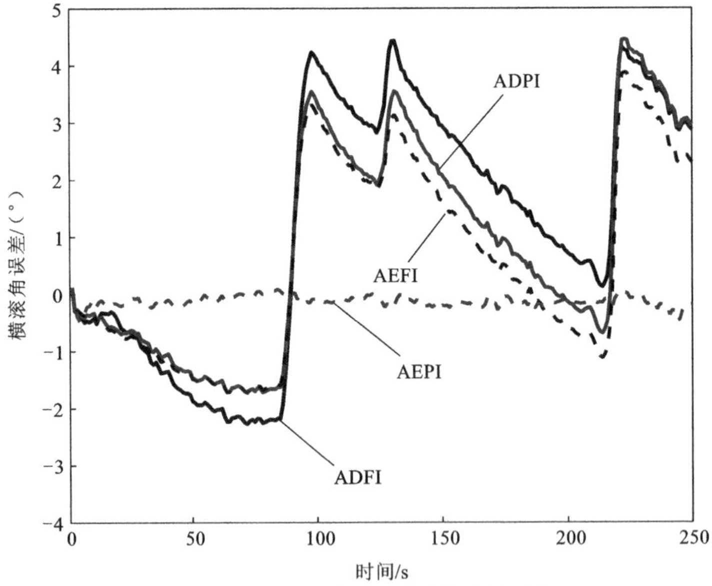

图 4.12　不同对准方案横滚角估计误差

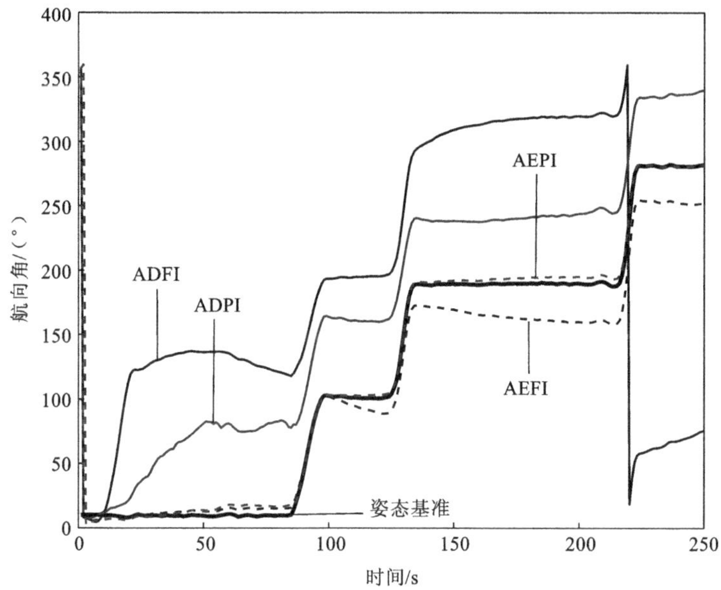

图 4.13　不同对准方案航向角估计结果

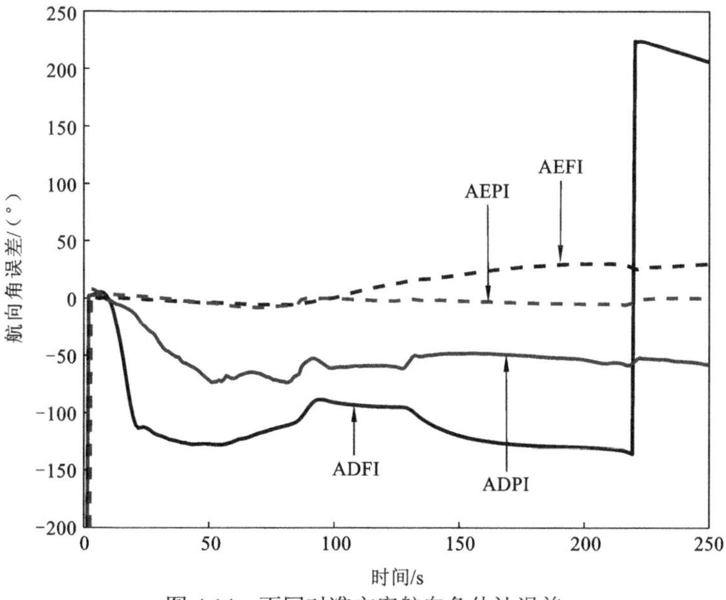

图 4.14　不同对准方案航向角估计误差

从图 4.9～图 4.14 可以看出，姿态确定算法在低精度捷联式惯性导航初始对准中不再有效，这是因为对于低精度捷联式惯性导航，惯性器件误差，尤其是陀螺常值漂移非常大，在短时间内都会引起较大的姿态误差，而姿态确定初始对准方法未对其进行建模估计，从而不再有效。对于姿态估计初始对准方法，采用滑动固定区间积分的方式构造矢量观测，姿态对准结果非常理想，对准速度快，稳态精度高，这是因为所设计的姿态估计算法在姿态对准的同时考虑了对陀螺常值漂移的建模估计，从而对准精度较高。然而，如果采用全积分的方式进行矢量观测构建，对准精度会大幅降阶，这是因为设计的姿态估计对准算法虽然实现了对陀螺常值漂移的建模估计，但是对加速度计常值零偏仍未进行建模估计。在构造观测矢量的过程中，积分的过程本质上也是对器件误差的一个累积过程，采用全积分的方式会造成加速度计误差的持续累积，因此构造的观测矢量精度会打折扣，从而进一步影响姿态估计的结果。4 种不同对准方案的姿态估计误差总结在表 4.3。从表中可以看出，估计效果最好的方法为 AEPI，也就是采用姿态估计的方法，同时采用部分积分的形式构造矢量观测。

表 4.3　低精度姿态估计误差　（单位：°）

方法/姿态	俯仰角	横滚角	航向角
ADFI	1.77	2.97	207.81
ADPI	2.42	2.99	−57.58
AEFI	2.87	2.35	29.69
AEPI	0.11	−0.18	−0.24

接下来看一下姿态估计算法在低精度捷联式惯性导航初始对准中的陀螺常值漂移估计效果，如图 4.15 和图 4.16 所示。图 4.15 表示采用全积分的形式构造矢量观测的估计结果，图 4.16 表示采用滑动固定区间积分的形式构造矢量观测的估计结果。图中：SINS/GPS 表示组合导航算法所估计的陀螺常值漂移结果。

从图 4.15 和图 4.16 中可以看出：采用全积分的方式来构造矢量观测，由于加速度计误差的累积影响，对应的陀螺常值漂移估计效果比较差；相对应地，采用滑动固定区间积分的方式构造矢量观测，陀螺常值漂移的估计效果比较好。事实上，只有在陀螺常值漂移得到有效估计的情况下，低精度捷联式惯性导航才能够完成初始对准。

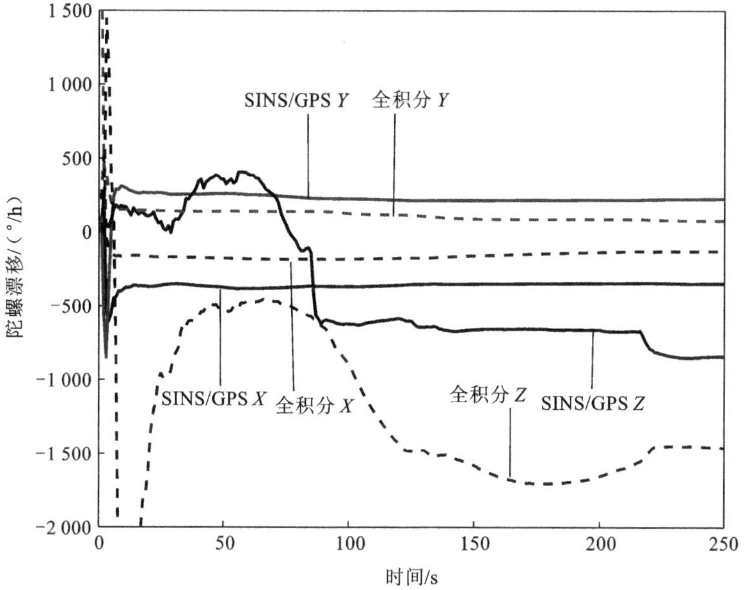

图 4.15　采用全积分构造矢量观测的陀螺漂移估计结果

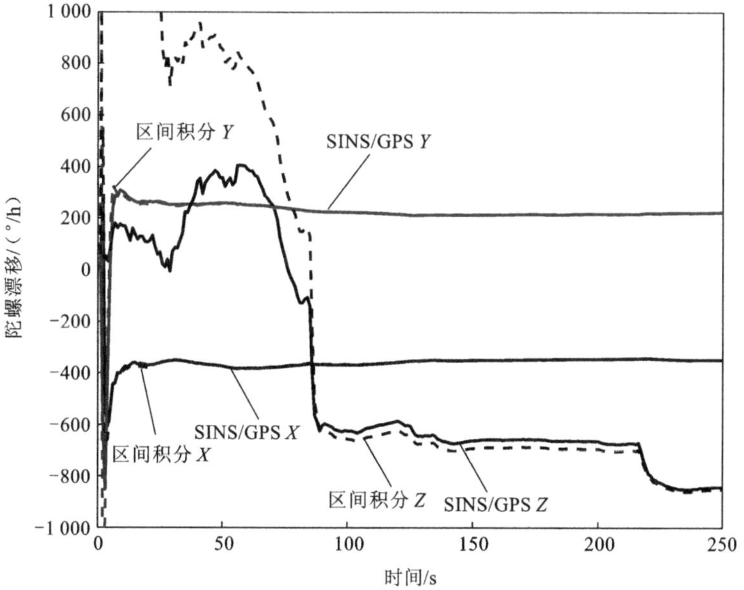

图 4.16　采用滑动固定区间积分构造矢量观测的陀螺漂移估计结果

通过对比本节低精度捷联式惯性导航初始对准结果与第 3 章实验结果可以看出，本章研究的姿态估计初始对准算法与第 3 章的动态惯性系初始对准方法（本质上也是一种姿态估计初始对准方法）对准结果基本一致。两种方法可以说是从不同的角度对传统惯性系初始对准方法进行了动态拓展，但是本章所构建的姿态估计模型更为简洁，因此在实用中推荐本章所研究的模型及方法。

4.3 半解析姿态与参数联立估计方法初探

第 3 章和 4.1 节的主要工作都是基于传统惯性系初始对准是静态姿态确定问题的认识，将其扩展为动态姿态估计问题，实现了姿态与陀螺漂移的联合估计。但是，上述两种方法都没有考虑加速度计误差的影响。Wu 等[3]将加速度计常值零偏、陀螺漂移、GPS 与惯性导航之间的杆臂连同 $\boldsymbol{C}_{\mathrm{b}}^{\mathrm{n}}(0)$ 一起构建了代价函数，推导了这些参数在线递推解析求解的方程。仿真实验结果表明，这种方法求解的加速度计常值零偏和杆臂精度较好，但陀螺漂移标定效果并不理想。因此，本节尝试将 4.1 节的姿态估计模型与文献[3]中的在线优化方法结合，研究一种半解析姿态与参数联立估计方法，以期达到优势互补的目的[4]。

4.3.1 半解析姿态与参数联立估计模型

本节所涉及的所有未注明参量的定义与前面完全一致。为了表述的完整性，此处仍然将姿态矩阵 $\boldsymbol{C}_{\mathrm{b}}^{\mathrm{n}}(t)$ 的分解形式列写如下：

$$\boldsymbol{C}_{\mathrm{b}}^{\mathrm{n}}(t)=\boldsymbol{C}_{\mathrm{n}(0)}^{\mathrm{n}(t)}\boldsymbol{C}_{\mathrm{b}}^{\mathrm{n}}(0)\boldsymbol{C}_{\mathrm{b}(t)}^{\mathrm{b}(0)} \tag{4.38}$$

不同于 2.1 节中 $\boldsymbol{C}_{\mathrm{b}}^{\mathrm{n}}(0)$ 的求解方式，此处将加速度计常值漂移 $\boldsymbol{b}_a$ 考虑进来。根据文献[3]可知，其相应的姿态确定模型为

$$\boldsymbol{C}_{\mathrm{b}}^{\mathrm{n}}(0)(\boldsymbol{\alpha}+\boldsymbol{\chi}\boldsymbol{b}_a)=\boldsymbol{\beta} \tag{4.39}$$

式中：

$$\boldsymbol{\alpha}=\int_{t_m}^{t}\boldsymbol{C}_{\mathrm{b}(\tau)}^{\mathrm{b}(0)}\boldsymbol{f}^{\mathrm{b}}\mathrm{d}\tau=\sum_{k=m}^{M-1}\boldsymbol{C}_{\mathrm{b}(t_k)}^{\mathrm{b}(0)}\left(\Delta t\boldsymbol{I}_3+\frac{\Delta t^2}{2}\boldsymbol{\omega}_{\mathrm{ib}}^{\mathrm{b}}\times\right)\boldsymbol{f}^{\mathrm{b}} \tag{4.40}$$

$$\boldsymbol{\chi}=\int_{t_m}^{t}\boldsymbol{C}_{\mathrm{b}(\tau)}^{\mathrm{b}(0)}\mathrm{d}\tau=\sum_{k=m}^{M-1}\boldsymbol{C}_{\mathrm{b}(t_k)}^{\mathrm{b}(0)}\left[\Delta t\boldsymbol{I}_{3\times 3}+\frac{\Delta t^2}{2}(\boldsymbol{\omega}_{\mathrm{ib}}^{\mathrm{b}}\times)\right] \tag{4.41}$$

$$\boldsymbol{\beta}=\boldsymbol{C}_{\mathrm{n}(t)}^{\mathrm{n}(0)}\boldsymbol{v}^{\mathrm{n}}(t)-\boldsymbol{C}_{\mathrm{n}(t_m)}^{\mathrm{n}(0)}\boldsymbol{v}^{\mathrm{n}}(t_m)+\int_{t_m}^{t}\boldsymbol{C}_{\mathrm{n}(\tau)}^{\mathrm{n}(0)}\boldsymbol{\omega}_{\mathrm{ie}}^{\mathrm{n}}\times\boldsymbol{v}^{\mathrm{n}}\mathrm{d}\tau-\int_{t_m}^{t}\boldsymbol{C}_{\mathrm{n}(\tau)}^{\mathrm{n}(0)}\boldsymbol{g}^{\mathrm{n}}\mathrm{d}\tau \tag{4.42}$$

式（4.42）右侧中的积分解算方法参照式（2.16）和式（2.17）。

式（4.39）建立了 $\boldsymbol{C}_{\mathrm{b}}^{\mathrm{n}}(0)$ 与加速度计常值漂移 $\boldsymbol{b}_a$ 的联合求解模型。对于式（4.40）和式（4.41）中的 $\boldsymbol{C}_{\mathrm{b}(t_k)}^{\mathrm{b}(0)}$，第 2 章是直接根据精确的初始值（单位矩阵）进行姿态更新得到的；而这里为了获得陀螺漂移的估计量，借鉴 4.1 节中的姿态估计建模思路来对 $\boldsymbol{C}_{\mathrm{b}(t_k)}^{\mathrm{b}(0)}$ 进行建模估计，即

$$\dot{\boldsymbol{C}}_{\mathrm{b}(t)}^{\mathrm{b}(0)}=\boldsymbol{C}_{\mathrm{b}(t)}^{\mathrm{b}(0)}(\tilde{\boldsymbol{\omega}}_{\mathrm{ib}}^{\mathrm{b}}-\boldsymbol{\varepsilon}^{\mathrm{b}}-\boldsymbol{\eta}_{gv})\times \tag{4.43}$$

$$\boldsymbol{C}_{\mathrm{b}(t)}^{\mathrm{b}(0)}\boldsymbol{\alpha}_m=\boldsymbol{\beta}_m \tag{4.44}$$

式（4.43）即为建立的姿态估计模型的状态模型，而式（4.44）为相应的矢量观测模型。式（4.44）中矢量观测的具体求解公式为

$$\boldsymbol{\alpha}_m=\int_{t_m}^{t}\boldsymbol{C}_{\mathrm{b}(0)}^{\mathrm{b}(t)}\boldsymbol{C}_{\mathrm{b}(\tau)}^{\mathrm{b}(0)}\boldsymbol{f}^{\mathrm{b}}(\tau)\mathrm{d}\tau=\boldsymbol{C}_{\mathrm{b}(0)}^{\mathrm{b}(t)}\int_{t_m}^{t}\boldsymbol{C}_{\mathrm{b}(\tau)}^{\mathrm{b}(0)}\boldsymbol{f}^{\mathrm{b}}(\tau)\mathrm{d}\tau \tag{4.45}$$

$$\boldsymbol{\beta}_m=\boldsymbol{C}_{\mathrm{b}}^{\mathrm{n}}(0)^{\mathrm{T}}\boldsymbol{\beta} \tag{4.46}$$

式（4.45）中的积分求解方法参照式（4.40）。从式（4.46）可以看出，为了实现 $\boldsymbol{C}_{\mathrm{b}(t)}^{\mathrm{b}(0)}$ 与 $\boldsymbol{\varepsilon}^{\mathrm{b}}$ 的联合估计，需将 $\boldsymbol{C}_{\mathrm{b}}^{\mathrm{n}}(0)$ 作为已知量。而前面也提到过，为了求解 $\boldsymbol{C}_{\mathrm{b}}^{\mathrm{n}}(0)$，需将 $\boldsymbol{C}_{\mathrm{b}(t)}^{\mathrm{b}(0)}$ 视为输入信息。因此，所建立的半解析姿态与参数联立估计模型是一种交错的结构，其示意图如图 4.17 所示。图中："优化算法"和"MEKF"是指相应的姿态估计和参数寻优方法，将在 4.3.2 小节详细说明。

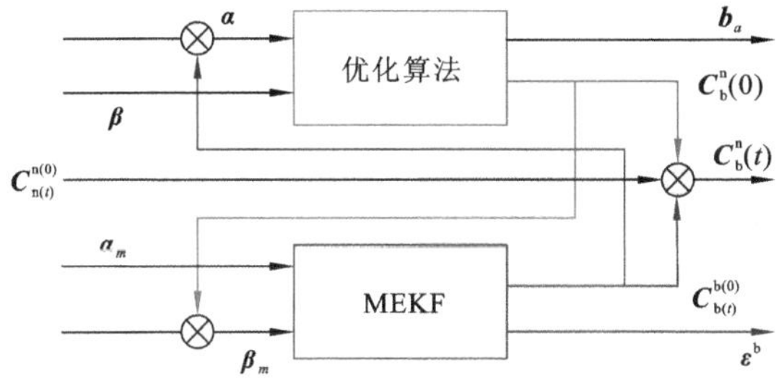

图 4.17　半解析姿态与参数联立估计模型的交错结构

4.3.2　半解析姿态与参数联立估计求解

通过分析发现，式（4.39）所表述的参数寻优问题与机器人领域的"Point-Cloud Alignment Problem"结构形式完全一致[5]，因此此处直接借鉴成

熟的算法来实现 $\boldsymbol{C}_{\mathrm{b}}^{\mathrm{n}}(0)$ 与加速度计常值漂移 $\boldsymbol{b}_a$ 的联合求解。

将式（4.39）重新组织如下：

$$\underbrace{\begin{bmatrix} \boldsymbol{C}_{\mathrm{b}}^{\mathrm{n}}(0) & 0 \\ \boldsymbol{0}_{1\times 3} & 1 \end{bmatrix}}_{(\boldsymbol{q}^{-1})^{+}\boldsymbol{q}^{\oplus}} \left(\underbrace{\begin{bmatrix} \boldsymbol{\alpha} \\ 1 \end{bmatrix}}_{p_j} + \underbrace{\begin{bmatrix} \chi \boldsymbol{b}_a \\ 0 \end{bmatrix}}_{r} \right) = \underbrace{\begin{bmatrix} \boldsymbol{\beta} \\ 1 \end{bmatrix}}_{y_j} \tag{4.47}$$

式中：$\boldsymbol{q}=[\boldsymbol{\rho}^{\mathrm{T}} \quad \eta]^{\mathrm{T}}$ 为 $\boldsymbol{C}_{\mathrm{b}}^{\mathrm{n}}(0)$ 对应的四元数形式。式（4.47）中所涉及的四元数运算法则为

$$\boldsymbol{q}^{+} = \begin{bmatrix} \eta \boldsymbol{I}_{3\times 3} - (\boldsymbol{\rho}\times) & \boldsymbol{\rho} \\ -\boldsymbol{\rho}^{\mathrm{T}} & \eta \end{bmatrix} \tag{4.48}$$

$$\boldsymbol{q}^{\oplus} = \begin{bmatrix} \eta \boldsymbol{I}_{3\times 3} + (\boldsymbol{\rho}\times) & \boldsymbol{\rho} \\ -\boldsymbol{\rho}^{\mathrm{T}} & \eta \end{bmatrix} \tag{4.49}$$

定义如下误差四元数：

$$\boldsymbol{e}_j = \boldsymbol{y}_j - (\boldsymbol{q}^{-1})^{+}(\boldsymbol{p}_j + \boldsymbol{r})^{+}\boldsymbol{q} \tag{4.50}$$

式（4.47）所对应的代价函数为

$$\boldsymbol{J}(\boldsymbol{q},\boldsymbol{r},\boldsymbol{\lambda}) = \frac{1}{2}\sum_{j=1}^{M} \boldsymbol{w}_j \boldsymbol{e}_j^{\mathrm{T}} \boldsymbol{e}_j - \frac{1}{2}\lambda(\boldsymbol{q}^{\mathrm{T}}\boldsymbol{q}-1) \tag{4.51}$$

式中：$\boldsymbol{w}_j$ 为 $\boldsymbol{e}_j$ 的权值。将代价函数对待优化量分别求导可得

$$\frac{\partial \boldsymbol{J}}{\partial \boldsymbol{q}^{\mathrm{T}}} = \sum_{j=1}^{M} \boldsymbol{w}_j [\boldsymbol{y}_j^{\oplus} - (\boldsymbol{p}_j + \boldsymbol{r})^{+}]^{\mathrm{T}} [\boldsymbol{y}_j^{\oplus} - (\boldsymbol{p}_j + \boldsymbol{r})^{+}]\boldsymbol{q} - \lambda \boldsymbol{q} \tag{4.52}$$

$$\frac{\partial \boldsymbol{J}}{\partial \boldsymbol{r}^{\mathrm{T}}} = -\boldsymbol{q}^{-1\oplus} \sum_{j=1}^{M} \boldsymbol{w}_j [\boldsymbol{y}_j^{\oplus} - (\boldsymbol{p}_j + \boldsymbol{r})^{+}]\boldsymbol{q} \tag{4.53}$$

$$\frac{\partial \boldsymbol{J}}{\partial \lambda} = -\frac{1}{2}(\boldsymbol{q}^{\mathrm{T}}\boldsymbol{q}-1) \tag{4.54}$$

令式（4.53）等于零可得

$$\boldsymbol{r} = \boldsymbol{q}^{+}\boldsymbol{y}^{+}\boldsymbol{q}^{-1} - \boldsymbol{p} \tag{4.55}$$

将式（4.55）代入式（4.52）并将得到的公式置零可得

$$\boldsymbol{W}\boldsymbol{q} = \lambda \boldsymbol{q} \tag{4.56}$$

式中：

$$\boldsymbol{W} = \frac{1}{\boldsymbol{w}}\sum_{j=1}^{M} \boldsymbol{w}_j [(\boldsymbol{y}_j - \boldsymbol{y})^{\oplus} - (\boldsymbol{p}_j - \boldsymbol{p})^{+}]^{\mathrm{T}} [(\boldsymbol{y}_j - \boldsymbol{y})^{\oplus} - (\boldsymbol{p}_j - \boldsymbol{p})^{+}] \tag{4.57}$$

$$y = \frac{1}{w}\sum_{j=1}^{M} w_j y_j,\quad p = \frac{1}{w}\sum_{j=1}^{M} w_j p_j,\quad w = \sum_{j=1}^{M} w_j \tag{4.58}$$

可以看出，式(4.56)的形式与式(2.23)完全一致，因此可以采用 Davenport-q 方法求得对应的四元数，进而通过式（4.55）获得加速度零偏 $\boldsymbol{b}_a$ 的估计值。

姿态估计问题式（4.43）和式（4.44）可以采用前面介绍的 USQUE 算法直接实现。但是如果忽略惯性器件误差，利用 2.1 节中的方法对 $\boldsymbol{C}_{\mathrm{b}}^{\mathrm{n}}(0)$ 进行初始化后，无论是状态模型（姿态没有任何初始误差，$\boldsymbol{C}_{\mathrm{b}(0)}^{\mathrm{b}(0)} = \boldsymbol{I}_3$）还是观测模型都可以进行很好的初始化，因此完全可以采用更为简单的 MEKF 算法。用于估计 $\boldsymbol{C}_{\mathrm{b}(t)}^{\mathrm{b}(0)}$ 和 $\boldsymbol{\varepsilon}^{\mathrm{b}}$ 的 MEKF 算法流程如下[2]。

算法 4.1　姿态估计 MEKF 算法流程。

初始化

$$\hat{\boldsymbol{q}}_{\mathrm{b}_0}^{\mathrm{b}}(t_0) = [0\quad 0\quad 0\quad 1]^{\mathrm{T}},\quad \boldsymbol{\varepsilon}^{\mathrm{b}}(t_0) = \boldsymbol{0}_{3\times 1},\quad \boldsymbol{P}(t_0) = \boldsymbol{P}_0$$

Kalman 增益

$$\boldsymbol{K}_k = \boldsymbol{P}_{k|k-1}\boldsymbol{H}_k^{\mathrm{T}}(\hat{\boldsymbol{x}}_{k|k-1})[\boldsymbol{H}_k(\hat{\boldsymbol{x}}_{k|k-1})\boldsymbol{P}_{k|k-1}\boldsymbol{H}_k^{\mathrm{T}}(\hat{\boldsymbol{x}}_{k|k-1}) + \boldsymbol{R}_k]^{-1}$$

$$\boldsymbol{H}_k(\hat{\boldsymbol{x}}_{k|k-1}) = [\boldsymbol{C}(\hat{\boldsymbol{q}}_{\mathrm{b}_0,k|k-1}^{\mathrm{b}})\boldsymbol{\beta}_{m,k}\quad \boldsymbol{0}_{3\times 3}]$$

更新

$$\boldsymbol{P}_k = [\boldsymbol{I}_6 - \boldsymbol{K}_k\boldsymbol{H}_k(\hat{\boldsymbol{x}}_{k|k-1})]\boldsymbol{P}_{k|k-1}$$

$$\Delta\hat{\boldsymbol{x}}_k = \boldsymbol{K}_k[\boldsymbol{\alpha}_{m,k} - \boldsymbol{h}_k(\hat{\boldsymbol{x}}_{k|k-1})]$$

$$\boldsymbol{h}_k(\hat{\boldsymbol{x}}_{k|k-1}) = \boldsymbol{C}(\hat{\boldsymbol{q}}_{\mathrm{b}_0,k|k-1}^{\mathrm{b}})\boldsymbol{\beta}_{m,k}$$

$$\Delta\hat{\boldsymbol{x}}_k = [\Delta\hat{\boldsymbol{\alpha}}_k^{\mathrm{T}}\quad \Delta\hat{\boldsymbol{\varepsilon}}_k^{\mathrm{bT}}]$$

$$\hat{\boldsymbol{q}}_k = \hat{\boldsymbol{q}}_{k|k-1} + 0.5\boldsymbol{\varXi}(\hat{\boldsymbol{q}}_{k|k-1})\Delta\hat{\boldsymbol{\alpha}}_k$$

$$\hat{\boldsymbol{\varepsilon}}_k^{\mathrm{b}} = \Delta\hat{\boldsymbol{\varepsilon}}_{k|k-1}^{\mathrm{b}} + \Delta\hat{\boldsymbol{\varepsilon}}_k^{\mathrm{b}}$$

预测

$$\hat{\boldsymbol{\omega}}_{\mathrm{ib}}^{\mathrm{b}}(t) = \tilde{\boldsymbol{\omega}}_{\mathrm{ib}}^{\mathrm{b}}(t) - \hat{\boldsymbol{\varepsilon}}^{\mathrm{b}}(t)$$

$$\dot{\hat{\boldsymbol{q}}}_{\mathrm{b}_0}^{\mathrm{b}}(t) = \frac{1}{2}\boldsymbol{\varXi}[\hat{\boldsymbol{q}}_{\mathrm{b}_0}^{\mathrm{b}}(t)]\hat{\boldsymbol{\omega}}_{\mathrm{ib}}^{\mathrm{b}}(t)$$

$$\dot{\boldsymbol{P}}(t) = \boldsymbol{F}(t)\boldsymbol{P}(t) + \boldsymbol{P}(t)\boldsymbol{F}^{\mathrm{T}}(t) + \boldsymbol{G}(t)\boldsymbol{Q}(t)\boldsymbol{G}^{\mathrm{T}}(t)$$

$$\boldsymbol{F}(t) = \begin{bmatrix} -[\hat{\boldsymbol{\omega}}_{\mathrm{ib}}^{\mathrm{b}}(t)\times] & -\boldsymbol{I}_3 \\ \boldsymbol{0}_{3\times 3} & \boldsymbol{0}_{3\times 3} \end{bmatrix},\qquad \boldsymbol{G}(t) = \begin{bmatrix} -\boldsymbol{I}_3 & \boldsymbol{0}_{3\times 3} \\ \boldsymbol{0}_{3\times 3} & \boldsymbol{I}_3 \end{bmatrix}$$

需要指出的是，本节所研究方法仅仅停留在理论层面，并未开展实验验证。这主要是因为误差的相互耦合，实际估计效果可能并不乐观。

4.4 本章小结

本章在传统的基于姿态确定的惯性系初始对准方法的基础上，通过巧妙的坐标系定义与分解，将载体姿态运动部分考虑进状态模型以实现对陀螺常值漂移的建模估计，从而将捷联式惯性导航初始对准问题转化为了一个姿态估计问题。同时，采用滑动固定区间积分的方法并根据加速度计的性能合理选择积分区间长度以构造当前时刻的观测量，保证了姿态估计算法的收敛速度和精度。实验结果表明，所研究算法同样可以实现低精度捷联式惯性导航系统的初始对准及陀螺常值漂移的估计，同时模型较第 3 章方法更为简洁。本章在所研究的姿态估计模型的基础上，探讨了半解析姿态与参数联立估计方法，将惯性导航姿态对准与惯性器件误差标定转化为了一个优化问题与姿态估计问题交错的系统模型，理论上可以实现姿态对准及惯性器件误差在线标定。

本章参考文献

[1] CHANG L B, LI J S, CHEN S Y. Initial alignment by attitude estimation for strapdown inertial navigation systems[J]. IEEE Transactions on Instrumentation and Measurement, 2015, 64 (3): 784-794.

[2] MARKLEY F L, CRASSIDIS J L. Fundamentals of spacecraft attitude determination and control[M]. Berlin: Microcosm Press and Springer, 2014.

[3] WU Y X, WANG J L, HU D W. A new technique for INS/GNSS attitude and parameter estimation using online optimization[J]. IEEE Transactions on Signal Processing, 2014, 62 (10): 2642-2655.

[4] CHANG L B. Semi-analytic method for SINS attitude and parameters online estimation[J]. arXiv preprint arXiv: 1801. 05212, 2018.

[5] BARFOOT T D. State estimation for robotics[M]. New York: Cambridge University Press, 2017.

第 5 章　基于 Rodrigues 姿态误差方程的非线性初始对准方法

非线性初始对准是独立于惯性系初始对准的另外一类初始对准方法。非线性初始对准的核心思想是摒弃传统的“粗对准+精对准”的两步初始对准方案，通过建立任意失准角条件下的惯性导航误差模型，并采用非线性滤波算法来实现惯性导航系统的一步对准。然而，非线性初始对准在实用过程中并未达到预期效果，也就是说，在相同的对准时间内，非线性初始对准方法并未达到传统的两步对准的精度。究其原因，主要在于非线性初始对准的系统模型并不精确，导致原理性误差的存在，进而影响最终的对准精度。本章将从系统模型角度系统分析研究非线性初始对准方法，以期为非线性初始对准真正进入实用阶段提供一定的参考和借鉴。

5.1　间接式非线性初始对准基本框架

图 5.1 给出了典型的间接式非线性初始对准基本框架。图中：$\boldsymbol{q}_{\mathrm{b}}^{\mathrm{n}'}$、$\tilde{\boldsymbol{v}}^{\mathrm{n}}$、$\tilde{\boldsymbol{p}}$ 为含有解算误差的惯性导航解算输出；n′ 为计算导航坐标系；$\delta\hat{\boldsymbol{\rho}}$、$\delta\hat{\boldsymbol{v}}^{\mathrm{n}}$、$\delta\hat{\boldsymbol{p}}$ 为滤波估计的导航误差；$\delta\hat{\boldsymbol{\rho}}$ 为姿态误差，可以有不同的表示形式，如 Euler 角、四元数、Rodrigues 参数等；$\boldsymbol{q}_{\mathrm{b}}^{\mathrm{n}'}$、$\tilde{\boldsymbol{v}}^{\mathrm{n}}$、$\tilde{\boldsymbol{p}}$ 为经滤波估计修正的导航参数输出。

从图 5.1 可以看出，间接式非线性初始对准一般包括惯性导航解算、非线性误差方程建模、非线性滤波三大模块。因为惯性导航解算与常规意义的纯惯性导航是一致的，相关成熟算法可以直接应用，所以误差传播模型和非线性滤波算法是研究捷联式惯性导航系统非线性初始对准的两个重要问题。前期相关研究工作更多的是将不断涌现的新型非线性滤波算法直接引入非线性初始对准问题中，而对惯性导航非线性误差模型研究则相对较少。出于习惯，人们更多采用 Euler 角来表述惯性导航初始失准角，进而推导相应的姿态误差方程。其中最具代表性的工作是严恭敏所研究的大失准角初始对准方法[1]。文献[1]使用 Euler 平台误差角来表示从理论导航坐标系到计算导航坐标系之间的三个失准

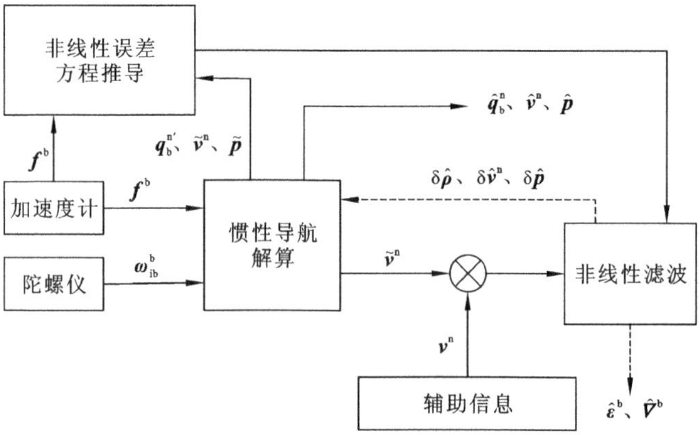

图 5.1　间接式非线性初始对准基本框架

角，并推导了相应的非线性姿态误差方程，指出了其他模型存在的近似误差。用 Euler 角表示失准角虽然物理意义明确，但是在大失准角条件下不同的转动次序会产生不同的姿态矩阵，同时 Euler 角用三个独立的标量来表示一个完整的姿态矢量，会产生一定的原理性误差[2]。基于上述认识，有学者尝试用四元数表示大失准角来进行非线性初始对准。但是四元数本身用四维标量来表示三维姿态，存在规范性约束问题，该问题如果处理不好就会在滤波过程中产生数值稳定问题。虽然可以采用前两章所介绍的 USQUE 等算法来处理四元数约束问题，但这无疑会增加算法的复杂度。本章将在四元数姿态误差方程的基础上，利用 Rodrigues 参数来表示姿态，推导相应的姿态误差方程用于非线性初始对准。用 Rodrigues 参数表示姿态一方面可以避免 Euler 角所存在的问题，另一方面较四元数也会降低滤波算法的复杂度。

5.2　Rodrigues 姿态误差方程推导

5.2.1　Rodrigues 参数姿态表示

Rodrigues 参数也称为 Gibbs 向量，它的具体定义形式由四元数元素给出，即给定四元数 $\boldsymbol{q}=[q_0 \quad \boldsymbol{q}_v^{\mathrm{T}}]^{\mathrm{T}}$，其对应的 Rodrigues 参数为[3-4]

$$\boldsymbol{\rho}=\frac{\boldsymbol{q}_v}{q_0} \tag{5.1}$$

根据定义，若给定 Rodrigues 参数 ρ，则其相应的四元数为

$$\boldsymbol{q}=\frac{\pm 1}{\sqrt{1+\|\boldsymbol{g}\|^{2}}}\begin{bmatrix}1\\ \boldsymbol{\rho}\end{bmatrix} \tag{5.2}$$

从四元数变换为 Rodrigues 参数的过程如图 5.2 所示。图中：圆为四元数 $\boldsymbol{q}$ 空间球体的横截面；水平轴为四元数矢量部分 $\boldsymbol{q}_v$ 构成的超平面；纵轴为四元数标量 q_0 所在的轴向；$\boldsymbol{q}_I=[1\quad 0\quad 0\quad 0]^{\mathrm{T}}$ 为单位四元数；穿过 $\boldsymbol{q}_I$ 的直线为三维 Rodrigues 参数的超平面，即在四元数球体 $\boldsymbol{q}=\boldsymbol{q}_I$ 处的切平面；Rodrigues 参数 $\boldsymbol{\rho}$ 为四元数 $\boldsymbol{q}$ 在 Rodrigues 参数超平面的投影。

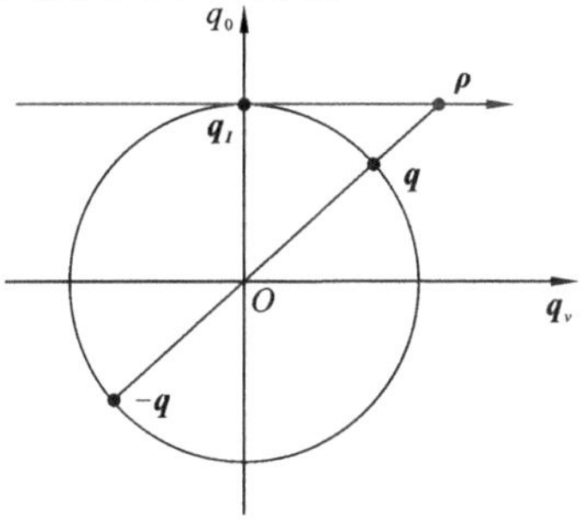

图 5.2　四元数变换为 Rodrigues 参数的过程

从图 5.2 可以看出，Rodrigues 参数 $\boldsymbol{\rho}$ 在角度为 π 时存在奇异，因此它一般不会用来作为全局姿态表示方法用于导航解算。但是需要指出的是，本章只是利用它来表示失准角。一般来说，在实际应用中，失准角不会达到 π，即使对于大方位失准角。因此，在非线性初始对准问题中，用 Rodrigues 参数表示失准角无需担心奇异性问题。

5.2.2　四元数姿态误差方程

本章采用文献[1]中失准角的定义，即导航坐标系 n 与计算导航坐标系 n′ 之间的误差。根据姿态矩阵链式相乘法则可得

$$\boldsymbol{C}_{\mathrm{b}}^{\mathrm{n}}=\boldsymbol{C}_{\mathrm{n}'}^{\mathrm{n}}\boldsymbol{C}_{\mathrm{b}}^{\mathrm{n}'} \tag{5.3}$$

其对应的四元数形式为

$$\boldsymbol{q}_{\mathrm{b}}^{\mathrm{n}}=\boldsymbol{q}_{\mathrm{n}'}^{\mathrm{n}}\otimes\boldsymbol{q}_{\mathrm{b}}^{\mathrm{n}'} \tag{5.4}$$

记 $\delta\boldsymbol{q}=\boldsymbol{q}_{\mathrm{n}'}^{\mathrm{n}}$，则根据式（5.4）可得

$$\delta\boldsymbol{q}=\boldsymbol{q}_{\mathrm{b}}^{\mathrm{n}}\otimes\boldsymbol{q}_{\mathrm{b}}^{\mathrm{n}'*} \tag{5.5}$$

对式（5.5）两边分别取微分可得

$$\delta\dot{\boldsymbol{q}} = \dot{\boldsymbol{q}}_{\mathrm{b}}^{\mathrm{n}} \otimes \boldsymbol{q}_{\mathrm{b}}^{\mathrm{n}'*} + \boldsymbol{q}_{\mathrm{b}}^{\mathrm{n}} \otimes \dot{\boldsymbol{q}}_{\mathrm{b}}^{\mathrm{n}'*} \tag{5.6}$$

无误差姿态四元数 $\boldsymbol{q}_{\mathrm{b}}^{\mathrm{n}}$ 对应的微分方程为

$$\dot{\boldsymbol{q}}_{\mathrm{b}}^{\mathrm{n}} = \frac{1}{2}\boldsymbol{q}_{\mathrm{b}}^{\mathrm{n}} \otimes \boldsymbol{\omega}_{\mathrm{nb}}^{\mathrm{b}} \tag{5.7}$$

相应地，计算姿态四元数 $\boldsymbol{q}_{\mathrm{b}}^{\mathrm{n}'}$ 对应的微分方程为

$$\dot{\boldsymbol{q}}_{\mathrm{b}}^{\mathrm{n}'} = \frac{1}{2}\boldsymbol{q}_{\mathrm{b}}^{\mathrm{n}'} \otimes \tilde{\boldsymbol{\omega}}_{\mathrm{nb}}^{\mathrm{b}} \tag{5.8}$$

式中：

$$\tilde{\boldsymbol{\omega}}_{\mathrm{nb}}^{\mathrm{b}} = \tilde{\boldsymbol{\omega}}_{\mathrm{ib}}^{\mathrm{b}} - \boldsymbol{C}_{\mathrm{b}}^{\mathrm{n}'\mathrm{T}}\tilde{\boldsymbol{\omega}}_{\mathrm{in}}^{\mathrm{n}} \tag{5.9a}$$

$$\tilde{\boldsymbol{\omega}}_{\mathrm{ib}}^{\mathrm{b}} = \boldsymbol{\omega}_{\mathrm{ib}}^{\mathrm{b}} + \delta\boldsymbol{\omega}_{\mathrm{ib}}^{\mathrm{b}} \tag{5.9b}$$

$$\boldsymbol{\omega}_{\mathrm{in}}^{\mathrm{n}} = \tilde{\boldsymbol{\omega}}_{\mathrm{in}}^{\mathrm{n}} + \delta\boldsymbol{\omega}_{\mathrm{in}}^{\mathrm{n}} \tag{5.9c}$$

上式中误差矢量的具体形式将在后面给出。将式（5.7）和式（5.8）代入式（5.6）可得

$$\begin{aligned}
\delta\dot{\boldsymbol{q}} &= \dot{\boldsymbol{q}}_{\mathrm{b}}^{\mathrm{n}} \otimes \boldsymbol{q}_{\mathrm{b}}^{\mathrm{n}'*} + \boldsymbol{q}_{\mathrm{b}}^{\mathrm{n}} \otimes \dot{\boldsymbol{q}}_{\mathrm{b}}^{\mathrm{n}'*} \\
&= \frac{1}{2}\boldsymbol{q}_{\mathrm{b}}^{\mathrm{n}} \otimes (\boldsymbol{\omega}_{\mathrm{ib}}^{\mathrm{b}} - \boldsymbol{\omega}_{\mathrm{in}}^{\mathrm{b}}) \otimes \boldsymbol{q}_{\mathrm{b}}^{\mathrm{n}'*} - \frac{1}{2}\boldsymbol{q}_{\mathrm{b}}^{\mathrm{n}} \otimes (\tilde{\boldsymbol{\omega}}_{\mathrm{ib}}^{\mathrm{b}} - \tilde{\boldsymbol{\omega}}_{\mathrm{in}}^{\mathrm{b}}) \otimes \boldsymbol{q}_{\mathrm{b}}^{\mathrm{n}'*} \\
&= -\frac{1}{2}\boldsymbol{q}_{\mathrm{b}}^{\mathrm{n}} \otimes \boldsymbol{q}_{\mathrm{b}}^{\mathrm{n}'*} \otimes \boldsymbol{q}_{\mathrm{b}}^{\mathrm{n}'} \otimes (\tilde{\boldsymbol{\omega}}_{\mathrm{ib}}^{\mathrm{b}} - \boldsymbol{\omega}_{\mathrm{ib}}^{\mathrm{b}}) \otimes \boldsymbol{q}_{\mathrm{b}}^{\mathrm{n}'*} \\
&\quad -\frac{1}{2}\boldsymbol{q}_{\mathrm{b}}^{\mathrm{n}} \otimes \boldsymbol{\omega}_{\mathrm{in}}^{\mathrm{b}} \otimes \boldsymbol{q}_{\mathrm{b}}^{\mathrm{n}*} \otimes \boldsymbol{q}_{\mathrm{b}}^{\mathrm{n}} \otimes \boldsymbol{q}_{\mathrm{b}}^{\mathrm{n}'*} + \frac{1}{2}\boldsymbol{q}_{\mathrm{b}}^{\mathrm{n}} \otimes \boldsymbol{q}_{\mathrm{b}}^{\mathrm{n}'*} \otimes \boldsymbol{q}_{\mathrm{b}}^{\mathrm{n}'} \otimes \tilde{\boldsymbol{\omega}}_{\mathrm{in}}^{\mathrm{b}} \otimes \boldsymbol{q}_{\mathrm{b}}^{\mathrm{n}'*} \\
&= -\frac{1}{2}\delta\boldsymbol{q} \otimes \delta\boldsymbol{\omega}_{\mathrm{ib}}^{\mathrm{n}} - \frac{1}{2}\boldsymbol{\omega}_{\mathrm{in}}^{\mathrm{n}} \otimes \delta\boldsymbol{q} + \frac{1}{2}\delta\boldsymbol{q} \otimes \tilde{\boldsymbol{\omega}}_{\mathrm{in}}^{\mathrm{n}} \\
&= -\frac{1}{2}\delta\boldsymbol{q} \otimes \delta\boldsymbol{\omega}_{\mathrm{ib}}^{\mathrm{n}} - \frac{1}{2}(\tilde{\boldsymbol{\omega}}_{\mathrm{in}}^{\mathrm{n}} - \delta\boldsymbol{\omega}_{\mathrm{in}}^{\mathrm{n}}) \otimes \delta\boldsymbol{q} + \frac{1}{2}\delta\boldsymbol{q} \otimes \tilde{\boldsymbol{\omega}}_{\mathrm{in}}^{\mathrm{n}} \\
&= \frac{1}{2}\delta\boldsymbol{\omega}_{\mathrm{ib}}^{\mathrm{n}} \otimes \delta\boldsymbol{q} - \frac{1}{2}\delta\boldsymbol{q} \otimes \delta\boldsymbol{\omega}_{\mathrm{ib}}^{\mathrm{n}} + \frac{1}{2}\delta\boldsymbol{q} \otimes \tilde{\boldsymbol{\omega}}_{\mathrm{in}}^{\mathrm{n}} - \frac{1}{2}\tilde{\boldsymbol{\omega}}_{\mathrm{in}}^{\mathrm{n}} \otimes \delta\boldsymbol{q}
\end{aligned} \tag{5.10}$$

在上式的推导过程中用到了如下变换公式：

$$\boldsymbol{\omega}_{\mathrm{in}}^{\mathrm{n}} = \boldsymbol{q}_{\mathrm{b}}^{\mathrm{n}} \otimes \boldsymbol{\omega}_{\mathrm{in}}^{\mathrm{b}} \otimes \boldsymbol{q}_{\mathrm{b}}^{\mathrm{n}*} \tag{5.11a}$$

$$\tilde{\boldsymbol{\omega}}_{\mathrm{in}}^{\mathrm{n}} = \boldsymbol{q}_{\mathrm{b}}^{\mathrm{n}'} \otimes \tilde{\boldsymbol{\omega}}_{\mathrm{in}}^{\mathrm{b}} \otimes \boldsymbol{q}_{\mathrm{b}}^{\mathrm{n}'*} \tag{5.11b}$$

根据四元数与角速度相乘的运算法则：

$$\boldsymbol{q} \otimes \boldsymbol{\omega} = \begin{bmatrix} \mathbf{0} & -\boldsymbol{\omega}^{\mathrm{T}} \\ \boldsymbol{\omega} & -(\boldsymbol{\omega}\times) \end{bmatrix}\boldsymbol{q} = \boldsymbol{\varGamma}(\boldsymbol{\omega})\boldsymbol{q} \tag{5.12a}$$

$$\boldsymbol{\omega}\otimes\boldsymbol{q}=\begin{bmatrix}\mathbf{0} & -\boldsymbol{\omega}^{\mathrm{T}}\\ \boldsymbol{\omega} & (\boldsymbol{\omega}\times)\end{bmatrix}\boldsymbol{q}=\boldsymbol{\Omega}(\boldsymbol{\omega})\boldsymbol{q} \tag{5.12b}$$

式（5.10）可进一步展开为

$$\begin{aligned}\delta\dot{\boldsymbol{q}}&=\frac{1}{2}\delta\boldsymbol{\omega}_{\mathrm{in}}^{\mathrm{n}}\otimes\delta\boldsymbol{q}-\frac{1}{2}\delta\boldsymbol{q}\otimes\delta\boldsymbol{\omega}_{\mathrm{ib}}^{\mathrm{n}}+\frac{1}{2}\delta\boldsymbol{q}\otimes\tilde{\boldsymbol{\omega}}_{\mathrm{in}}^{\mathrm{n}}-\frac{1}{2}\tilde{\boldsymbol{\omega}}_{\mathrm{in}}^{\mathrm{n}}\otimes\delta\boldsymbol{q}\\&=\frac{1}{2}\begin{bmatrix}\mathbf{0} & -(\delta\boldsymbol{\omega}_{\mathrm{in}}^{\mathrm{n}}-\delta\boldsymbol{\omega}_{\mathrm{ib}}^{\mathrm{n}})^{\mathrm{T}}\\ (\delta\boldsymbol{\omega}_{\mathrm{in}}^{\mathrm{n}}-\delta\boldsymbol{\omega}_{\mathrm{ib}}^{\mathrm{n}}) & (\delta\boldsymbol{\omega}_{\mathrm{in}}^{\mathrm{n}}+\delta\boldsymbol{\omega}_{\mathrm{ib}}^{\mathrm{n}}+2\tilde{\boldsymbol{\omega}}_{\mathrm{in}}^{\mathrm{n}})\times\end{bmatrix}\delta\boldsymbol{q}\end{aligned} \tag{5.13}$$

记 $\delta\boldsymbol{q}=[\delta q_0\quad \delta\boldsymbol{q}_v^{\mathrm{T}}]^{\mathrm{T}}$，式（5.13）可以分解为标量和矢量部分如下：

$$\begin{aligned}\begin{bmatrix}\delta\dot{q}_0\\ \delta\dot{\boldsymbol{q}}_v\end{bmatrix}&=\frac{1}{2}\begin{bmatrix}\mathbf{0} & -(\delta\boldsymbol{\omega}_{\mathrm{in}}^{\mathrm{n}}-\delta\boldsymbol{\omega}_{\mathrm{ib}}^{\mathrm{n}})^{\mathrm{T}}\\ \delta\boldsymbol{\omega}_{\mathrm{in}}^{\mathrm{n}}-\delta\boldsymbol{\omega}_{\mathrm{ib}}^{\mathrm{n}} & (\delta\boldsymbol{\omega}_{\mathrm{in}}^{\mathrm{n}}+\delta\boldsymbol{\omega}_{\mathrm{ib}}^{\mathrm{n}}+2\tilde{\boldsymbol{\omega}}_{\mathrm{in}}^{\mathrm{n}})\times\end{bmatrix}\begin{bmatrix}\delta q_0\\ \delta\boldsymbol{q}_v\end{bmatrix}\\&=\frac{1}{2}\begin{bmatrix}-(\delta\boldsymbol{\omega}_{\mathrm{in}}^{\mathrm{n}}-\delta\boldsymbol{\omega}_{\mathrm{ib}}^{\mathrm{n}})^{\mathrm{T}}\cdot\delta\boldsymbol{q}_v\\ \delta q_0\cdot(\delta\boldsymbol{\omega}_{\mathrm{in}}^{\mathrm{n}}-\delta\boldsymbol{\omega}_{\mathrm{ib}}^{\mathrm{n}})-(\delta\boldsymbol{\omega}_{\mathrm{in}}^{\mathrm{n}}+\delta\boldsymbol{\omega}_{\mathrm{ib}}^{\mathrm{n}}+2\tilde{\boldsymbol{\omega}}_{\mathrm{in}}^{\mathrm{n}})\times\delta\boldsymbol{q}_v\end{bmatrix}\end{aligned} \tag{5.14}$$

上式即为四元数姿态误差方程。从上述推导过程可以看出，未对姿态误差的大小做任何假设或近似，因此式（5.14）适用于任意失准角误差条件。

5.2.3 Rodrigues 姿态误差方程

根据式（5.1）可得 $\delta\boldsymbol{q}$ 对应的 Rodrigues 参数 $\delta\boldsymbol{\rho}$ 为

$$\delta\boldsymbol{g}=\frac{\delta\boldsymbol{q}_v}{\delta q_0} \tag{5.15}$$

上式的逆形式为

$$\delta q_0=\frac{1}{\sqrt{1+\|\delta\boldsymbol{\rho}\|^2}} \tag{5.16a}$$

$$\delta\boldsymbol{q}_v=\frac{\delta\boldsymbol{g}}{\sqrt{1+\|\delta\boldsymbol{\rho}\|^2}} \tag{5.16b}$$

需要指出的是，相对于式（5.2），式（5.16）中只取了符号为正的部分，其中也隐含了失准角不会超过 π 的设定。

对式（5.15）两边分别求微分可得

$$\delta\dot{\boldsymbol{\rho}}=\frac{\delta\dot{\boldsymbol{q}}_v}{\delta q_0}-\frac{\delta\dot{q}_0\delta\boldsymbol{q}_v}{(\delta q_0)^2} \tag{5.17}$$

将式（5.14）和式（5.16）代入式（5.17）可得

$$\delta\dot{\boldsymbol{\rho}}=\frac{\delta q_0\cdot(\delta\boldsymbol{\omega}_{\text{in}}^{\text{n}}-\delta\boldsymbol{\omega}_{\text{ib}}^{\text{n}})-(\delta\boldsymbol{\omega}_{\text{in}}^{\text{n}}+\delta\boldsymbol{\omega}_{\text{ib}}^{\text{n}}+2\tilde{\boldsymbol{\omega}}_{\text{in}}^{\text{n}})\times\delta\boldsymbol{q}_v}{2\delta q_0}-\frac{-[(\delta\boldsymbol{\omega}_{\text{in}}^{\text{n}}-\delta\boldsymbol{\omega}_{\text{ib}}^{\text{n}})^{\text{T}}\cdot\delta\boldsymbol{q}_v]\delta\boldsymbol{q}_v}{2(\delta q_0)^2}$$

$$=\frac{1}{2}(\delta\boldsymbol{\omega}_{\text{in}}^{\text{n}}-\delta\boldsymbol{\omega}_{\text{ib}}^{\text{n}})-\frac{1}{2}(\delta\boldsymbol{\omega}_{\text{in}}^{\text{n}}+\delta\boldsymbol{\omega}_{\text{ib}}^{\text{n}}+2\tilde{\boldsymbol{\omega}}_{\text{in}}^{\text{n}})\times\delta\boldsymbol{\rho}+\frac{1}{2}[(\delta\boldsymbol{\omega}_{\text{in}}^{\text{n}}-\delta\boldsymbol{\omega}_{\text{ib}}^{\text{n}})^{\text{T}}\cdot\delta\boldsymbol{g}]\delta\boldsymbol{\rho} \tag{5.18}$$

上式即为基于 Rodrigues 参数的姿态误差方程。

5.3 基于 Rodrigues 姿态误差方程的非线性初始对准滤波实现

5.3.1 滤波状态选取

为了进行非线性初始对准，仍然需要速度和位置误差方程，这里不加推导地直接给出其相应的微分方程。

记 $\delta\boldsymbol{v}^{\text{n}}=\tilde{\boldsymbol{v}}^{\text{n}}-\boldsymbol{v}^{\text{n}}$，则其对应的微分方程为

$$\begin{aligned}\delta\dot{\boldsymbol{v}}^{\text{n}}&=[\boldsymbol{I}_3-\boldsymbol{C}(\delta\boldsymbol{g})]\tilde{\boldsymbol{C}}_{\text{b}}^{\text{n}}\tilde{\boldsymbol{f}}^{\text{b}}+\tilde{\boldsymbol{C}}_{\text{b}}^{\text{n}}\delta\boldsymbol{f}^{\text{b}}-(2\tilde{\boldsymbol{\omega}}_{\text{ie}}^{\text{n}}+\tilde{\boldsymbol{\omega}}_{\text{en}}^{\text{n}})\times\boldsymbol{\delta v}^{\text{n}}\\&\quad-(2\delta\boldsymbol{\omega}_{\text{ie}}^{\text{n}}+\delta\boldsymbol{\omega}_{\text{en}}^{\text{n}})\times\tilde{\boldsymbol{v}}^{\text{n}}\end{aligned} \tag{5.19}$$

式中：

$$\boldsymbol{C}(\delta\boldsymbol{\rho})=\boldsymbol{I}_3+2\frac{1}{1+\|\delta\boldsymbol{\rho}\|^2}(\delta\boldsymbol{\rho}\times)+2\frac{1}{1+\|\delta\boldsymbol{\rho}\|^2}(\delta\boldsymbol{\rho}\times)^2 \tag{5.20}$$

位置误差方程分别为

$$\delta\dot{\boldsymbol{L}}=\dot{\tilde{\boldsymbol{L}}}-\dot{\boldsymbol{L}}=\frac{\tilde{\boldsymbol{v}}_{\text{N}}^{\text{n}}}{\boldsymbol{R}_{\text{M}}+\tilde{\boldsymbol{h}}}-\frac{\tilde{\boldsymbol{v}}_{\text{N}}^{\text{n}}-\delta\boldsymbol{v}_{\text{N}}^{\text{n}}}{\boldsymbol{R}_{\text{M}}+(\tilde{\boldsymbol{h}}-\delta\boldsymbol{h})} \tag{5.21a}$$

$$\delta\dot{\boldsymbol{\lambda}}=\dot{\tilde{\boldsymbol{\lambda}}}-\dot{\boldsymbol{\lambda}}=\frac{\tilde{\boldsymbol{v}}_{\text{E}}^{\text{n}}\sec\tilde{\boldsymbol{L}}}{\boldsymbol{R}_{\text{N}}+\tilde{\boldsymbol{h}}}-\frac{(\tilde{\boldsymbol{v}}_{\text{E}}^{\text{n}}-\delta\boldsymbol{v}_{\text{E}}^{\text{n}})\sec(\tilde{\boldsymbol{L}}-\delta\boldsymbol{L})}{\boldsymbol{R}_{\text{N}}+(\tilde{\boldsymbol{h}}-\delta\boldsymbol{h})} \tag{5.21b}$$

$$\delta\dot{\boldsymbol{h}}=\dot{\tilde{\boldsymbol{h}}}-\dot{\boldsymbol{h}}=\tilde{\boldsymbol{v}}_{\text{U}}^{\text{n}}-\boldsymbol{v}_{\text{U}}^{\text{n}}=\delta\boldsymbol{v}_{\text{U}}^{\text{n}} \tag{5.21c}$$

根据位置误差微分方程，可得式（5.9）中 $\delta\boldsymbol{\omega}_{\text{in}}^{\text{n}}=\delta\boldsymbol{\omega}_{\text{ie}}^{\text{n}}+\delta\boldsymbol{\omega}_{\text{en}}^{\text{n}}$ 的具体形式为

$$\delta\boldsymbol{\omega}_{\text{ie}}^{\text{n}}=\begin{bmatrix}\boldsymbol{0}\\\boldsymbol{\omega}_{\text{ie}}[\cos\tilde{\boldsymbol{L}}-\cos(\tilde{\boldsymbol{L}}-\delta\boldsymbol{L})]\\\boldsymbol{\omega}_{\text{ie}}[\sin\tilde{\boldsymbol{L}}-\sin(\tilde{\boldsymbol{L}}-\delta\boldsymbol{L})]\end{bmatrix} \tag{5.22a}$$

$$\delta\boldsymbol{\omega}_{\mathrm{en}}^{\mathrm{n}}=\begin{bmatrix}-\delta\dot{\boldsymbol{L}}\\ \dot{\tilde{\boldsymbol{\lambda}}}\cos\tilde{\boldsymbol{L}}-(\dot{\tilde{\boldsymbol{\lambda}}}-\delta\dot{\boldsymbol{\lambda}})\cos(\tilde{\boldsymbol{L}}-\delta\boldsymbol{L})\\ \dot{\tilde{\boldsymbol{\lambda}}}\sin\tilde{\boldsymbol{L}}-(\dot{\tilde{\boldsymbol{\lambda}}}-\delta\dot{\boldsymbol{\lambda}})\sin(\tilde{\boldsymbol{L}}-\delta\boldsymbol{L})\end{bmatrix} \tag{5.22b}$$

对于初始对准应用，位置变化一般都比较缓慢甚至保持不变（静止或系泊状态），因此式（5.21）可以简化为

$$\delta\dot{L}\approx\frac{\delta\boldsymbol{v}_{\mathrm{N}}^{\mathrm{n}}}{\boldsymbol{R}_{\mathrm{M}}+\tilde{\boldsymbol{h}}} \tag{5.23a}$$

$$\delta\dot{\boldsymbol{\lambda}}\approx\frac{\sec\tilde{\boldsymbol{L}}\delta\boldsymbol{v}_{\mathrm{E}}^{\mathrm{n}}}{\boldsymbol{R}_{\mathrm{N}}+\tilde{\boldsymbol{h}}}+\frac{\tilde{\boldsymbol{v}}_{\mathrm{E}}^{\mathrm{n}}\sec\tilde{\boldsymbol{L}}\tan\tilde{\boldsymbol{L}}}{\boldsymbol{R}_{\mathrm{N}}+\tilde{\boldsymbol{h}}}\delta\boldsymbol{L} \tag{5.23b}$$

$$\delta\dot{\boldsymbol{h}}=\delta\boldsymbol{v}_{\mathrm{U}}^{\mathrm{n}} \tag{5.23c}$$

相应地，式（5.22）可以简化为

$$\delta\boldsymbol{\omega}_{\mathrm{ie}}^{\mathrm{n}}=\begin{bmatrix}\mathbf{0}\\ -\boldsymbol{\omega}_{\mathrm{ie}}\sin\tilde{\boldsymbol{L}}\cdot\delta\boldsymbol{L}\\ \boldsymbol{\omega}_{\mathrm{ie}}\cos\tilde{\boldsymbol{L}}\cdot\delta\boldsymbol{L}\end{bmatrix} \tag{5.24a}$$

$$\delta\boldsymbol{\omega}_{\mathrm{en}}^{\mathrm{n}}=\begin{bmatrix}-\dfrac{\delta\boldsymbol{v}_{\mathrm{N}}^{\mathrm{n}}}{R_{\mathrm{M}}}+\tilde{\boldsymbol{h}}\\ \delta\dot{\boldsymbol{\lambda}}\cos\tilde{\boldsymbol{L}}-\dot{\tilde{\boldsymbol{\lambda}}}\sin\tilde{\boldsymbol{L}}\cdot\delta\boldsymbol{L}\\ \delta\dot{\boldsymbol{\lambda}}\sin\tilde{\boldsymbol{L}}+\dot{\tilde{\boldsymbol{\lambda}}}\cos\tilde{\boldsymbol{L}}\cdot\delta\boldsymbol{L}\end{bmatrix} \tag{5.24b}$$

非线性初始对准阶段的主要目的是获得载体精确的姿态信息，同时，初始对准过程中一般需要外界辅助信息，如速度和位置信息，因此需要将速度和位置误差考虑进状态量。另外，在对准的过程中，希望对惯性器件误差进行建模估计与补偿，因此最终的滤波状态为

$$\boldsymbol{x}=[\delta\boldsymbol{\rho}^{\mathrm{T}}\quad \delta(\boldsymbol{v}^{\mathrm{n}})^{\mathrm{T}}\quad \delta\boldsymbol{p}^{\mathrm{T}}\quad (\boldsymbol{\varepsilon}^{\mathrm{b}})^{\mathrm{T}}\quad (\boldsymbol{\nabla}^{\mathrm{b}})^{\mathrm{T}}]^{\mathrm{T}} \tag{5.25}$$

式中：$\delta\boldsymbol{p}=[\delta\boldsymbol{L}\quad \delta\boldsymbol{\lambda}\quad \delta\boldsymbol{h}]^{\mathrm{T}}$。对于惯性器件误差，在状态量中只考虑了陀螺常值漂移$\boldsymbol{\varepsilon}^{\mathrm{b}}$和加速度计零偏$\boldsymbol{\nabla}^{\mathrm{b}}$，其对应的微分方程分别为

$$\dot{\boldsymbol{\varepsilon}}^{\mathrm{b}}=\mathbf{0}_{3\times1}, \qquad \dot{\boldsymbol{\nabla}}^{\mathrm{b}}=\mathbf{0}_{3\times1} \tag{5.26}$$

对于式（5.25）中的状态量，式（5.18）、式（5.19）、式（5.23）和式（5.26）组成相应的状态模型。若选取外界辅助速度信息作为量测，则相应的量测方程为

$$\boldsymbol{y}_k=\tilde{\boldsymbol{v}}_k^{\mathrm{n}}-\boldsymbol{v}_k^{\mathrm{n}}=\boldsymbol{H}\boldsymbol{x} \tag{5.27}$$

式中：$\boldsymbol{H}=[\mathbf{0}_{3\times3}\quad \boldsymbol{I}_{3\times3}\quad \mathbf{0}_{3\times9}]$。

5.3.2 滤波算法流程

此处选择 UKF 或 CKF（本书认为二者本质上是一致的，区别仅在于 UKF 多一个中心位置处的 sigma 点）作为代表性的非线性滤波算法[5-6]。具体算法流程如下。

算法 5.1 CKF 算法流程。

采样点生成

$$\boldsymbol{\chi}_{k-1,i}=\begin{cases}\hat{\boldsymbol{x}}_{k-1}+\sqrt{n_x\boldsymbol{P}_{k-1}}\boldsymbol{e}_i, & i=1,2,\cdots,n_x\\ \hat{\boldsymbol{x}}_{k-1}-\sqrt{n_x\boldsymbol{P}_{k-1}}\boldsymbol{e}_{i-n}, & i=n_x+1,n_x+2,\cdots,2n_x\end{cases} \tag{5.28}$$

在状态方程中传播采样点

$$\boldsymbol{\chi}_{k|k-1,i}=\boldsymbol{f}(\boldsymbol{\chi}_{k-1,i}) \tag{5.29}$$

估计预测均值和方差

$$\hat{\boldsymbol{x}}_{k|k-1}=\frac{1}{2n_x}\sum_{i=1}^{2n_x}\boldsymbol{\chi}_{k|k-1,i} \tag{5.30}$$

$$\boldsymbol{P}_{k|k-1}=\frac{1}{2n_x}\sum_{i=1}^{2n_x}(\boldsymbol{\chi}_{k|k-1,i}-\hat{\boldsymbol{x}}_{k|k-1})(\boldsymbol{\chi}_{k|k-1,i}-\hat{\boldsymbol{x}}_{k|k-1})^{\mathrm{T}}+\boldsymbol{Q}_{k-1} \tag{5.31}$$

量测更新

$$\hat{\boldsymbol{x}}_k=\hat{\boldsymbol{x}}_{k|k-1}+\boldsymbol{K}_k(\boldsymbol{y}_k-\boldsymbol{H}\hat{\boldsymbol{x}}_{k|k-1}) \tag{5.32}$$

$$\boldsymbol{K}_k=(\boldsymbol{P}_{k|k-1}^{-1}+\boldsymbol{H}^{\mathrm{T}}\boldsymbol{R}^{-1}\boldsymbol{H})^{-1}\boldsymbol{H}^{\mathrm{T}}\boldsymbol{R}_k^{-1} \tag{5.33}$$

$$\boldsymbol{P}_k=(\boldsymbol{I}_{n_x\times n_x}-\boldsymbol{K}_k\boldsymbol{H})\boldsymbol{P}_{k|k-1} \tag{5.34}$$

式（5.29）中：$\boldsymbol{f}(\cdot)$表示状态模型（5.18）、模型（5.19）、模型（5.23）和模型（5.26）的紧凑形式。在间接式初始对准框架中使用反馈校正的方式，即在滤波结束以后，分别对导航参数进行修正，即

$$\boldsymbol{q}_{\mathrm{b},k}^{\mathrm{n}'}=\delta\hat{\boldsymbol{q}}\otimes\boldsymbol{q}_{\mathrm{b},k}^{\mathrm{n}'} \tag{5.35a}$$

$$\tilde{\boldsymbol{v}}_k^{\mathrm{n}}=\tilde{\boldsymbol{v}}_k^{\mathrm{n}}-\hat{\boldsymbol{x}}_k(4:6) \tag{5.35b}$$

$$\tilde{\boldsymbol{p}}_k=\tilde{\boldsymbol{p}}_k-\hat{\boldsymbol{x}}_k(7:9) \tag{5.35c}$$

式中：

$$\delta\hat{\boldsymbol{q}}=\left\{\frac{1}{\sqrt{1+\|\hat{\boldsymbol{x}}_k(1:3)\|^2}}\quad\left[\frac{\hat{\boldsymbol{x}}_k(1:3)}{\sqrt{1+\|\hat{\boldsymbol{x}}_k(1:3)\|^2}}\right]^{\mathrm{T}}\right\}^{\mathrm{T}} \tag{5.36}$$

导航参数更新后，相应的滤波状态元素需要置零，即

$$\hat{\boldsymbol{x}}_k(1:9)=\boldsymbol{0}_{9\times 1} \tag{5.37}$$

5.4 实验研究

5.4.1 仿真实验

为了验证所研究的基于 Rodrigues 姿态误差方程的非线性初始对准方法的有效性，本节设计了仿真实验，并将基于 Euler 角姿态误差方程的非线性初始对准方法[1]作为比较对象进行分析。仿真条件设置为静止，载体所在纬度为 34°。捷联式惯性导航中陀螺仪的核心误差参数为常值漂移 $0.01^\circ/\mathrm{h}$，噪声 $0.001^\circ/\sqrt{\mathrm{h}}$；加速度计核心误差参数为零偏 $100\,\mu\mathrm{g}$，噪声 $10\,\mu\mathrm{g}/\sqrt{\mathrm{Hz}}$，器件采样频率设置为 100 Hz。

对上述两种对准方案进行 200 次任意失准角的 Monte-Carlo 仿真。其中两个水平失准角设置为服从 $[-50^\circ,50^\circ]$ 的均匀分布，方位失准角服从 $[-100^\circ,100^\circ]$ 的均匀分布。对于两种对准方案，初始状态估计都设置为零。Euler 角姿态误差模型中初始失准角方差设置为 $(\varphi/3)^2$，其中 φ 为对应的失准角。对于 Rodrigues 姿态误差模型，先将 $\varphi/3$ 转换为对应的 Rodrigues 参数形式 $\delta\boldsymbol{\rho}$，进而将相应的初始失准角方差设置为 $(\delta\boldsymbol{\rho})^2$。图 5.3～图 5.5 给出了两种对准方法的对准误差，其中灰线表示基于 Rodrigues 姿态误差方程的非线性初始对准方法结果，黑线表示基于 Euler 角姿态误差方程的非线性初始对准方法的结果。从图中可以清晰地看出，所研究的 Rodrigues 姿态误差模型无论是在对准速度还是对准精度方面都全面优于 Euler 角误差模型，所以可以说，Rodrigues 姿态误差方程较 Euler 角误差方程更适用于进行非线性初始对准。

为了进一步评价上述两种不同的非线性初始对准方案，进行一次仿真实验。初始失准角选取为 $[-50^\circ\quad 70^\circ\quad 100^\circ]$。状态初始值和初始状态方差选取方法同上。相应的对准误差及滤波的 3σ 曲线如图 5.6～图 5.8 所示。

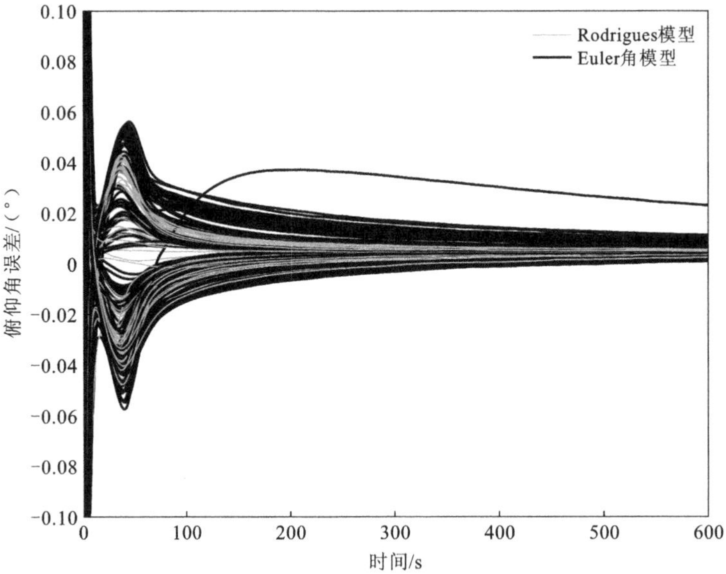

图 5.3 200 次对准俯仰角估计误差

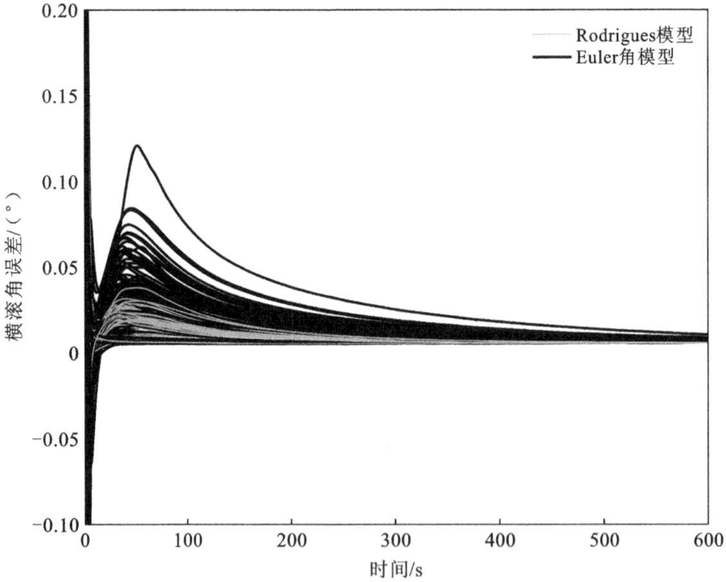

图 5.4 200 次对准横滚角估计误差

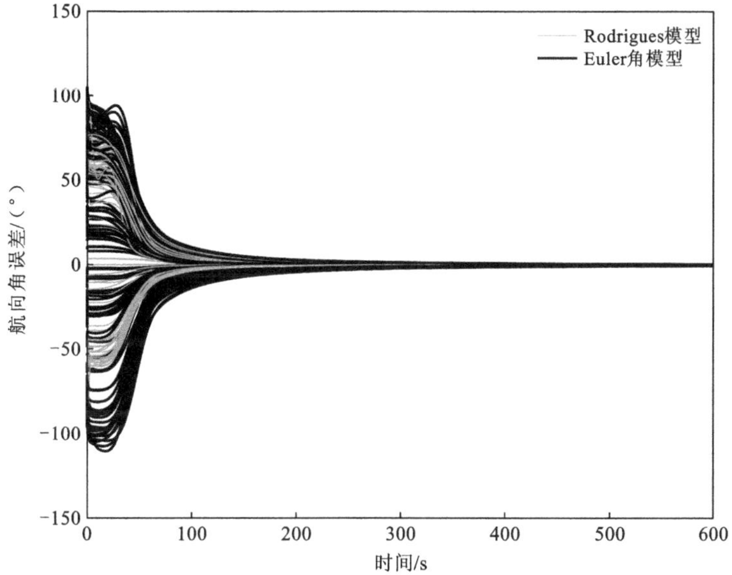

图 5.5　200 次对准航向角估计误差

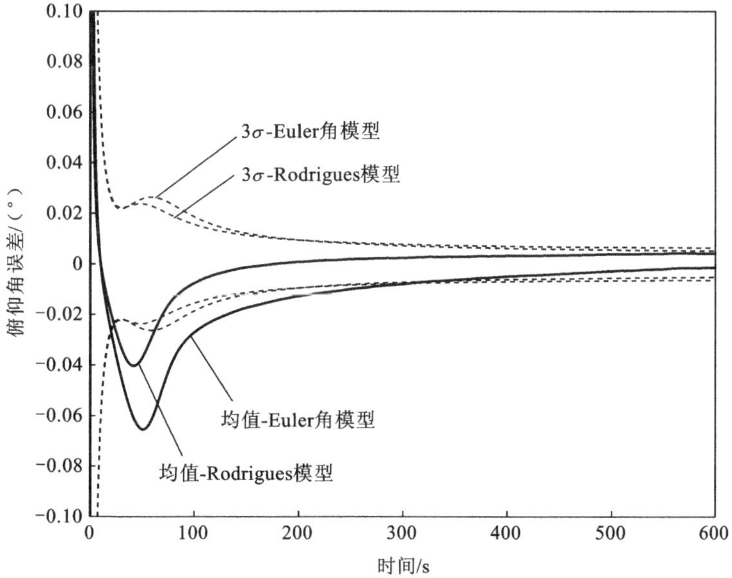

图 5.6　单次对准俯仰角误差及 3σ 曲线

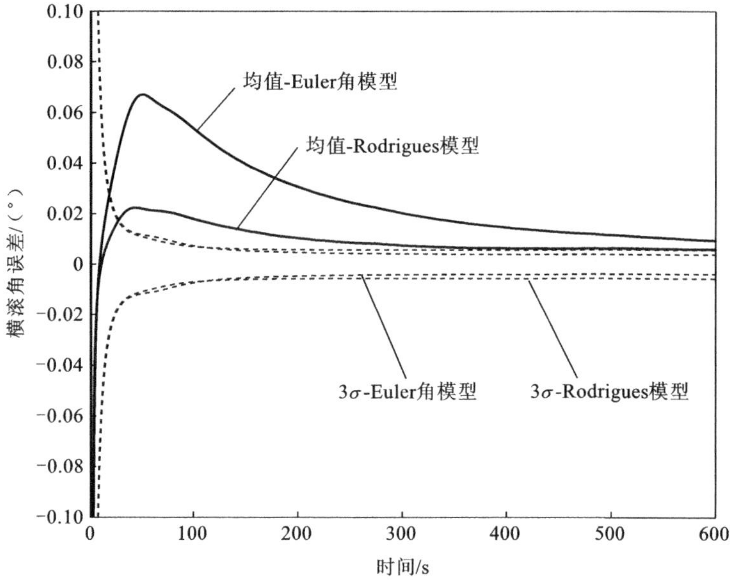

图 5.7　单次对准横滚角误差及 3σ 曲线

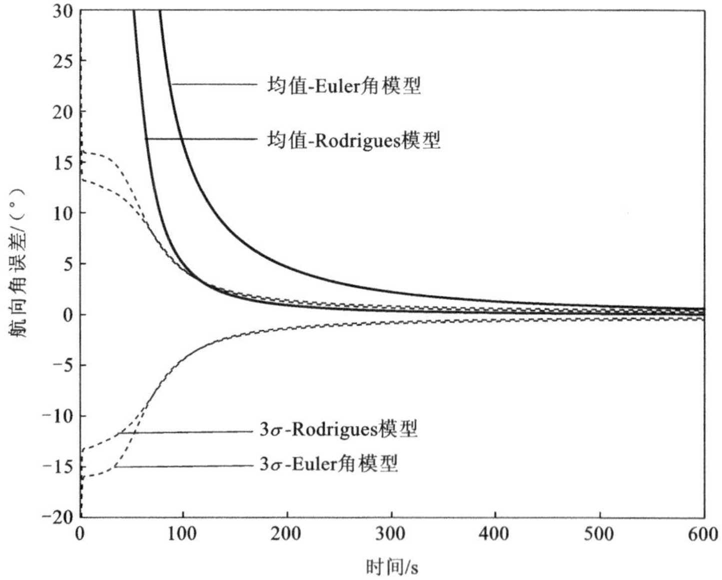

图 5.8　单次对准航向角误差及 3σ 曲线

从图 5.6～图 5.8 中可以得出上述同样的结论。同时可以看出，基于 Euler 角姿态误差方程的非线性初始对准误差结果基本都在其 3σ 包络线之外，这说明采用该模型进行对准，滤波结果的一致性比较差。而采用 Rodrigues 姿态误差模型进行初始对准，其滤波一致性要全面优于 Euler 角姿态误差模型。值得注意的是，对于图 5.7 所示的横滚角估计，两种方法的滤波一致性都不太好，这主要是因为静态条件下东向陀螺漂移没有得到有效的估计补偿，导致横滚角估计效果较差。

5.4.2　车载实验

本节采用与 3.3.2 小节和 4.2.2 小节中相同的低精度捷联式惯性导航实验数据进行算法验证。同样比较基于 Rodrigues 姿态误差方程的非线性初始对准方法与基于 Euler 角姿态误差方程的非线性初始对准方法。两种方法的对准结果分别如图 5.9～图 5.11 所示。对于低精度捷联式惯性导航系统，由于其惯性器件误差较大，相应的误差方程非线性也就较强。从图中也可以明显看出，两种对准方法的对准结果都有一定的波动。但是，从对准结果中仍然可以清晰地看出，

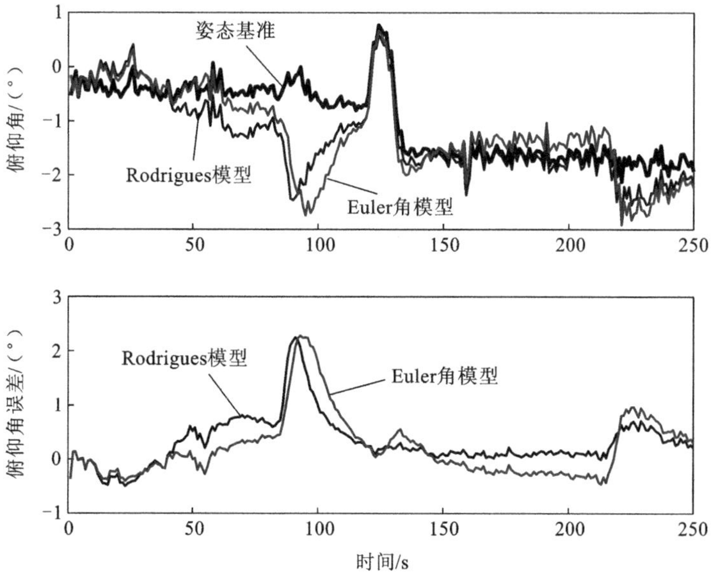

图 5.9　俯仰角估计结果及误差

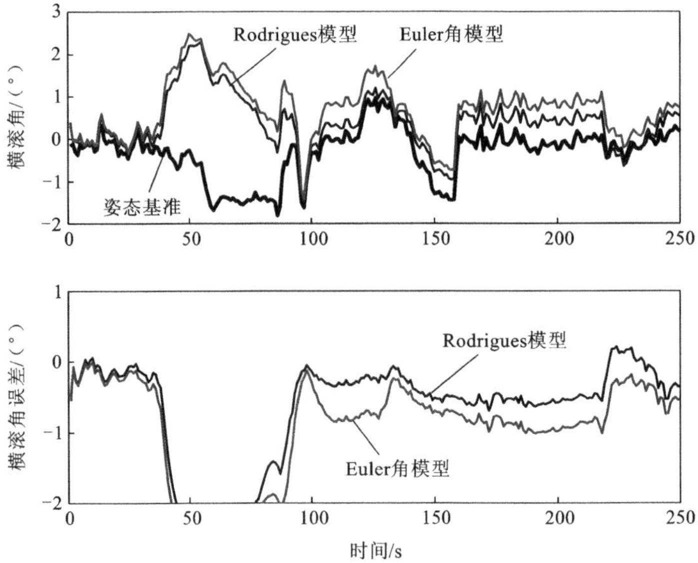

图 5.10 横滚角估计结果及误差

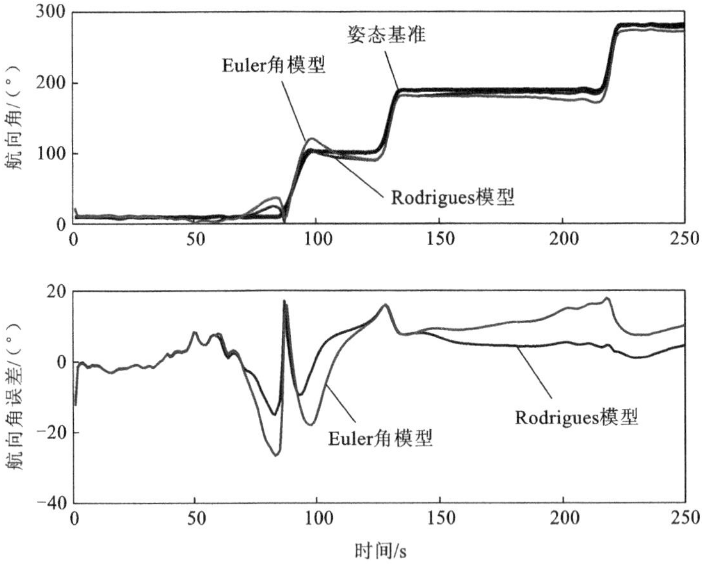

图 5.11 航向角估计结果及误差

Rodrigues 姿态误差模型较 Euler 角误差模型的优势。两种对准方法的惯性器件误差的估计结果分别如图 5.12 和图 5.13 所示。从图中可以明显看出，基于 Rodrigues 姿态误差方程的非线性初始对准方法的结果更为平滑，从而进一步说明所研究模型的有效性和优越性。

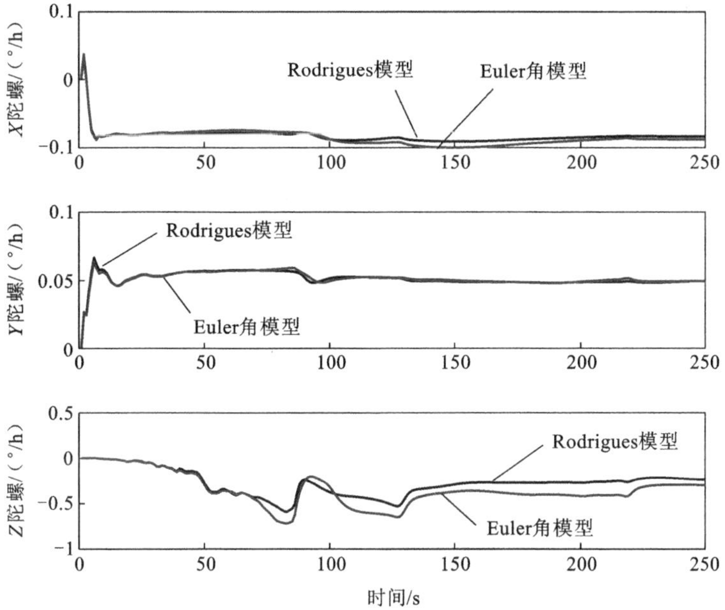

图 5.12　陀螺常值漂移估计结果

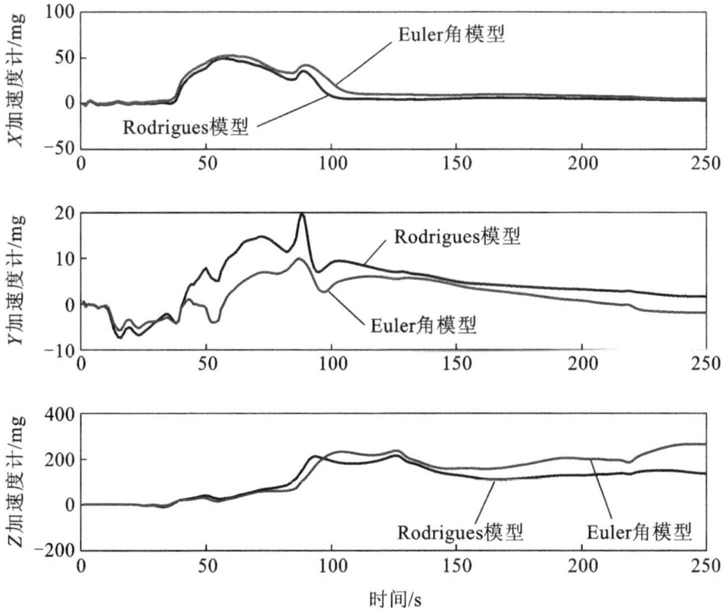

图 5.13　加速度计零偏估计结果

5.5 本章小结

本章研究了基于 Rodrigues 参数的非线性姿态误差方程，并将其用于非线性初始对准。Rodrigues 参数相对于 Euler 角不存在转动次序说法，它是一个完整的三维矢量，因此更适用于大失准角非线性初始对准。同时，相对于四元数姿态表示方法，Rodrigues 姿态误差方程在滤波时无需考虑规范性约束等问题，因此算法设计相对简单。仿真实验和车载实验结果表明，采用 Rodrigues 姿态误差方程，初始对准的精度和速度都较采用 Euler 角姿态误差方程的初始对准有全面的提升。

本章参考文献

[1] 严恭敏. 捷联惯导系统动基座初始对准及其他相关问题研究[R]. 西安：西北工业大学博士后研究工作报告, 2008.

[2] WU Y X, PAN X F. Velocity/position integration formula, Part I: Application to in-flight coarse alignment[J]. IEEE Transactions on Aerospace and Electronic Systems, 2013, 49(2): 1006-1023.

[3] MARKLEY F L, CRASSIDIS J L. Fundamentals of spacecraft attitude determination and control[M]. Berlin: Microcosm Press and Springer, 2014.

[4] YOUNES A B, MORTARI D, TURNER J D, et al. Attitude error kinematics[J]. Journal of Guidance Control and Dynamics, 2014, 37(1): 330-335.

[5] JULIER S J, UHLMANN J K. Unscented filtering and nonlinear estimation[J]. Proceedings of IEEE, 2004, 92 (3): 401-422.

[6] ARASARATNAM I, HAYKIN S. Cubature Kalman filters[J]. IEEE Transactions on Automatic Control, 2009, 54(6): 1254-1269.

第 6 章　基于几何速度误差方程的非线性初始对准方法

第 5 章在间接式非线性初始对准框架下，对姿态误差方程进行了改进研究。用 Rodrigues 参数来表示姿态误差，一方面消除了 Euler 角表示方法在大失准角条件下存在的原理性误差，另一方面较四元数表示方法减小了算法复杂度。本章继续在间接式非线性初始对准框架下对所涉及的速度误差方程进行改进研究[1]。需要指出的是，第 5 章研究改进姿态误差方程时采用的是传统的速度误差方程，而本章研究改进速度误差方程时将采用传统的 Euler 角姿态误差方程。这主要是为了在实验验证阶段，通过控制变量的方式有效验证改进算法对对准结果的提升效果。例如：第 5 章采用传统的速度误差方程，实验结果中对准精度的提升都是由改进姿态误差方程带来的；同理，在采用传统 Euler 角姿态误差方程的前提下，本章实验结果中对准精度的提升也是由改进速度误差方程所得到的。当然，最终在实际应用过程中，改进的姿态和速度误差方程需要同时运用，以达到最优的对准效果。

6.1　几何速度误差方程

6.1.1　几何速度误差方程的基本概念

常用的速度误差定义为

$$\delta \boldsymbol{v}^{\mathrm{n}} = \boldsymbol{v}^{\mathrm{n}'} - \boldsymbol{v}^{\mathrm{n}} \tag{6.1}$$

式中：$\boldsymbol{v}^{\mathrm{n}'}$ 为导航解算所得到的速度矢量；$\boldsymbol{v}^{\mathrm{n}}$ 为真实的速度矢量。因为导航解算过程中存在姿态误差，所以解算得到的速度矢量是在计算导航坐标系 n′ 下。但是从几何角度来讲，两个不在同一坐标系的矢量是没办法直接进行代数运算的。也就是说，式（6.1）从本质上来讲就是存在误差的，尤其是对于所要研究的大失准角初始对准问题，计算导航坐标系 n′ 与真实导航坐标系 n 存在较大的差异。

几何速度误差是指在构造速度误差时考虑速度矢量所在坐标系的一致性，也就是说，在进行矢量加减运算之前要先将参与运算的矢量统一到同一坐标系下。针对速度误差，几何速度误差的定义为

$$\mathrm{d}\boldsymbol{v}^{\mathrm{n}'} = \boldsymbol{v}^{\mathrm{n}'} - \boldsymbol{C}_{\mathrm{n}}^{\mathrm{n}'}\boldsymbol{v}^{\mathrm{n}} \tag{6.2}$$

或

$$\mathrm{d}\boldsymbol{v}^{\mathrm{n}} = \boldsymbol{C}_{\mathrm{n}'}^{\mathrm{n}}\boldsymbol{v}^{\mathrm{n}'} - \boldsymbol{v}^{\mathrm{n}} \tag{6.3}$$

式（6.2）与式（6.3）的区别在于，将参与运算的速度矢量统一到何种坐标系，式（6.2）统一到了计算导航坐标系n′，式（6.3）统一到了真实导航坐标系n。

接下来用示意图来说明几何速度误差与传统速度误差之间的区别。如图6.1所示，Oxy 表示真实导航坐标系，$Ox'y'$ 表示计算导航坐标系，两个坐标系假设绕 z 轴旋转了 φ 角。图中：$\boldsymbol{v}^{\mathrm{n}}$ 为真实的速度矢量，$\boldsymbol{v}^{\mathrm{n}'}$ 为计算速度的矢量，二者不仅有大小上的差异，还有方向上的差异。速度矢量 $\boldsymbol{v}^{\mathrm{n}}$ 在真实导航坐标系 Oxy 中有个特定的投影关系，而在传统的速度误差定义方式里，认为 $\boldsymbol{v}^{\mathrm{n}}$ 在计算导航坐标系 $Ox'y'$ 中存在同样的投影关系，即图中虚线表示的 $\boldsymbol{v}^{\mathrm{n}}$。这种处理方式显然是不对的，因为真实速度 $\boldsymbol{v}^{\mathrm{n}}$ 是客观存在的，而计算导航坐标系 $Ox'y'$ 是导航解算时人为约定的，客观存在的事物显然不会随着人为约定的事物发生改变。

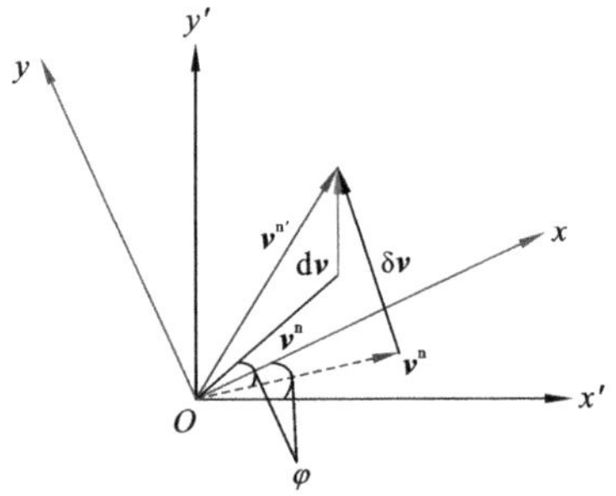

图6.1　几何速度误差与传统速度误差示意图

基于坐标系一致的矢量几何误差构建是由美国 Buffalo 大学的 Crassidis 团队提出并推广的[2-5]。最初该团队将该思想应用于卫星姿态估计问题，重点对陀螺漂移误差进行几何建模，进而推广到惯性基组合导航领域。但是，需要指出的是，其工作的重点是利用几何误差建模思想改进传统的滤波算法，即从滤波算法角度进行改进研究。本章借鉴几何误差建模思想直接推导惯性导航速度误差方程，并将其应用于非线性初始对准，以期提高对准的性能。事实上，作者

认为，坐标系不一致引入的误差在小失准角（即组合导航应用领域）条件下基本是可以忽略的，类似于 Euler 角转动次序在小失准角条件下不会引入原理误差。文献[5]对基于几何误差建模的组合导航进行了仿真实验，实验结果也印证了上述推论。本书认为，几何误差建模思想应用效果最显著的领域应该是参与运算矢量的姿态坐标系差距较大的情形，即本章所研究的大失准角非线性初始对准问题。

6.1.2 几何速度误差方程推导

在构造几何速度误差时引入了速度误差与姿态误差的耦合，尤其是在非线性误差方程中不能进行相关简化，导致误差方程推导复杂。另外，进行初始对准的过程中需要外界辅助信息，一般是 GNSS 速度和位置信息。基于上述事实，这里借鉴文献[6]推导相应的阻尼误差方程形式，它是在阻尼惯性导航解算的基础上推导的。在阻尼解算过程中，惯性导航微分方程中输入的速度和位置信息用 GNSS 速度和位置信息（认为是无误差变量）替代，即

$$\dot{\boldsymbol{C}}_{\mathrm{b}}^{\mathrm{n}} = \boldsymbol{C}_{\mathrm{b}}^{\mathrm{n}}(\boldsymbol{\omega}_{\mathrm{nb,g}}^{\mathrm{b}}\times) \tag{6.4}$$

$$\dot{\boldsymbol{v}}^{\mathrm{n}} = \boldsymbol{C}_{\mathrm{b}}^{\mathrm{n}}\boldsymbol{f}^{\mathrm{b}} - (2\boldsymbol{\omega}_{\mathrm{ie,g}}^{\mathrm{n}} + \boldsymbol{\omega}_{\mathrm{en,g}}^{\mathrm{n}})\times\boldsymbol{v}_{\mathrm{g}}^{\mathrm{n}} + \boldsymbol{g}_{\mathrm{g}}^{\mathrm{n}} \tag{6.5}$$

$$\dot{\boldsymbol{p}}^{\mathrm{n}} = \boldsymbol{R}_{\mathrm{c,g}}\boldsymbol{v}^{\mathrm{n}} \tag{6.6}$$

式中：

$$\boldsymbol{\omega}_{\mathrm{nb,g}}^{\mathrm{b}} = \boldsymbol{\omega}_{\mathrm{ib}}^{\mathrm{b}} - \boldsymbol{C}_{\mathrm{n}}^{\mathrm{b}}(\boldsymbol{\omega}_{\mathrm{ie,g}}^{\mathrm{n}} + \boldsymbol{\omega}_{\mathrm{en,g}}^{\mathrm{n}}) = \boldsymbol{\omega}_{\mathrm{ib}}^{\mathrm{b}} - \boldsymbol{C}_{\mathrm{n}}^{\mathrm{b}}\boldsymbol{\omega}_{\mathrm{in,g}}^{\mathrm{n}} \tag{6.7}$$

$$\boldsymbol{\omega}_{\mathrm{ie,g}}^{\mathrm{n}} = [\mathbf{0} \quad \omega_{\mathrm{ie}}\cos\boldsymbol{L}_{\mathrm{g}} \quad \omega_{\mathrm{ie}}\sin\boldsymbol{L}_{\mathrm{g}}] \tag{6.8}$$

$$\boldsymbol{\omega}_{\mathrm{en,g}}^{\mathrm{n}} = \begin{bmatrix} \dfrac{-\boldsymbol{v}_{\mathrm{N,g}}}{\boldsymbol{R}_{\mathrm{M,g}}+\boldsymbol{h}_{\mathrm{g}}} & \dfrac{\boldsymbol{v}_{\mathrm{E,g}}}{\boldsymbol{R}_{\mathrm{N,g}}+\boldsymbol{h}_{\mathrm{g}}} & \dfrac{\tan\boldsymbol{L}_{\mathrm{g}}\cdot\boldsymbol{v}_{\mathrm{E,g}}}{\boldsymbol{R}_{\mathrm{N,g}}+\boldsymbol{h}_{\mathrm{g}}} \end{bmatrix}^{\mathrm{T}} \tag{6.9}$$

式（6.4）～式（6.9）中下标 g 表示相关量是由 GNSS 信息直接提供或计算得到。

式（6.4）～式（6.6）是真实的惯性导航微分方程，对应的含有误差量的微分方程分别为

$$\dot{\boldsymbol{C}}_{\mathrm{b}}^{\mathrm{n}'} = \boldsymbol{C}_{\mathrm{b}}^{\mathrm{n}'}(\tilde{\boldsymbol{\omega}}_{\mathrm{nb,g}}^{\mathrm{b}}\times) \tag{6.10}$$

$$\dot{\boldsymbol{v}}^{\mathrm{n}'} = \boldsymbol{C}_{\mathrm{b}}^{\mathrm{n}'}\tilde{\boldsymbol{f}}^{\mathrm{b}} - (2\boldsymbol{\omega}_{\mathrm{ie,g}}^{\mathrm{n}} + \boldsymbol{\omega}_{\mathrm{en,g}}^{\mathrm{n}})\times\boldsymbol{v}_{\mathrm{g}}^{\mathrm{n}} + \boldsymbol{g}_{\mathrm{g}}^{\mathrm{n}} \tag{6.11}$$

$$\dot{\tilde{\boldsymbol{p}}}^{\mathrm{n}} = \boldsymbol{R}_{\mathrm{c,g}}\boldsymbol{v}^{\mathrm{n}'} \tag{6.12}$$

式中：

$$\tilde{\boldsymbol{\omega}}_{\mathrm{nb,g}}^{\mathrm{b}}=\tilde{\boldsymbol{\omega}}_{\mathrm{ib}}^{\mathrm{b}}-\boldsymbol{C}_{\mathrm{n}'}^{\mathrm{b}}(\boldsymbol{\omega}_{\mathrm{ie,g}}^{\mathrm{n}}+\boldsymbol{\omega}_{\mathrm{en,g}}^{\mathrm{n}})=\tilde{\boldsymbol{\omega}}_{\mathrm{ib}}^{\mathrm{b}}-\boldsymbol{C}_{\mathrm{n}'}^{\mathrm{b}}\tilde{\boldsymbol{\omega}}_{\mathrm{in,g}}^{\mathrm{n}} \tag{6.13}$$

对比式（6.4）～式（6.6）与式（6.10）～式（6.12）可知，在推导误差方程的过程中可以消去很多GPS信息和计算的量，从而简化误差方程推导及最终的误差方程，这是因为假设GPS信息是不存在误差的（只是相对于惯性导航解算结果，GPS信息的误差可以忽略不计）。接下来，根据定义的几何速度误差推导其对应的误差方程。

对式（6.2）两边分别求微分可得

$$\mathrm{d}\dot{\boldsymbol{v}}^{\mathrm{n}'}=\dot{\boldsymbol{v}}^{\mathrm{n}'}-\boldsymbol{C}_{\mathrm{n}}^{\mathrm{n}'}\dot{\boldsymbol{v}}^{\mathrm{n}}-\boldsymbol{C}_{\mathrm{n}}^{\mathrm{n}'}\boldsymbol{\omega}_{\mathrm{n'n}}^{\mathrm{n}}\times\boldsymbol{v}^{\mathrm{n}} \tag{6.14}$$

将式（6.5）和式（6.11）代入式（6.14）可得

$$\begin{aligned}\mathrm{d}\dot{\boldsymbol{v}}^{\mathrm{n}'}&=\dot{\boldsymbol{v}}^{\mathrm{n}'}-\boldsymbol{C}_{\mathrm{n}}^{\mathrm{n}'}\dot{\boldsymbol{v}}^{\mathrm{n}}-\boldsymbol{C}_{\mathrm{n}}^{\mathrm{n}'}\boldsymbol{\omega}_{\mathrm{n'n}}^{\mathrm{n}}\times\boldsymbol{v}^{\mathrm{n}}\\&=[\boldsymbol{C}_{\mathrm{b}}^{\mathrm{n}'}\tilde{\boldsymbol{f}}^{\mathrm{b}}-(2\boldsymbol{\omega}_{\mathrm{ie,g}}^{\mathrm{n}}+\boldsymbol{\omega}_{\mathrm{en,g}}^{\mathrm{n}})\times\boldsymbol{v}_{\mathrm{g}}^{\mathrm{n}}+\boldsymbol{g}_{\mathrm{g}}^{\mathrm{n}}]\\&\quad-\boldsymbol{C}_{\mathrm{n}}^{\mathrm{n}'}[\boldsymbol{C}_{\mathrm{b}}^{\mathrm{n}}\boldsymbol{f}^{\mathrm{b}}-(2\boldsymbol{\omega}_{\mathrm{ie,g}}^{\mathrm{n}}+\boldsymbol{\omega}_{\mathrm{en,g}}^{\mathrm{n}})\times\boldsymbol{v}_{\mathrm{g}}^{\mathrm{n}}+\boldsymbol{g}_{\mathrm{g}}^{\mathrm{n}}]-\boldsymbol{C}_{\mathrm{n}}^{\mathrm{n}'}\boldsymbol{\omega}_{\mathrm{n'n}}^{\mathrm{n}}\times\boldsymbol{v}^{\mathrm{n}}\\&=\boldsymbol{C}_{\mathrm{b}}^{\mathrm{n}'}\delta\boldsymbol{f}^{\mathrm{b}}-(\boldsymbol{I}_3-\boldsymbol{C}_{\mathrm{n}}^{\mathrm{n}'})(2\boldsymbol{\omega}_{\mathrm{ie,g}}^{\mathrm{n}}+\boldsymbol{\omega}_{\mathrm{en,g}}^{\mathrm{n}})\times\boldsymbol{v}_{\mathrm{g}}^{\mathrm{n}}+(\boldsymbol{I}_3-\boldsymbol{C}_{\mathrm{n}}^{\mathrm{n}'})\boldsymbol{g}_{\mathrm{g}}^{\mathrm{n}}-\boldsymbol{C}_{\mathrm{n}}^{\mathrm{n}'}\boldsymbol{\omega}_{\mathrm{n'n}}^{\mathrm{n}}\times\boldsymbol{v}^{\mathrm{n}}\end{aligned} \tag{6.15}$$

式中：$\delta\boldsymbol{f}^{\mathrm{b}}=\tilde{\boldsymbol{f}}^{\mathrm{b}}-\boldsymbol{f}^{\mathrm{b}}$为加速度计器件误差，一般只考虑常值零偏$\boldsymbol{\nabla}^{\mathrm{b}}$。式（6.15）中还是保留了真实的速度矢量$\boldsymbol{v}^{\mathrm{n}}$，实际上它可以由$\boldsymbol{v}_{\mathrm{g}}^{\mathrm{n}}$替代。需要指出的是，因为$\boldsymbol{\omega}_{\mathrm{n'n}}^{\mathrm{n}}$的存在，式（6.15）很难直接在实际系统中应用，所以重点考虑船载系泊状态下的应用场合，即式（6.15）中涉及的速度矢量都直接置零，则简化后的几何速度误差方程为

$$\mathrm{d}\dot{\boldsymbol{v}}^{\mathrm{n}'}=\boldsymbol{C}_{\mathrm{b}}^{\mathrm{n}'}\delta\boldsymbol{f}^{\mathrm{b}}+(\boldsymbol{I}_3-\boldsymbol{C}_{\mathrm{n}}^{\mathrm{n}'})\boldsymbol{g}_{\mathrm{g}}^{\mathrm{n}} \tag{6.16}$$

为了叙述的完整性，接下来给出基于Euler角的阻尼姿态误差方程。

根据姿态矩阵链式相乘法则可得

$$\boldsymbol{C}_{\mathrm{b}}^{\mathrm{n}}=\boldsymbol{C}_{\mathrm{n}'}^{\mathrm{n}}\boldsymbol{C}_{\mathrm{b}}^{\mathrm{n}'} \tag{6.17}$$

对上式两边分别求微分可得

$$\dot{\boldsymbol{C}}_{\mathrm{b}}^{\mathrm{n}}=\dot{\boldsymbol{C}}_{\mathrm{n}'}^{\mathrm{n}}\boldsymbol{C}_{\mathrm{b}}^{\mathrm{n}'}+\boldsymbol{C}_{\mathrm{n}'}^{\mathrm{n}}\dot{\boldsymbol{C}}_{\mathrm{b}}^{\mathrm{n}'} \tag{6.18}$$

将式（6.4）和式（6.10）代入式（6.18）可得

$$\boldsymbol{C}_{\mathrm{b}}^{\mathrm{n}}(\boldsymbol{\omega}_{\mathrm{nb,g}}^{\mathrm{b}}\times)=\boldsymbol{C}_{\mathrm{n}'}^{\mathrm{n}}(\boldsymbol{\omega}_{\mathrm{nn'}}^{\mathrm{n}'}\times)\boldsymbol{C}_{\mathrm{b}}^{\mathrm{n}'}+\boldsymbol{C}_{\mathrm{n}'}^{\mathrm{n}}\boldsymbol{C}_{\mathrm{b}}^{\mathrm{n}'}(\tilde{\boldsymbol{\omega}}_{\mathrm{nb,g}}^{\mathrm{b}}\times) \tag{6.19}$$

上式两边分别左乘$\boldsymbol{C}_{\mathrm{n}}^{\mathrm{n}'}$可得

$$\boldsymbol{C}_{\mathrm{b}}^{\mathrm{n}'}(\boldsymbol{\omega}_{\mathrm{nb,g}}^{\mathrm{b}}\times)=(\boldsymbol{\omega}_{\mathrm{nn'}}^{\mathrm{n}'}\times)\boldsymbol{C}_{\mathrm{b}}^{\mathrm{n}'}+\boldsymbol{C}_{\mathrm{b}}^{\mathrm{n}'}(\tilde{\boldsymbol{\omega}}_{\mathrm{nb,g}}^{\mathrm{b}}\times) \tag{6.20}$$

上式两边分别右乘 $\boldsymbol{C}_{\mathrm{n}'}^{\mathrm{b}}$ 可得

$$\boldsymbol{C}_{\mathrm{b}}^{\mathrm{n}'}(\boldsymbol{\omega}_{\mathrm{nb,g}}^{\mathrm{b}}\times)\boldsymbol{C}_{\mathrm{n}'}^{\mathrm{b}}=(\boldsymbol{\omega}_{\mathrm{nn}'}^{\mathrm{n}'}\times)+\boldsymbol{C}_{\mathrm{b}}^{\mathrm{n}'}(\tilde{\boldsymbol{\omega}}_{\mathrm{nb,g}}^{\mathrm{b}}\times)\boldsymbol{C}_{\mathrm{n}'}^{\mathrm{b}} \tag{6.21}$$

上式对应的矢量方程为

$$\boldsymbol{\omega}_{\mathrm{nn}'}^{\mathrm{n}'}+\boldsymbol{C}_{\mathrm{b}}^{\mathrm{n}'}(\tilde{\boldsymbol{\omega}}_{\mathrm{nb,g}}^{\mathrm{b}}-\boldsymbol{\omega}_{\mathrm{nb,g}}^{\mathrm{b}})=\boldsymbol{0} \tag{6.22}$$

根据文献[6]可知 $\boldsymbol{\omega}_{\mathrm{nn}'}^{\mathrm{n}'}$ 的表达式为

$$\boldsymbol{\omega}_{\mathrm{nn}'}^{\mathrm{n}'}=\boldsymbol{C}_{\omega}\dot{\boldsymbol{\varphi}} \tag{6.23}$$

式中：

$$\boldsymbol{C}_{\omega}=\begin{bmatrix}\cos\varphi_y & 0 & -\sin\varphi_y\cos\varphi_x\\ 0 & 1 & \sin\varphi_x\\ \sin\varphi_y & 0 & \cos\varphi_y\cos\varphi_x\end{bmatrix} \tag{6.24}$$

式中：$\boldsymbol{\varphi}=[\varphi_x \quad \varphi_y \quad \varphi_z]^{\mathrm{T}}$ 为 Euler 角形式的失准角。

将式（6.23）代入式（6.22）可得

$$\dot{\boldsymbol{\varphi}}=-\boldsymbol{C}_{\omega}^{-1}\boldsymbol{C}_{\mathrm{b}}^{\mathrm{n}'}(\tilde{\boldsymbol{\omega}}_{\mathrm{nb,g}}^{\mathrm{b}}-\boldsymbol{\omega}_{\mathrm{nb,g}}^{\mathrm{b}}) \tag{6.25}$$

将式（6.7）和式（6.13）代入式（6.25）可得

$$\dot{\boldsymbol{\varphi}}=\boldsymbol{C}_{\omega}^{-1}[(\boldsymbol{I}_3-\boldsymbol{C}_{\mathrm{n}}^{\mathrm{n}'})\boldsymbol{\omega}_{\mathrm{in,g}}^{\mathrm{n}}-\boldsymbol{C}_{\mathrm{b}}^{\mathrm{n}'}\delta\boldsymbol{\omega}_{\mathrm{ib}}^{\mathrm{b}}] \tag{6.26}$$

上式即为阻尼姿态误差方程。在系泊状态下，上式可简化为

$$\dot{\boldsymbol{\varphi}}=\boldsymbol{C}_{\omega}^{-1}[(\boldsymbol{I}_3-\boldsymbol{C}_{\mathrm{n}}^{\mathrm{n}'})\boldsymbol{\omega}_{\mathrm{ie,g}}^{\mathrm{n}}-\boldsymbol{C}_{\mathrm{b}}^{\mathrm{n}'}\delta\boldsymbol{\omega}_{\mathrm{ib}}^{\mathrm{b}}] \tag{6.27}$$

系泊状态下，可以不考虑位置误差，因此不再列写位置误差方程。根据式（6.27）和式（6.16），再结合具体的观测信息（速度或/和位置）构建相应的观测模型，即可采用 5.3.2 小节中类似的滤波流程来实现非线性初始对准，此处不再赘述。

6.2 实验研究

6.2.1 仿真实验

为了验证所研究的基于几何速度误差方程的非线性初始对准方法的有效

性，本小节设计了仿真实验，具体比较如下 4 种对准方案：

基于“传统速度误差方程＋开环滤波”，记为 IA-TO；

基于“传统速度误差方程＋闭环滤波”，记为 IA-TC；

基于“改进速度误差方程＋开环滤波”，记为 IA-MO；

基于“改进速度误差方程＋闭环滤波”，记为 IA-MC。

需要指出的是，上述 4 种方法中姿态误差方程都是采用 Euler 角形式，而非上一章的 Rodrigues 参数形式。这样的处理方式被称为控制变量法，可以保证实验结果的差异仅仅是因为速度误差方程的不同而引起的。具体的仿真条件与 5.4.1 小节基本一致，仿真条件设置为静止，载体所在纬度为 34°。捷联式惯性导航中陀螺仪的核心误差参数为常值漂移 $0.01^{\circ}/\mathrm{h}$，噪声 $0.001^{\circ}/\sqrt{\mathrm{h}}$；加速度计核心误差参数为零偏 $100\,\mu g$，噪声 $10\,\mu g/\sqrt{\mathrm{Hz}}$，器件采样频率设置为 100 Hz。

对上述 4 种对准方案进行 200 次任意失准角的 Monte-Carlo 仿真。其中两个水平失准角设置为服从 $[-50^{\circ}\quad 50^{\circ}]$ 的均匀分布，方位失准角服从 $[-100^{\circ}\quad 100^{\circ}]$ 的均匀分布。对于四种对准方案，初始状态估计都设置为零。Euler 角姿态误差模型中初始失准角方差设置为 $(\varphi/3)^2$，其中 φ 为对应的失准角。图 6.2～图 6.4 给出了 4 种对准方法 200 次的对准误差，图 6.5 给出了 4 种对准方法 200 次对准误差的均值。

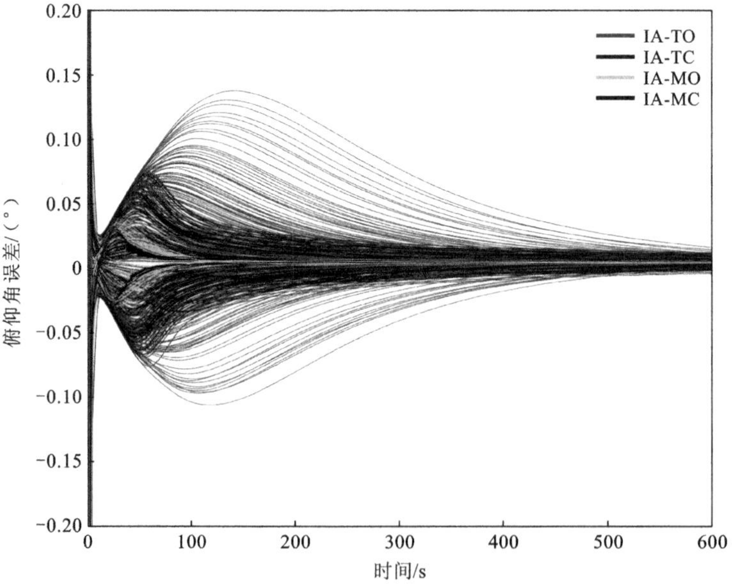

扫码看彩图

图 6.2　200 次对准俯仰角估计误差

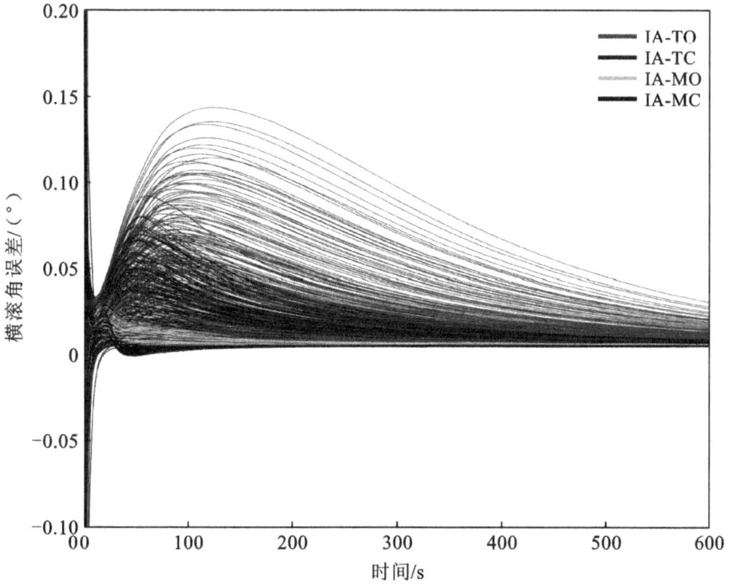

扫码看彩图

图 6.3　200 次对准横滚角估计误差

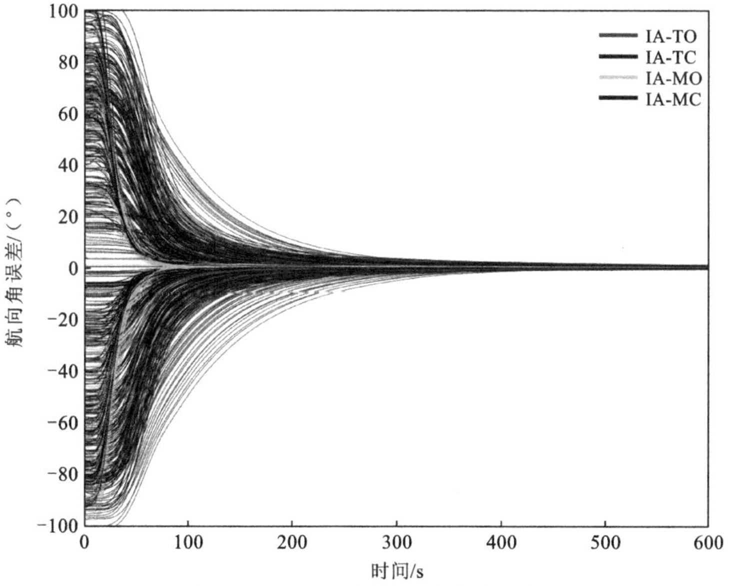

扫码看彩图

图 6.4　200 次对准航向角估计误差

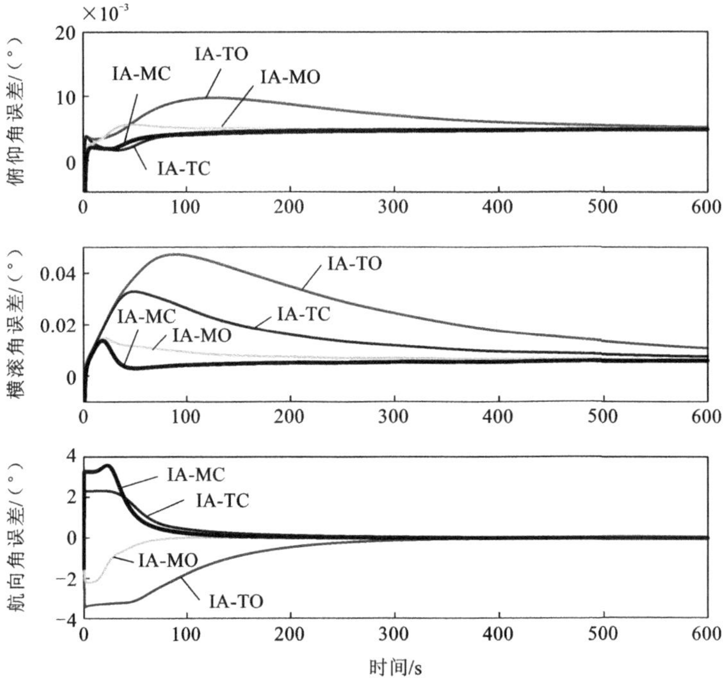

图 6.5 200 次对准姿态角估计误差均值

从图中可以清晰地看出，基于改进速度误差方程的初始对准方法在对准精度和速度上都全面优于基于传统速度误差方程的初始对准方法。对于采用传统速度误差方程的对准方法，闭环滤波优于开环滤波，具体原因为：如果采用开环方式，那么因为坐标系不一致引入的系统误差会一直存在；而采用闭环反馈校正的方式，随着初始对准的进行，坐标系间的不一致会越来越小，从而由其引入的误差也会减小。对于采用改进速度误差方程的初始对准方法，开环与闭环滤波方式之间的区别不是特别明显，这主要是因为在构造速度误差方程时已经将坐标系不一致性考虑进去了。

为了进一步评价上述 4 种不同的非线性初始对准方案，进行一次仿真实验。初始失准角选取为 $[-50^\circ\ \ 70^\circ\ \ 100^\circ]$，状态初始值和初始状态方差选取方法同上。相应的对准误差及滤波的 3σ 曲线如图 6.6～图 6.8 所示。从图中可以得出上述同样的结论。同时可以看出，基于传统速度误差方程的非线性初始对准误差结果基本都在其 3σ 包络线之外，这说明采用该模型进行对准，滤波结果的一致性比较差。而采用改进速度误差模型进行初始对准，其滤波一致性要全面

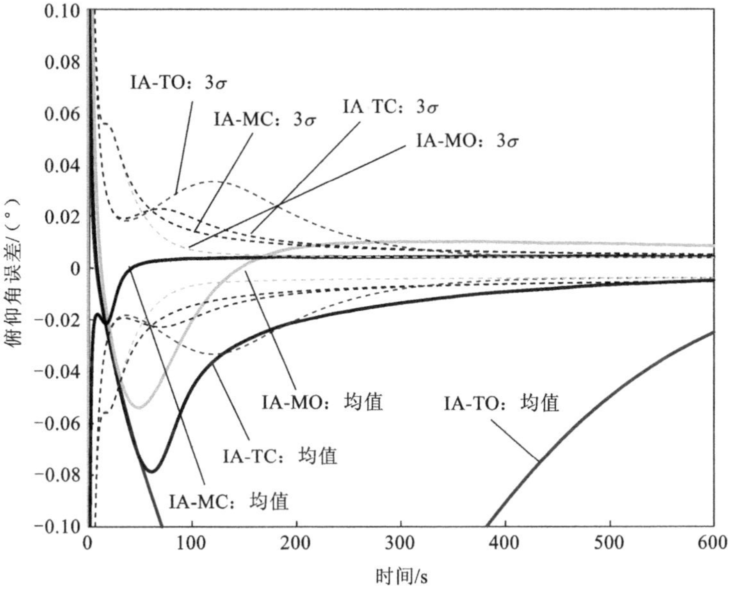

图 6.6　单次对准俯仰角误差及 3σ 曲线

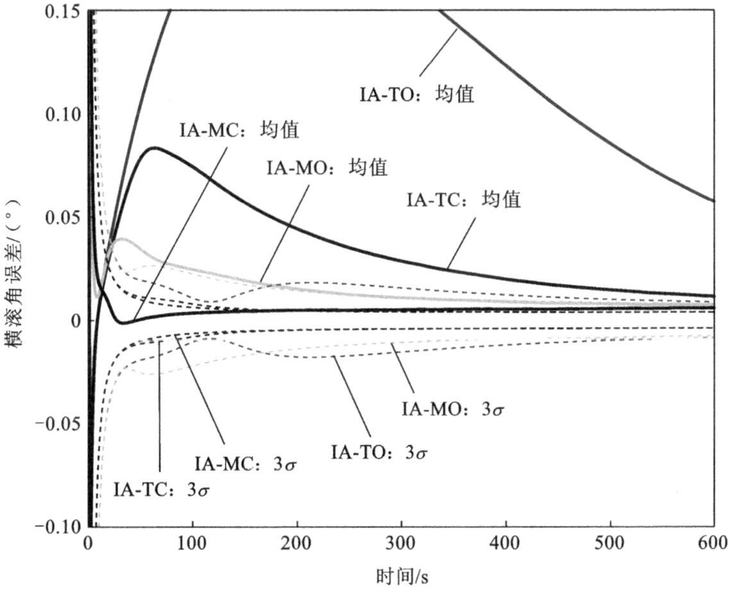

图 6.7　单次对准横滚角误差及 3σ 曲线

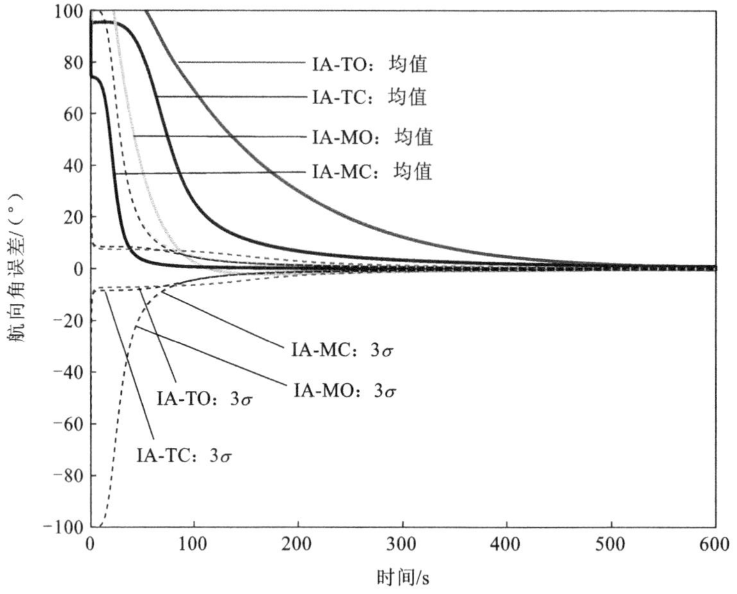

图 6.8　单次对准航向角误差及 3σ 曲线

优于传统速度误差模型。同时，采用改进速度误差方程的初始对准方法中，闭环滤波的效果要优于开环滤波的效果。因此，在实际应用中推荐使用基于改进速度误差方程的闭环滤波方式。

6.2.2　船载系泊实验

为了进一步验证所研究算法的有效性，用一组激光捷联式惯性导航船载系泊数据进行实验验证。由于该组数据没有姿态参考基准，无法直接评价不同初始对准方法的性能。为此，采用以下算法评价方案：首先进行 100 s 的惯性系初始对准以获得初始时刻概略已知的姿态；然后人为地加上[−50° 50° 100°] 的初始姿态误差用于构造大失准角条件；再对上述 4 种对准方案进行 600 s 的系泊对准；最后 600 s 对准结束时刻的姿态信息作为初始姿态进行接下来的 5 h 纯惯性导航解算，利用惯性导航解算速度和位置误差来评价不同初始对准方法的性能。之所以采用上述算法评价方案，是因为一方面可用的参考信息只有零速及已知的固定不变的位置信息，另一方面初始姿态误差会引起 Schuler 振荡速度误差和累积位置误差。因此，可以通过 Schuler 振荡速度误差的幅值和位置误差发散趋势的快慢来评价初始姿态的精度，进而评价得到这些初始姿态的对准方法的精度[7]。

不同对准方法的姿态对准结果如图 6.9～6.11 所示。其中 IA-TO 最终的姿态结果为[−0.125 6°　−0.441 9°　119.6°]，IA-TC 最终的姿态结果为[−0.109 6°　−0.450 8°　118.7°]，IA-MO 最终的姿态结果为[−0.090 8°　−0.439 1°　120.6°]，IA-MC 最终的姿态结果为[−0.090 4°　−0.442 8°　120.3°]。目前显然不能确定哪一个姿态结果最为准确，但是可以发现 4 种方法的航向角对准结果差异比较大，因此可以预测用这 4 组姿态作为初始值进行接下来的惯性导航解算产生的导航结果会有很大不同。

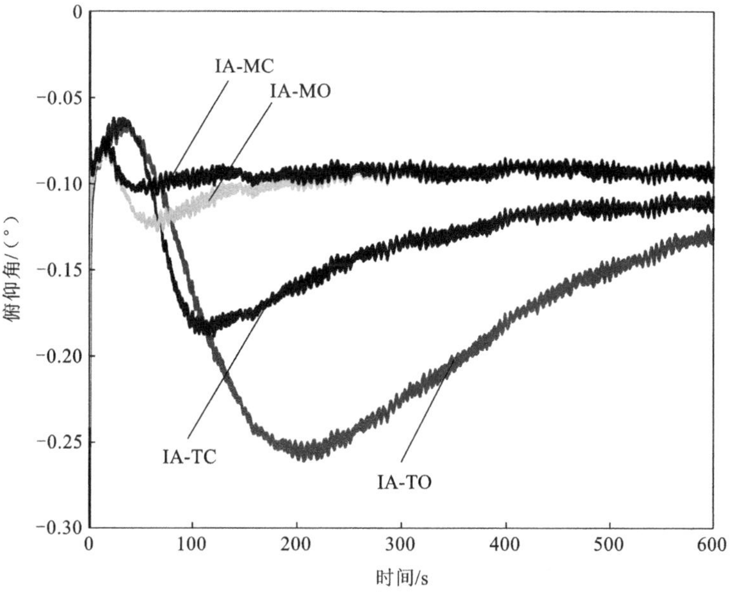

图 6.9　不同对准方案俯仰角估计结果

不同姿态初始值输入下的速度和位置解算结果如图 6.12～图 6.15 所示。从图中可以清晰地看出，利用改进模型对准结果作为初始姿态的解算结果明显优于利用传统模型对准的结果。因此，采用改进速度模型进行初始对准可以有效提高对准的稳态精度。同时，对于采用改进速度误差模型的初始对准方法，闭环滤波模式要优于开环滤波模式，这与上一小节中仿真结果是一致的。但是，对于采用传统速度误差模型的初始对准方法，闭环滤波模式反而差于开环滤波模型，这是与仿真结果不一致的。因此，可以说采用传统速度误差模型的初始对准方法其一致性不是太好。

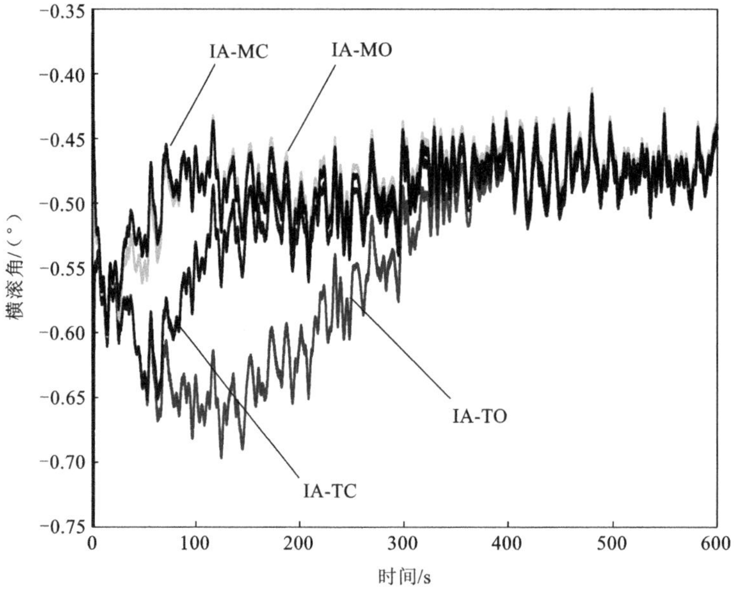

图 6.10　不同对准方案横滚角估计结果

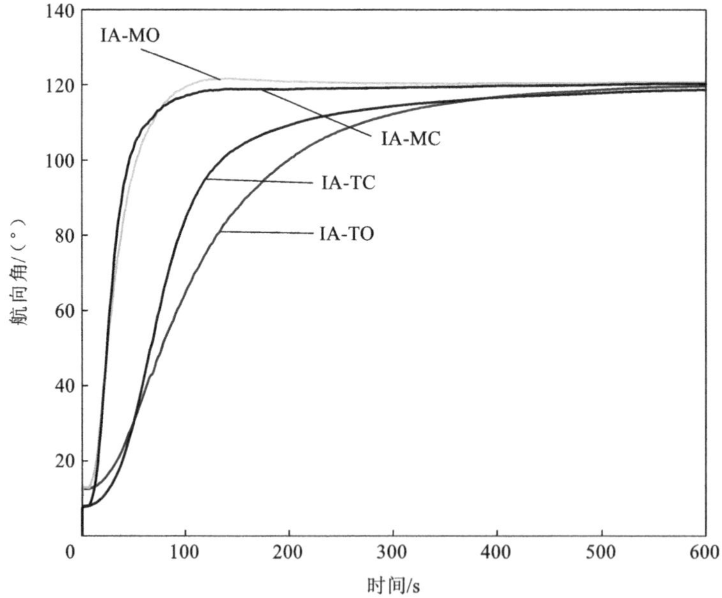

图 6.11　不同对准方案航向角估计结果

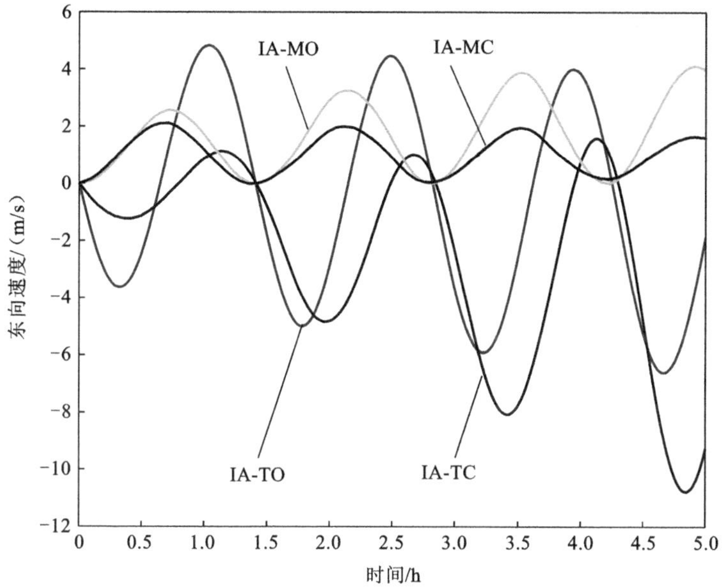

图 6.12　不同初始姿态下东向速度解算误差

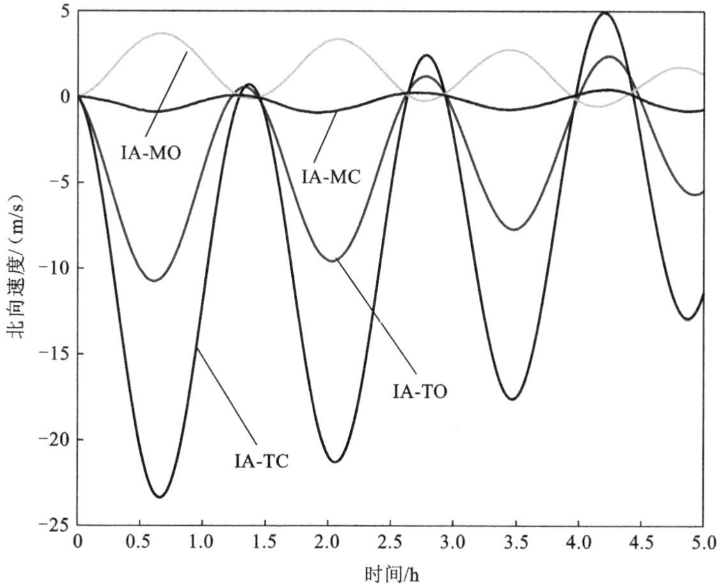

图 6.13　不同初始姿态下北向速度解算误差

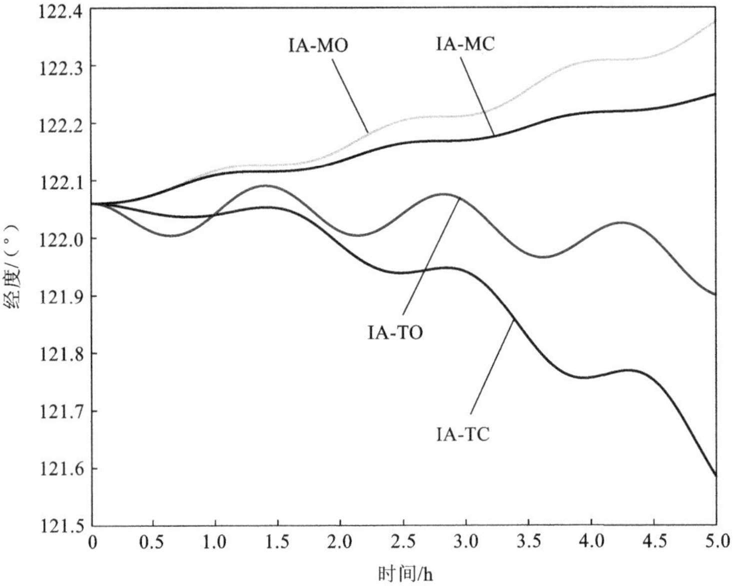

图 6.14　不同初始姿态下经度解算结果

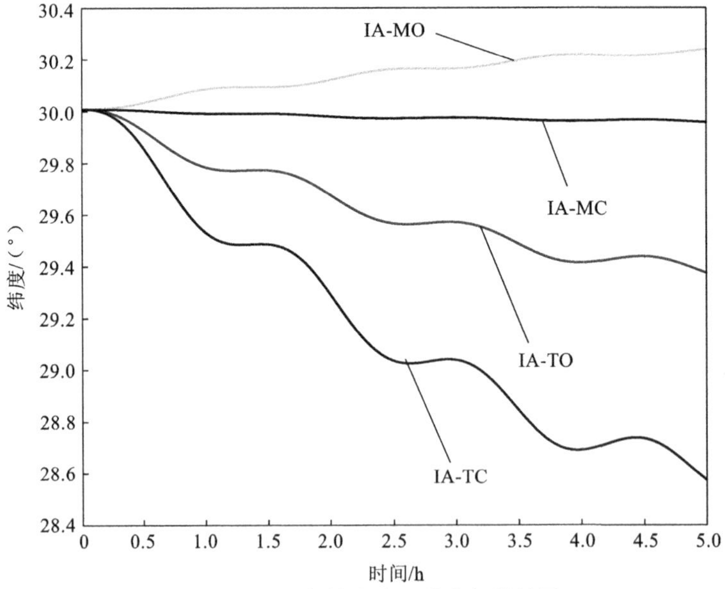

图 6.15　不同初始姿态下纬度解算结果

6.3　基于几何矢量误差的惯性导航线性误差方程

本节利用几何误差的思想推导惯性导航系统的线性误差方程。虽然本节基于几何误差定义的惯性导航误差方程不是用于初始对准，但是其仍然具有一定的理论研究价值，对分析理解惯性导航误差方程也有一定的借鉴价值。本节推导过程主要参考了文献[8]中的思路，但是在姿态误差方程推导过程中还考虑了所涉及矢量的坐标系一致性问题。

6.3.1　姿态误差方程

推导姿态误差方程同样从四元数入手。定义如下姿态误差四元数：

$$\delta \boldsymbol{q} = \boldsymbol{q}_{\mathrm{b}}^{\mathrm{n}} \otimes \boldsymbol{q}_{\mathrm{b}}^{\mathrm{n}'*} \tag{6.28}$$

对上式两边分别求微分可得

$$\delta \dot{\boldsymbol{q}} = \dot{\boldsymbol{q}}_{\mathrm{b}}^{\mathrm{n}} \otimes \boldsymbol{q}_{\mathrm{b}}^{\mathrm{n}'*} + \boldsymbol{q}_{\mathrm{b}}^{\mathrm{n}} \otimes \dot{\boldsymbol{q}}_{\mathrm{b}}^{\mathrm{n}'*} \tag{6.29}$$

解算姿态四元数 $\boldsymbol{q}_{\mathrm{b}}^{\mathrm{n}'}$ 对应的微分方程为

$$\dot{\boldsymbol{q}}_{\mathrm{b}}^{\mathrm{n}'} = \frac{1}{2} \boldsymbol{q}_{\mathrm{b}}^{\mathrm{n}'} \otimes \tilde{\boldsymbol{\omega}}_{\mathrm{nb}}^{\mathrm{b}} \tag{6.30}$$

式中：

$$\tilde{\boldsymbol{\omega}}_{\mathrm{nb}}^{\mathrm{b}} = \tilde{\boldsymbol{\omega}}_{\mathrm{ib}}^{\mathrm{b}} + \boldsymbol{C}(\boldsymbol{q}_{\mathrm{b}}^{\mathrm{n}'})^{\mathrm{T}} \tilde{\boldsymbol{\omega}}_{\mathrm{in}}^{\mathrm{n}} \tag{6.31}$$

将式（6.30）代入式（6.29）可得

$$\begin{aligned}
\delta \dot{\boldsymbol{q}} &= \frac{1}{2} \boldsymbol{q}_{\mathrm{b}}^{\mathrm{n}} \otimes \boldsymbol{\omega}_{\mathrm{nb}}^{\mathrm{b}} \otimes \boldsymbol{q}_{\mathrm{b}}^{\mathrm{n}'*} + \frac{1}{2} \boldsymbol{q}_{\mathrm{b}}^{\mathrm{n}} \otimes (\boldsymbol{q}_{\mathrm{b}}^{\mathrm{n}'} \otimes \tilde{\boldsymbol{\omega}}_{\mathrm{nb}}^{\mathrm{b}})^{*} \\
&= \frac{1}{2} \boldsymbol{q}_{\mathrm{b}}^{\mathrm{n}} \otimes \boldsymbol{\omega}_{\mathrm{nb}}^{\mathrm{b}} \otimes \boldsymbol{q}_{\mathrm{b}}^{\mathrm{n}'*} - \frac{1}{2} \boldsymbol{q}_{\mathrm{b}}^{\mathrm{n}} \otimes \tilde{\boldsymbol{\omega}}_{\mathrm{nb}}^{\mathrm{b}} \otimes \boldsymbol{q}_{\mathrm{b}}^{\mathrm{n}'*} \\
&= \frac{1}{2} \boldsymbol{q}_{\mathrm{b}}^{\mathrm{n}} \otimes \boldsymbol{q}_{\mathrm{b}}^{\mathrm{n}'*} \otimes \boldsymbol{q}_{\mathrm{b}}^{\mathrm{n}'} \otimes (\boldsymbol{\omega}_{\mathrm{nb}}^{\mathrm{b}} - \tilde{\boldsymbol{\omega}}_{\mathrm{nb}}^{\mathrm{b}}) \boldsymbol{q}_{\mathrm{b}}^{\mathrm{n}'*} \\
&= -\frac{1}{2} \delta \boldsymbol{q} \otimes [\boldsymbol{C}(\boldsymbol{q}_{\mathrm{b}}^{\mathrm{n}'}) \delta \boldsymbol{\omega}_{\mathrm{nb}}^{\mathrm{b}}]
\end{aligned} \tag{6.32}$$

式（6.32）中 $\delta \boldsymbol{\omega}_{\mathrm{nb}}^{\mathrm{b}}$ 的定义如下：

$$\delta \boldsymbol{\omega}_{\mathrm{nb}}^{\mathrm{b}} = \tilde{\boldsymbol{\omega}}_{\mathrm{nb}}^{\mathrm{b}} - \boldsymbol{\omega}_{\mathrm{nb}}^{\mathrm{b}} \tag{6.33}$$

在求解 $\delta \boldsymbol{\omega}_{\mathrm{nb}}^{\mathrm{b}}$ 的具体形式之前，首先定义如下两个误差量：

$$\delta \boldsymbol{\omega}_{\mathrm{ib}}^{\mathrm{b}} = \tilde{\boldsymbol{\omega}}_{\mathrm{ib}}^{\mathrm{b}} - \boldsymbol{\omega}_{\mathrm{ib}}^{\mathrm{b}} \tag{6.34}$$

$$d\boldsymbol{\omega}_{in}^{n}=\boldsymbol{C}(\delta\boldsymbol{q})\tilde{\boldsymbol{\omega}}_{in}^{n}-\boldsymbol{\omega}_{in}^{n}\approx[\boldsymbol{I}_3+(\boldsymbol{\alpha}\times)]\tilde{\boldsymbol{\omega}}_{in}^{n}-\boldsymbol{\omega}_{in}^{n}=\delta\boldsymbol{\omega}_{in}^{n}+(\boldsymbol{\alpha}\times)\tilde{\boldsymbol{\omega}}_{in}^{n} \tag{6.35}$$

式（6.35）中假设姿态误差角 $\boldsymbol{\alpha}$ 是小角，即

$$\boldsymbol{C}(\delta\boldsymbol{q})\approx\boldsymbol{I}_3+(\boldsymbol{\alpha}\times) \tag{6.36}$$

从式（6.35）中可以看出，在定义矢量误差时考虑了坐标系的不一致性问题，其中 $\tilde{\boldsymbol{\omega}}_{in}^{n}$ 是在计算导航坐标系 n′，而 $\boldsymbol{\omega}_{in}^{n}$ 是在真实导航坐标系 n 。

根据上述误差定义，将式（6.33）展开可得

$$\begin{aligned}
\delta\boldsymbol{\omega}_{nb}^{b}&=\tilde{\boldsymbol{\omega}}_{nb}^{b}-\boldsymbol{\omega}_{nb}^{b}\\
&=\boldsymbol{\omega}_{ib}^{b}-\boldsymbol{C}(\boldsymbol{q}_{b}^{n'})^{T}\tilde{\boldsymbol{\omega}}_{in}^{n}-[\boldsymbol{\omega}_{ib}^{b}-\boldsymbol{C}(\boldsymbol{q}_{b}^{n})^{T}\boldsymbol{\omega}_{in}^{n}]\\
&=\tilde{\boldsymbol{\omega}}_{ib}^{b}-\boldsymbol{C}(\boldsymbol{q}_{b}^{n'})^{T}\tilde{\boldsymbol{\omega}}_{in}^{n}-[\boldsymbol{\omega}_{ib}^{b}-[\boldsymbol{C}(\delta\boldsymbol{q})\boldsymbol{C}(\boldsymbol{q}_{b}^{n'})]^{T}\boldsymbol{\omega}_{in}^{n}]\\
&=\delta\boldsymbol{\omega}_{ib}^{b}-\boldsymbol{C}(\boldsymbol{q}_{b}^{n'})^{T}\boldsymbol{\omega}_{in}^{n}+\boldsymbol{C}(\boldsymbol{q}_{b}^{n'})^{T}\boldsymbol{C}(\delta\boldsymbol{q})^{T}\boldsymbol{\omega}_{in}^{n}\\
&=\delta\boldsymbol{\omega}_{ib}^{b}-\boldsymbol{C}(\boldsymbol{q}_{b}^{n'})^{T}\boldsymbol{C}(\delta\boldsymbol{q})^{T}[\boldsymbol{C}(\delta\boldsymbol{q})\tilde{\boldsymbol{\omega}}_{in}^{n}-\boldsymbol{\omega}_{in}^{n}]\\
&=\delta\boldsymbol{\omega}_{ib}^{b}-\boldsymbol{C}(\boldsymbol{q}_{b}^{n'})^{T}(\boldsymbol{I}_3-\boldsymbol{\alpha}\times)d\boldsymbol{\omega}_{in}^{n}\\
&\approx\delta\boldsymbol{\omega}_{ib}^{b}-\boldsymbol{C}(\boldsymbol{q}_{b}^{n'})^{T}(\boldsymbol{I}_3-\boldsymbol{\alpha}\times)(\delta\boldsymbol{\omega}_{in}^{n}+\boldsymbol{\alpha}\times\tilde{\boldsymbol{\omega}}_{in}^{n})\\
&\approx\delta\boldsymbol{\omega}_{ib}^{b}-\boldsymbol{C}(\boldsymbol{q}_{b}^{n'})^{T}(\delta\boldsymbol{\omega}_{in}^{n}+\boldsymbol{\alpha}\times\tilde{\boldsymbol{\omega}}_{in}^{n})\\
&=\boldsymbol{C}(\boldsymbol{q}_{b}^{n'})^{T}\boldsymbol{\omega}_{in}^{n}\times\boldsymbol{\alpha}-\boldsymbol{C}(\boldsymbol{q}_{b}^{n'})^{T}\delta\boldsymbol{\omega}_{in}^{n}+\delta\boldsymbol{\omega}_{ib}^{b}
\end{aligned} \tag{6.37}$$

需要指出的是，上述推导过程仅在姿态误差角是小角的前提下才成立。

记 $\delta\boldsymbol{\omega}_{nb}^{n}=\boldsymbol{C}(\boldsymbol{q}_{b}^{n'})\delta\boldsymbol{\omega}_{nb}^{b}$，则由式（6.37）可得其具体的形式为

$$\delta\boldsymbol{\omega}_{nb}^{n}=\boldsymbol{C}(\boldsymbol{q}_{b}^{n'})\delta\boldsymbol{\omega}_{nb}^{b}=\tilde{\boldsymbol{\omega}}_{in}^{n}\times\boldsymbol{\alpha}-\delta\boldsymbol{\omega}_{in}^{n}+\boldsymbol{C}(\boldsymbol{q}_{b}^{n'})\delta\boldsymbol{\omega}_{ib}^{b} \tag{6.38}$$

将式（6.38）代入式（6.32）可得

$$\delta\dot{\boldsymbol{q}}=-\frac{1}{2}\begin{bmatrix}\boldsymbol{0} & -\delta\boldsymbol{\omega}_{nb}^{n\ T}\\ \delta\boldsymbol{\omega}_{nb}^{n} & -(\delta\boldsymbol{\omega}_{nb}^{n}\times)\end{bmatrix}\delta\boldsymbol{q} \tag{6.39}$$

在小姿态误差角的假设下，姿态误差四元数 $\delta\boldsymbol{q}$ 可近似为

$$\begin{bmatrix}1 & \dfrac{\boldsymbol{\alpha}^{T}}{2}\end{bmatrix}^{T} \tag{6.40}$$

根据式（6.39）和式（6.40）可得姿态误差角 $\boldsymbol{\alpha}$ 的微分方程为

$$\dot{\boldsymbol{\alpha}}=-\delta\boldsymbol{\omega}_{nb}^{n}=-\tilde{\boldsymbol{\omega}}_{in}^{n}\times\boldsymbol{\alpha}+\delta\boldsymbol{\omega}_{in}^{n}-\boldsymbol{C}(\boldsymbol{q}_{b}^{n'})\delta\boldsymbol{\omega}_{ib}^{b} \tag{6.41}$$

上式即为基于几何矢量误差的姿态误差方程。可以看出，虽然在式（6.35）中利用了几何误差建模的思想，但是最终的姿态误差方程与传统的姿态误差方程形式完全一致。

6.3.2　速度误差方程

下面利用式（6.3）中几何速度误差的定义来推导线性速度误差方程。在小姿态误差角的假设下，式（6.3）可以近似为

$$\mathrm{d}\boldsymbol{v}^{\mathrm{n}}=\boldsymbol{C}(\delta\boldsymbol{q})\boldsymbol{v}^{\mathrm{n}'}-\boldsymbol{v}^{\mathrm{n}}\approx[\boldsymbol{I}_{3\times3}+(\boldsymbol{\alpha}\times)]\boldsymbol{v}^{\mathrm{n}'}-\boldsymbol{v}^{\mathrm{n}}=\delta\boldsymbol{v}^{\mathrm{n}}-(\boldsymbol{v}^{\mathrm{n}'}\times)\boldsymbol{\alpha}\tag{6.42}$$

对上式两边分别求微分可得

$$\mathrm{d}\dot{\boldsymbol{v}}^{\mathrm{n}}=\delta\dot{\boldsymbol{v}}^{\mathrm{n}}-(\boldsymbol{v}^{\mathrm{n}'}\times)\dot{\boldsymbol{\alpha}}-(\dot{\boldsymbol{v}}^{\mathrm{n}'}\times)\boldsymbol{\alpha}\tag{6.43}$$

式中：$\delta\dot{\boldsymbol{v}}^{\mathrm{n}}$ 即为传统的速度误差微分，其具体形式直接给出：

$$\begin{aligned}\delta\dot{\boldsymbol{v}}^{\mathrm{n}}=&\boldsymbol{C}(\boldsymbol{q}_{\mathrm{b}}^{\mathrm{n}'})\tilde{\boldsymbol{f}}^{\mathrm{b}}\times\boldsymbol{\alpha}-(2\tilde{\boldsymbol{\omega}}_{\mathrm{ie}}^{\mathrm{n}}+\tilde{\boldsymbol{\omega}}_{\mathrm{en}}^{\mathrm{n}})\times\delta\boldsymbol{v}^{\mathrm{n}}\\&-(2\delta\boldsymbol{\omega}_{\mathrm{ie}}^{\mathrm{n}}+\delta\boldsymbol{\omega}_{\mathrm{en}}^{\mathrm{n}})\times\boldsymbol{v}^{\mathrm{n}'}+\boldsymbol{C}(\boldsymbol{q}_{\mathrm{b}}^{\mathrm{n}'})\delta\tilde{\boldsymbol{f}}^{\mathrm{b}}\end{aligned}\tag{6.44}$$

根据式（6.42），式（6.44）可以进一步展开为

$$\begin{aligned}\delta\dot{\boldsymbol{v}}^{\mathrm{n}}&=\boldsymbol{C}(\boldsymbol{q}_{\mathrm{b}}^{\mathrm{n}'})\tilde{\boldsymbol{f}}^{\mathrm{b}}\times\alpha-(2\tilde{\boldsymbol{\omega}}_{\mathrm{ie}}^{\mathrm{n}}+\tilde{\boldsymbol{\omega}}_{\mathrm{en}}^{\mathrm{n}})\times[\mathrm{d}\boldsymbol{v}^{\mathrm{n}}+(\boldsymbol{v}^{\mathrm{n}'}\times)\boldsymbol{\alpha}]\\&\quad-(2\delta\boldsymbol{\omega}_{\mathrm{ie}}^{\mathrm{n}}+\delta\boldsymbol{\omega}_{\mathrm{en}}^{\mathrm{n}})\times\boldsymbol{v}^{\mathrm{n}'}+\boldsymbol{C}(\boldsymbol{q}_{\mathrm{b}}^{\mathrm{n}'})\delta\boldsymbol{f}^{\mathrm{b}}\\&=\boldsymbol{C}(\boldsymbol{q}_{\mathrm{b}}^{\mathrm{n}'})\tilde{\boldsymbol{f}}^{\mathrm{b}}\times\boldsymbol{\alpha}-(2\tilde{\boldsymbol{\omega}}_{\mathrm{ie}}^{\mathrm{n}}+\tilde{\boldsymbol{\omega}}_{\mathrm{en}}^{\mathrm{n}})\times\mathrm{d}\boldsymbol{v}^{\mathrm{n}}-(2\delta\boldsymbol{\omega}_{\mathrm{ie}}^{\mathrm{n}}+\delta\boldsymbol{\omega}_{\mathrm{en}}^{\mathrm{n}})\times\boldsymbol{v}^{\mathrm{n}'}\\&\quad-(2\tilde{\boldsymbol{\omega}}_{\mathrm{ie}}^{\mathrm{n}}+\tilde{\boldsymbol{\omega}}_{\mathrm{en}}^{\mathrm{n}})\times(\boldsymbol{v}^{\mathrm{n}'}\times)\boldsymbol{\alpha}+\boldsymbol{C}(\boldsymbol{q}_{\mathrm{b}}^{\mathrm{n}'})\delta\boldsymbol{f}^{\mathrm{b}}\end{aligned}\tag{6.45}$$

式（6.43）右边第二项可展开为

$$\begin{aligned}(\dot{\boldsymbol{v}}^{\mathrm{n}'}\times)\boldsymbol{\alpha}&=[\boldsymbol{C}(\boldsymbol{q}_{\mathrm{b}}^{\mathrm{n}'})\tilde{\boldsymbol{f}}^{\mathrm{b}}-(2\tilde{\boldsymbol{\omega}}_{\mathrm{ie}}^{\mathrm{n}}+\tilde{\boldsymbol{\omega}}_{\mathrm{en}}^{\mathrm{n}})\times\boldsymbol{v}^{\mathrm{n}'}+\boldsymbol{g}^{\mathrm{n}}]\times\boldsymbol{\alpha}\\&=\boldsymbol{C}(\boldsymbol{q}_{\mathrm{b}}^{\mathrm{n}'})\tilde{\boldsymbol{f}}^{\mathrm{b}}\times\boldsymbol{\alpha}-(2\tilde{\boldsymbol{\omega}}_{\mathrm{ie}}^{\mathrm{n}}+\tilde{\boldsymbol{\omega}}_{\mathrm{en}}^{\mathrm{n}})\times(\boldsymbol{v}^{\mathrm{n}'}\times)\boldsymbol{\alpha}+(\boldsymbol{v}^{\mathrm{n}'}\times)(2\tilde{\boldsymbol{\omega}}_{\mathrm{ie}}^{\mathrm{n}}+\tilde{\boldsymbol{\omega}}_{\mathrm{en}}^{\mathrm{n}})\times\boldsymbol{\alpha}+\boldsymbol{g}^{\mathrm{n}}\times\boldsymbol{\alpha}\end{aligned}\tag{6.46}$$

式（6.43）右边第三项可展开为

$$(\boldsymbol{v}^{\mathrm{n}'}\times)\dot{\boldsymbol{\alpha}}=(\boldsymbol{v}^{\mathrm{n}'}\times)[-\tilde{\boldsymbol{\omega}}_{\mathrm{in}}^{\mathrm{n}}\times\boldsymbol{\alpha}+\delta\boldsymbol{\omega}_{\mathrm{in}}^{\mathrm{n}}-\boldsymbol{C}(\boldsymbol{q}_{\mathrm{b}}^{\mathrm{n}'})\delta\boldsymbol{\omega}_{\mathrm{ib}}^{\mathrm{b}}]\tag{6.47}$$

将式（6.45）～式（6.47）代入式（6.43）可得

$$\begin{aligned}\mathrm{d}\dot{\boldsymbol{v}}^{\mathrm{n}}=&-\boldsymbol{g}^{\mathrm{n}}\times\boldsymbol{\alpha}-(2\tilde{\boldsymbol{\omega}}_{\mathrm{ie}}^{\mathrm{n}}+\tilde{\boldsymbol{\omega}}_{\mathrm{en}}^{\mathrm{n}})\times\mathrm{d}\boldsymbol{v}^{\mathrm{n}}-\delta\boldsymbol{\omega}_{\mathrm{ie}}^{\mathrm{n}}\times\boldsymbol{v}^{\mathrm{n}'}\\&-(\boldsymbol{v}^{\mathrm{n}'}\times)(\tilde{\boldsymbol{\omega}}_{\mathrm{ie}}^{\mathrm{n}}\times)\boldsymbol{\alpha}+\boldsymbol{C}(\boldsymbol{q}_{\mathrm{b}}^{\mathrm{n}'})\delta\boldsymbol{f}^{\mathrm{b}}+(\boldsymbol{v}^{\mathrm{n}'}\times)\boldsymbol{C}(\boldsymbol{q}_{\mathrm{b}}^{\mathrm{n}'})\delta\boldsymbol{\omega}_{\mathrm{ib}}^{\mathrm{b}}\end{aligned}\tag{6.48}$$

上式即为基于几何速度误差定义的速度误差方程。

6.3.3　误差方程整理

姿态误差方程式（6.41）中，有

$$\delta\boldsymbol{\omega}_{\text{in}}^{\text{n}} = \delta\boldsymbol{\omega}_{\text{ie}}^{\text{n}} + \delta\boldsymbol{\omega}_{\text{en}}^{\text{n}} \tag{6.49}$$

式中：

$$\delta\boldsymbol{\omega}_{\text{ie}}^{\text{n}} = \boldsymbol{M}_1\delta\boldsymbol{p} \tag{6.50}$$

式中：$\delta\boldsymbol{p} = [\delta L \quad \delta\lambda \quad \delta h]^{\text{T}}$ 为位置误差；$\boldsymbol{M}_1$ 的具体形式为

$$\boldsymbol{M}_1 = \begin{bmatrix} 0 & 0 & 0 \\ -\omega_{\text{ie}}\sin L & 0 & 0 \\ \omega_{\text{ie}}\cos L & 0 & 0 \end{bmatrix} \tag{6.51}$$

$\delta\boldsymbol{\omega}_{\text{en}}^{\text{n}}$ 的具体形式为

$$\delta\boldsymbol{\omega}_{\text{en}}^{\text{n}} = \boldsymbol{M}_2\delta\boldsymbol{v}^{\text{n}} + \boldsymbol{M}_3\delta\boldsymbol{p} \tag{6.52}$$

式中：

$$\boldsymbol{M}_2 = \begin{bmatrix} 0 & \dfrac{-1}{R_{\text{M}}+h} & 0 \\ \dfrac{1}{R_{\text{N}}+h} & 0 & 0 \\ \dfrac{\tan L}{R_{\text{N}}+h} & 0 & 0 \end{bmatrix} \tag{6.53}$$

$$\boldsymbol{M}_3 = \begin{bmatrix} 0 & 0 & \dfrac{v_{\text{N}}^{\text{n}}}{(R_{\text{M}}+h)^2} \\ 0 & 0 & -\dfrac{v_{\text{E}}^{\text{n}}}{(R_{\text{N}}+h)^2} \\ \dfrac{v_{\text{E}}^{\text{n}}\sec^2 L}{R_{\text{N}}+h} & 0 & -\dfrac{v_{\text{E}}^{\text{n}}\tan L}{(R_{\text{N}}+h)^2} \end{bmatrix} \tag{6.54}$$

根据式（6.42），式（6.52）可进一步展开为

$$\delta\boldsymbol{\omega}_{\text{en}}^{\text{n}} = \boldsymbol{M}_2[\text{d}\boldsymbol{v}^{\text{n}} + (\boldsymbol{v}^{\text{n}'}\times)\boldsymbol{\alpha}] + \boldsymbol{M}_3\delta\boldsymbol{p} = \boldsymbol{M}_2\text{d}\boldsymbol{v}^{\text{n}} + \boldsymbol{M}_2(\boldsymbol{v}^{\text{n}'}\times)\boldsymbol{\alpha} + \boldsymbol{M}_3\delta\boldsymbol{p} \tag{6.55}$$

根据文献[9]可知，速度误差方程为

$$\delta\boldsymbol{p} = \boldsymbol{M}_4\delta\boldsymbol{v}^{\text{n}} + \boldsymbol{M}_5\delta\boldsymbol{p} \tag{6.56}$$

式中：

$$\boldsymbol{M}_4=\begin{bmatrix}0 & \dfrac{1}{R_{\mathrm{M}}+h} & 0\\ \dfrac{\sec L}{R_{\mathrm{N}}+h} & 0 & 0\\ 0 & 0 & 1\end{bmatrix} \tag{6.57}$$

$$\boldsymbol{M}_5=\begin{bmatrix}0 & 0 & \dfrac{-v_{\mathrm{N}}}{(R_{\mathrm{M}}+h)^2}\\ \dfrac{v_{\mathrm{E}}\sec L\tan L}{R_{\mathrm{N}}+h} & 0 & -\dfrac{v_{\mathrm{E}}\sec L}{(R_{\mathrm{N}}+h)^2}\\ 0 & 0 & 0\end{bmatrix} \tag{6.58}$$

根据式（6.42），式（6.56）可进一步展开为

$$\begin{aligned}\delta\boldsymbol{p}&=\boldsymbol{M}_4[\mathrm{d}\boldsymbol{v}^{\mathrm{n}}+(\boldsymbol{v}^{\mathrm{n}'}\times)\boldsymbol{\alpha}]+\boldsymbol{M}_5\delta\boldsymbol{p}\\&=\boldsymbol{M}_4(\boldsymbol{v}^{\mathrm{n}'}\times)\boldsymbol{\alpha}+\boldsymbol{M}_4\mathrm{d}\boldsymbol{v}^{\mathrm{n}}+\boldsymbol{M}_5\delta\boldsymbol{p}\end{aligned} \tag{6.59}$$

定义状态量为

$$\boldsymbol{x}=[\boldsymbol{\alpha}^{\mathrm{T}}\quad \mathrm{d}\boldsymbol{v}^{\mathrm{nT}}\quad \delta\boldsymbol{p}^{\mathrm{T}}\quad \boldsymbol{\varepsilon}^{\mathrm{bT}}\quad \boldsymbol{\nabla}^{\mathrm{bT}}]^{\mathrm{T}} \tag{6.60}$$

则惯性导航误差方程可以整理成状态空间模型的形式，即

$$\dot{\boldsymbol{x}}=\begin{bmatrix}\boldsymbol{M}_{\alpha\alpha} & \boldsymbol{M}_{\alpha v} & \boldsymbol{M}_{\alpha p} & -\boldsymbol{C}(\boldsymbol{q}_{\mathrm{b}}^{\mathrm{n}'}) & \boldsymbol{0}_{3\times3}\\ \boldsymbol{M}_{v\alpha} & \boldsymbol{M}_{vv} & \boldsymbol{M}_{vp} & \boldsymbol{M}_{v\varepsilon} & \boldsymbol{C}(\boldsymbol{q}_{\mathrm{b}}^{\mathrm{n}'})\\ \boldsymbol{M}_{p\alpha} & \boldsymbol{M}_{pv} & \boldsymbol{M}_{pp} & \boldsymbol{0}_{3\times3} & \boldsymbol{0}_{3\times3}\\ \boldsymbol{0}_{3\times3} & \boldsymbol{0}_{3\times3} & \boldsymbol{0}_{3\times3} & \boldsymbol{0}_{3\times3} & \boldsymbol{0}_{3\times3}\\ \boldsymbol{0}_{3\times3} & \boldsymbol{0}_{3\times3} & \boldsymbol{0}_{3\times3} & \boldsymbol{0}_{3\times3} & \boldsymbol{0}_{3\times3}\end{bmatrix}\boldsymbol{x}+\begin{bmatrix}-\boldsymbol{C}(\boldsymbol{q}_{\mathrm{b}}^{\mathrm{n}'}) & \boldsymbol{0}_{3\times3}\\ \boldsymbol{M}_{v\varepsilon} & \boldsymbol{C}(\boldsymbol{q}_{\mathrm{b}}^{\mathrm{n}'})\\ \boldsymbol{0}_{3\times3} & \boldsymbol{0}_{3\times3}\\ \boldsymbol{0}_{3\times3} & \boldsymbol{0}_{3\times3}\\ \boldsymbol{0}_{3\times3} & \boldsymbol{0}_{3\times3}\end{bmatrix}\begin{bmatrix}\boldsymbol{\eta}_{\mathrm{g}}^{\mathrm{b}}\\ \boldsymbol{\eta}_{\mathrm{a}}^{\mathrm{b}}\end{bmatrix} \tag{6.61}$$

式中：

$$\boldsymbol{M}_{\alpha\alpha}=-(\tilde{\boldsymbol{\omega}}_{\mathrm{in}}^{\mathrm{n}}\times)+\boldsymbol{M}_2(\boldsymbol{v}^{\mathrm{n}'}\times) \tag{6.62a}$$

$$\boldsymbol{M}_{\alpha v}=\boldsymbol{M}_2 \tag{6.62b}$$

$$\boldsymbol{M}_{\alpha p}=\boldsymbol{M}_1+\boldsymbol{M}_3 \tag{6.62c}$$

$$\boldsymbol{M}_{v\alpha}=-[\boldsymbol{g}^{\mathrm{n}}+(\boldsymbol{v}^{\mathrm{n}'}\times)(\tilde{\boldsymbol{\omega}}_{\mathrm{ie}}^{\mathrm{n}}\times)] \tag{6.62d}$$

$$\boldsymbol{M}_{vv}=[(2\tilde{\boldsymbol{\omega}}_{\mathrm{ie}}^{\mathrm{n}}+\tilde{\boldsymbol{\omega}}_{\mathrm{en}}^{\mathrm{n}})\times] \tag{6.62e}$$

$$\boldsymbol{M}_{vp}=\boldsymbol{v}^{\mathrm{n}'}\times\boldsymbol{M}_1 \tag{6.62f}$$

$$\boldsymbol{M}_{v\varepsilon}=(\boldsymbol{v}^{\mathrm{n}'}\times)\boldsymbol{C}(\boldsymbol{q}_{\mathrm{b}}^{\mathrm{n}'}) \tag{6.62g}$$

$$\boldsymbol{M}_{p\alpha} = \boldsymbol{M}_4(\boldsymbol{v}^{n'}\times) \tag{6.62h}$$

$$\boldsymbol{M}_{pv} = \boldsymbol{M}_4 \tag{6.62i}$$

$$\boldsymbol{M}_{pp} = \boldsymbol{M}_5 \tag{6.62j}$$

需要指出的是，文献[5]认为惯性导航系统姿态误差不仅存在于导航坐标系，也存在于载体坐标系，因此在推导相应的误差方程时考虑了两个方面的坐标投影，即从计算导航坐标系到导航坐标系，以及从计算载体坐标系到载体坐标系。但是本书认为，坐标系不是客观存在的，而是人为定义的。如果认为载体坐标系不存在误差（因为是人为定义的，可以这么认为），那么相应地解算得到的姿态误差完全可以由计算导航坐标系与导航坐标系之间的偏差来描述。此外，如果认为导航坐标系和载体坐标系都存在误差，那么很难从姿态微分方程出发推导出相应的姿态误差方程。事实上，文献[5]在推导姿态误差方程时也是先假定存在某一种误差（导航坐标系或载体坐标系），然后根据两种误差之间的变换关系得到另一种误差，进而推导姿态误差方程，即得到的姿态误差方程也是其中某一种姿态误差（导航坐标系或载体坐标系）的微分方程。本书认为，文献[5]中导航坐标系姿态误差与载体坐标系姿态误差之间的变换不满足姿态矩阵的链式相乘法则，转换过程有些牵强。因此，本节在进行误差方程推导时，认为姿态误差仅存在于计算导航坐标系与导航坐标系之间。当然，也可以假设姿态误差仅存在于计算载体坐标系与载体坐标系之间，采用上述同样的思路进行推导，此处不再赘述。

6.4 本章小结

本章从坐标系一致的角度对传统惯性导航速度误差方程进行了改进，基于一种几何速度误差的定义推导了相应的改进速度误差方程，并将其用于非线性初始对准。仿真实验和船载系泊实验结果表明，采用改进的几何速度误差方程，初始对准的精度和速度都较采用传统速度误差方程有全面的提高。同时，本章基于坐标系一致性的原则，推导了基于几何矢量误差的惯性导航线性误差方程，相关结果一方面可以用于组合导航，另一方面也对理解惯性导航误差传播规律提供了一定的参考。

本章参考文献

[1] CHANG L B, QIN F J, JIANG S. Strapdown inertial navigation system initial alignment based on modified process model[J]. IEEE Sensors Journal, 2019, 19 (15): 6381-6391.

[2] ANDRLE M S, CRASSIDIS J L. Attitude estimation employing common frame error representations[J]. Journal of Guidance, Control, and Dynamics, 2015, 38(9): 1-11.

[3] WHITTAKER M P, CRASSIDIS J L. Inertial navigation employing common frame error representations[C]// AIAA Guidance, Navigation, and Control Conference, 2017.

[4] WHITTAKER M P, CRASSIDIS J L. Linearized analysis of inertial navigation employing common frame error representations[C]// AIAA Guidance, Navigation, and Control Conference, 2018.

[5] WHITTAKER M P. Linearized analysis of inertial navigation employing common frame error representations[D]. New York: The State University of New York, 2019.

[6] 严恭敏. 捷联惯导系统动基座初始对准及其他相关问题研究[R]. 西安: 西北工业大学博士后研究工作报告, 2008.

[7] SILVA F O, HEMERLY E M, FILHO W C L, et al. Error analysis of analytical coarse alignment formulations for stationary SINS[J]. IEEE Transactions on Aerospace and Electronic Systems, 2016, 52 (4): 1777-1796.

[8] WANG M S, WU W Q, ZHOU P Y, et al. State transformation extended Kalman filter for GPS-SINS tightly coupled integration[J]. GPS Solutions, 2018, 22(4): 112.

[9] 严恭敏, 翁浚. 捷联惯导算法与组合导航原理[M]. 西安: 西北工业大学出版社, 2019.

第 7 章　基于惯性导航基本方程的非线性初始对准方法

第 5 章和第 6 章研究了间接式非线性初始对准方法，本章将研究直接式非线性初始对准方法。直接式初始对准方法是指在初始对准过程中直接利用惯性导航基本方程作为滤波的状态模型，无需利用惯性导航误差方程，其基本框架如图 7.1 所示。

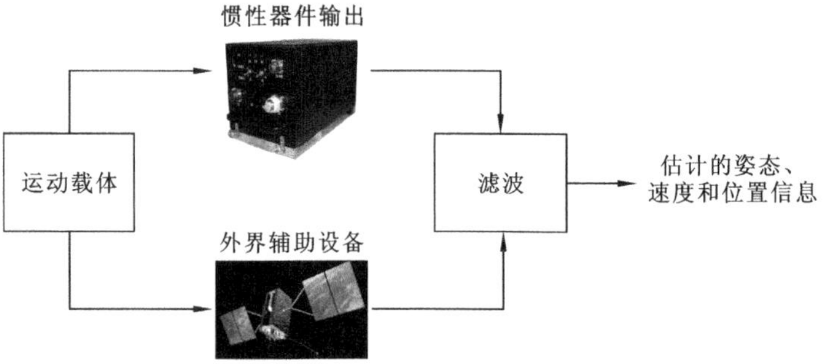

图 7.1　直接式初始对准基本框架

由于惯性导航基本方程本质是一组非线性方程，需要使用相应的非线性滤波算法，而实现基于惯性导航基本方程的非线性初始对准的关键是设计合理、高效、有针对性的滤波算法，关于直接式非线性初始对准（或组合导航）的研究也一般集中在滤波算法的设计上。因为直接式初始对准状态更新过程本质上就是惯性导航解算过程，所以滤波算法中各种导航参数的表示及处理方式与导航解算基本上是一致的。其中值得注意的是，四元数因其自身一系列数学方面的优势，在导航解算中一般被用来表示姿态；同时，四元数是不存在奇异性前提下的最少参量的姿态表示方法，因此从滤波角度上讲，选取四元数作为滤波状态所需的计算量也最小。但是，正如第 3 章所提到的，四元数的规范性约束条件在滤波算法中（尤其是 UKF 之类的基于确定性采样方法的非线性滤波算法）往往难以得到满足。目前，直接式初始对准滤波算法设计的重点也就是如何处理四元数在滤波传递过程中规范性保持的问题。事实上，Crassidis 针对卫星姿态估计问题设计的 USQUE 算法为在基于采样的非线性滤波算法中解决四元数规范性约束问题提供了一个基本框架。2005 年，Crassidis[1]将 USQUE 算法引入直接式组合导航问题中，得到了广泛的重视与研究。但是，惯性导航基本方程中的姿态更新方程与卫星的姿态更新方程存在明显的不同，这是因为：研究的重点是针对陆用或海用等地球表面载体，所以载体姿态角速率是相对于选定的地球表面的导航坐标系而言的，不仅包含载体相对于惯性系的姿态角速率，还包含地球自转成分和载体线运动引起的角运动成分；相对而言，卫星的姿态角速率仅仅是指卫星相对于惯性系的姿态变化。这些不同的直接体现就是，卫星姿态更新方程是姿态四元数的线性函数，而惯性导航基本方程中的姿态更新方程是姿态四元数的非线性函数。另外，在实际应用中，由于惯性导航的更新率非常高（100 Hz 或更高），导航解算是一个计算量非常大的过程，而基于确定性采样的 USQUE 算法的每一步状态更新过程需要进行 N 次导航解算，其中 N 表示确定性采样点的个数。一般而言，采样点个数是与状态维数成正比的，而在惯性导航基本方程中，除姿态、速度、位置等导航基本参数外，一般还包括惯性器件误差在内的其他状态量，因此相应的滤波状态维数是非常大的，所需的采样点数量也是非常多的，直接导致的结果就是 USQUE 算法的计算量巨大以致其难以在线实时应用。

针对上述问题，本章的重点是从改进 USQUE 算法角度研究直接式非线性初始对准。同时，本章对直接式初始对准和组合导航的 MEKF 算法也将进行介绍，并指出常用的 MEKF 算法本质上是一种间接式算法。

7.1　基于惯性导航基本方程的非线性初始对准算法框架

7.1.1　惯性导航基本方程

这里直接给出惯性导航基本方程：

$$
\begin{cases}
\dot{\boldsymbol{q}}_{\mathrm{b}}^{\mathrm{n}} = \dfrac{1}{2}\boldsymbol{q}_{\mathrm{b}}^{\mathrm{n}} \otimes [\tilde{\boldsymbol{\omega}}_{\mathrm{ib}}^{\mathrm{b}} - \boldsymbol{\varepsilon}^{\mathrm{b}} - \boldsymbol{C}(\boldsymbol{q}_{\mathrm{b}}^{\mathrm{n}})^{\mathrm{T}} \boldsymbol{\omega}_{\mathrm{in}}^{\mathrm{n}}] \\
\dot{\boldsymbol{v}}^{\mathrm{n}} = \boldsymbol{C}(\boldsymbol{q}_{\mathrm{b}}^{\mathrm{n}})(\tilde{\boldsymbol{f}}^{\mathrm{b}} - \boldsymbol{\nabla}^{\mathrm{b}}) - (2\boldsymbol{\omega}_{\mathrm{ie}}^{\mathrm{n}} + \boldsymbol{\omega}_{\mathrm{en}}^{\mathrm{n}}) \times \boldsymbol{v}^{\mathrm{n}} + \boldsymbol{g}^{\mathrm{n}} \\
\dot{\boldsymbol{p}}^{\mathrm{n}} = \boldsymbol{R}_{\mathrm{c}} \boldsymbol{v}^{\mathrm{n}} \\
\dot{\boldsymbol{\varepsilon}}^{\mathrm{b}} = \boldsymbol{0}_{3\times 1} \\
\dot{\boldsymbol{\nabla}}^{\mathrm{b}} = \boldsymbol{0}_{3\times 1}
\end{cases}
\tag{7.1}
$$

上述方程中各参量的具体含义在前文中都有所涉及，这里不再赘述。

7.1.2 基于惯性导航基本方程的 USQUE 算法流程

在基于惯性导航基本方程的 USQUE 算法中，状态选取为 MRP 和速度、位置，惯性器件常值误差为滤波状态。假设 $k-1$ 时刻的状态估计量为 $\hat{\boldsymbol{x}}_{k-1}=[\delta\hat{\boldsymbol{\mathfrak{R}}}^{\mathrm{T}}\quad \hat{\boldsymbol{v}}^{\mathrm{nT}}\quad \hat{\boldsymbol{p}}^{\mathrm{T}}\quad \hat{\boldsymbol{\varepsilon}}^{\mathrm{bT}}\quad \hat{\boldsymbol{\nabla}}^{\mathrm{bT}}|_{k-1}]^{\mathrm{T}}$，对应的方差为 $\boldsymbol{P}_{k-1}$，姿态四元数的估计为 $\hat{\boldsymbol{q}}_{\mathrm{b},k-1}^{\mathrm{n}}$，目的是估计 $\hat{\boldsymbol{x}}_k$ 和 $\boldsymbol{P}_k$，并根据状态估计中的姿态信息确定出相应的姿态四元数 $\hat{\boldsymbol{q}}_{\mathrm{b},k}^{\mathrm{n}}$。具体步骤如下。

1. 时间更新

首先根据上一步状态估计和方差计算相应的 sigma 点：

$$\boldsymbol{\chi}_{k-1}(i)=\begin{bmatrix}\boldsymbol{\chi}_{k-1}^{\delta\boldsymbol{\mathfrak{R}}}(i)\\ \boldsymbol{\chi}_{k-1}^{e}(i)\end{bmatrix}=\mathrm{sigma}(\hat{\boldsymbol{x}}_{k-1},\boldsymbol{P}_{k-1})\tag{7.2}$$

式中：$\boldsymbol{\chi}_{k-1}^{e}(i)$ 为状态中非姿态量 $[\boldsymbol{v}_{k-1}^{\mathrm{nT}}\quad \boldsymbol{p}_{k-1}^{\mathrm{T}}\quad \boldsymbol{\varepsilon}_{k-1}^{\mathrm{bT}}\quad \boldsymbol{\nabla}_{k-1}^{\mathrm{bT}}]^{\mathrm{T}}$ 对应的 sigma 点。

$\boldsymbol{\chi}_{k-1}^{\delta\boldsymbol{\mathfrak{R}}}(i)$ 对应的四元数误差形式为

$$\boldsymbol{\chi}_{k-1}^{\delta\boldsymbol{q}}(i)=[\delta q_{0,k-1}(i)\quad \delta\boldsymbol{q}_{\boldsymbol{v},k-1}(i)^{\mathrm{T}}]^{\mathrm{T}}\tag{7.3}$$

$\boldsymbol{\chi}_{k-1}^{\delta\boldsymbol{q}}(i)$ 可以由式（3.30）的逆形式求得，即

$$\delta q_{0,k-1}(i)=\frac{-a\left\|\boldsymbol{\chi}_{k-1}^{\delta\boldsymbol{\mathfrak{R}}}(i)\right\|^2+f\sqrt{f^2+(1-a^2)\left\|\boldsymbol{\chi}_{k-1}^{\delta\boldsymbol{\mathfrak{R}}}(i)\right\|^2}}{f^2+\left\|\boldsymbol{\chi}_{k-1}^{\delta\boldsymbol{\mathfrak{R}}}(i)\right\|^2}\tag{7.4a}$$

$$\delta\boldsymbol{q}_{\boldsymbol{v},k-1}(i)=f^{-1}[a+\delta q_{0,k-1}(i)]\boldsymbol{\chi}_{k-1}^{\delta\boldsymbol{\mathfrak{R}}}(i)\tag{7.4b}$$

根据上一步四元数估计值计算四元数对应的 sigma 点：

$$\boldsymbol{\chi}_{k-1}^{\boldsymbol{q}}(i)=\boldsymbol{\chi}_{k-1}^{\delta\boldsymbol{q}}(i)\otimes\hat{\boldsymbol{q}}_{\mathrm{b},k-1}^{\mathrm{n}}\tag{7.5}$$

将 $\boldsymbol{\chi}_{k-1}^{\boldsymbol{q}}(i)$ 与 $\boldsymbol{\chi}_{k-1}^{e}(i)$ 组合构造一组新的 sigma 点，即

$$\boldsymbol{\chi}_{k-1}^{\#}(i)=\begin{bmatrix}\boldsymbol{\chi}_{k-1}^{\boldsymbol{q}}(i)\\ \boldsymbol{\chi}_{k-1}^{e}(i)\end{bmatrix}\tag{7.6}$$

将 $\boldsymbol{\chi}_{k-1}^{\#}(i)$ 在状态模型（7.1）中传递可得 $\boldsymbol{\chi}_{k|k-1}^{\#}(i)$，将其写成分解形式：

$$\boldsymbol{\chi}_{k|k-1}^{\#}(i)=\begin{bmatrix}\boldsymbol{\chi}_{k|k-1}^{\boldsymbol{q}}(i)\\ \boldsymbol{\chi}_{k|k-1}^{e}(i)\end{bmatrix}\tag{7.7}$$

式中：$\boldsymbol{\chi}_{k|k-1}^{\boldsymbol{q}}(i)$ 为姿态四元数对应的 sigma 点；$\boldsymbol{\chi}_{k|k-1}^{e}(i)$ 为姿态以外状态量对应的

sigma 点。

选取 $\boldsymbol{\chi}_{k|k-1}^{q}(i)$ 中任意一 sigma 点，如 $\boldsymbol{\chi}_{k|k-1}^{q}(0)$，作为参考四元数以计算传递后的四元数误差 sigma 点：

$$\boldsymbol{\chi}_{k|k-1}^{\delta q}(i)=\boldsymbol{\chi}_{k|k-1}^{q}(i)\otimes[\boldsymbol{\chi}_{k|k-1}^{q}(0)]^{-1} \tag{7.8}$$

记

$$\boldsymbol{\chi}_{k|k-1}^{\delta q}(i)=[\delta \boldsymbol{q}_{0,k|k-1}(i)\quad \delta \boldsymbol{q}_{v,k|k-1}(i)^{\mathrm{T}}]^{\mathrm{T}} \tag{7.9}$$

则 $\boldsymbol{\chi}_{k|k-1}^{\delta q}(i)$ 对应的 MRP 形式可由式（3.30）求得，即

$$\boldsymbol{\chi}_{k|k-1}^{\delta \mathfrak{R}}(i)=f\frac{\delta \boldsymbol{q}_{v,k|k-1}(i)}{a+\delta \boldsymbol{q}_{0,k|k-1}(i)} \tag{7.10}$$

将 $\boldsymbol{\chi}_{k|k-1}^{\delta \mathfrak{R}}(i)$ 与 $\boldsymbol{\chi}_{k|k-1}^{e}(i)$ 进行组合构造滤波状态的传递 sigma 点：

$$\boldsymbol{\chi}_{k|k-1}(i)=\begin{bmatrix}\boldsymbol{\chi}_{k|k-1}^{\delta \mathfrak{R}}(i)\\ \boldsymbol{\chi}_{k|k-1}^{e}(i)\end{bmatrix} \tag{7.11}$$

则状态预测均值和方差分别为

$$\hat{\boldsymbol{x}}_{k|k-1}=\sum_{i=0}^{2n}\boldsymbol{w}(i)\boldsymbol{\chi}_{k|k-1}(i) \tag{7.12}$$

$$\boldsymbol{P}_{k|k-1}=\sum_{i=0}^{2n}\boldsymbol{w}(i)[\boldsymbol{\chi}_{k|k-1}(i)-\hat{\boldsymbol{x}}_{k|k-1}][\boldsymbol{\chi}_{k|k-1}(i)-\hat{\boldsymbol{x}}_{k|k-1}]^{\mathrm{T}}+\boldsymbol{Q}_{k-1} \tag{7.13}$$

式中：n 为选取状态的维数，在本小节建立的模型中 $n=15$；$\boldsymbol{w}(i)$ 为 sigma 点的权值；$\boldsymbol{Q}_{k-1}$ 为状态噪声方差。

2. 量测更新

若选择 GNSS 速度作为观测，则相应的观测模型为

$$\boldsymbol{y}_k=\boldsymbol{H}_k\boldsymbol{x}_k+\boldsymbol{\eta}_k \tag{7.14}$$

式中：$\boldsymbol{H}_k=[\boldsymbol{0}_{3\times 3}\quad \boldsymbol{I}_3\quad \boldsymbol{0}_{3\times 9}]$。

由于观测方程是线性的，量测更新直接采样 Kalman 滤波标准观测方程：

$$\hat{\boldsymbol{x}}_k=\hat{\boldsymbol{x}}_{k|k-1}+\boldsymbol{K}_k(\boldsymbol{y}_k-\boldsymbol{H}_k\hat{\boldsymbol{x}}_{k|k-1}) \tag{7.15}$$

$$\boldsymbol{P}_k=[\boldsymbol{I}_n-\boldsymbol{K}_k\boldsymbol{H}_k]\boldsymbol{P}_{k|k-1} \tag{7.16}$$

式中：

$$\boldsymbol{K}_k=\boldsymbol{P}_{k|k-1}\boldsymbol{H}_k^{\mathrm{T}}[\boldsymbol{H}_k\boldsymbol{P}_{k|k-1}\boldsymbol{H}_k^{\mathrm{T}}+\boldsymbol{R}_k]^{-1} \tag{7.17}$$

3. 姿态更新

令 $\hat{\boldsymbol{x}}_k=[\hat{\boldsymbol{x}}_k^{\delta \mathfrak{R}\mathrm{T}}\quad \hat{\boldsymbol{x}}_k^{e\mathrm{T}}]^{\mathrm{T}}$，则 $\hat{\boldsymbol{x}}_k^{\delta \mathfrak{R}}$ 对应的四元数形式为

$$\hat{\boldsymbol{x}}_k^{\delta \boldsymbol{q}} = [\delta \boldsymbol{q}_{0,k} \quad \delta \boldsymbol{q}_{\boldsymbol{v},k}^{\mathrm{T}}]^{\mathrm{T}} \tag{7.18}$$

式中：

$$\delta \boldsymbol{q}_{0,k} = \frac{-a\left\|\hat{\boldsymbol{x}}_k^{\delta \mathfrak{R}}\right\|^2 + f\sqrt{f^2 + (1-a^2)\left\|\hat{\boldsymbol{x}}_k^{\delta \mathfrak{R}}\right\|^2}}{f^2 + \left\|\hat{\boldsymbol{x}}_k^{\delta \mathfrak{R}}\right\|^2} \tag{7.19a}$$

$$\delta \boldsymbol{q}_{\boldsymbol{v},k} = f^{-1}[a + \delta \boldsymbol{q}_{0,k}]\hat{\boldsymbol{x}}_k^{\delta \mathfrak{R}} \tag{7.19b}$$

则姿态四元数的更新为

$$\hat{\boldsymbol{q}}_{\mathrm{b},k}^{\mathrm{n}} = \hat{\boldsymbol{x}}_k^{\delta \boldsymbol{q}} \otimes \boldsymbol{\chi}_{k|k-1}^{\boldsymbol{q}}(0) \tag{7.20}$$

最后将 $\hat{\boldsymbol{x}}_k$ 中姿态部分即 $\hat{\boldsymbol{x}}_k^{\delta \mathfrak{R}}$ 置零并进入下一时刻的滤波周期。

7.2 基于四元数平均算法的改进 USQUE 算法

本节首先分析传统 USQUE 算法时间更新中计算四元数误差时的近似性，然后将能够保持四元数规范性的四元数平均算法引入 USQUE 算法中得到改进的 USQUE 算法[2-3]。改进 USQUE 算法在数学意义上更为严格，同时在精度及鲁棒性等方面优于传统算法。仿真实例验证了本节所研究改进算法的有效性。

7.2.1 传统 USQUE 算法的近似性分析

USQUE 算法的核心在于基于四元数的姿态更新及基于 MRP 滤波状态传递的分层结构，因此在 USQUE 算法中涉及四元数 sigma 点与 MRP 形式 sigma 点之间的反复转换。因为 MRP 对应的是姿态误差，而四元数对应的是姿态，所以为了确定在状态方程传递后的 MRP 形式的 sigma 点，要根据状态更新后的四元数 sigma 点计算相应的四元数误差 sigma 点。传统的 USQUE 算法认为，在姿态更新方程传递后的任一四元数 sigma 点都可作为参考四元数以求取四元数误差 sigma 点，同时以第一个传递四元数 sigma 点为代表设计相关算法。本小节分析指出，这种处理方式在非线性姿态更新方程中是一种近似方法，存在改进的空间。

考虑如下一般形式的姿态传递方程：

$$\boldsymbol{q}_k = \boldsymbol{g}(\boldsymbol{q}_{k-1}) \tag{7.21}$$

式中：$\boldsymbol{g}(\cdot)$ 为非线性或线性方程。假设 USQUE 算法中 $k-1$ 时刻姿态对应的状

态为 $\delta\boldsymbol{\mathfrak{R}}_{k-1}$，姿态四元数估计值为 $\hat{\boldsymbol{q}}_{k-1}$，姿态方差为 $\boldsymbol{P}_{k-1}$。传统 USQUE 算法中 sigma 点生成采用的是 Julier 等[4]最先提出来的对称采样方法，即

$$\boldsymbol{\chi}_{k-1}^{\delta\mathfrak{R}}(i)=\left[\boldsymbol{0}_{3\times1}\quad\sqrt{(3+\kappa)\boldsymbol{P}_{k-1}}\quad-\sqrt{(3+\kappa)\boldsymbol{P}_{k-1}}\right]\quad(i=0,1,2,\cdots,6)\tag{7.22}$$

式（7.22）中采样方法直接将状态均值置零，这是因为在 USQUE 滤波框架中每次姿态更新后都将 $\delta\boldsymbol{\mathfrak{R}}$ 的估计值置零。

分别根据式（7.4）和式（7.5）计算四元数误差对应的 sigma 点 $\boldsymbol{\chi}_{k-1}^{\delta q}(i)$ 和四元数对应的 sigma 点 $\boldsymbol{\chi}_{k-1}^{q}(i)$。将 $\boldsymbol{\chi}_{k-1}^{q}(i)$ 在式（7.21）中传递可得

$$\boldsymbol{\chi}_{k|k-1}^{q}(i)=\boldsymbol{g}[\boldsymbol{\chi}_{k-1}^{q}(i)]\quad(i=0,1,2,\cdots,6)\tag{7.23}$$

为了计算 $\boldsymbol{\chi}_{k|k-1}^{q}(i)$ 对应的误差，需要选取参考基准，在传统 USQUE 算法中选取第一个 sigma 点即 $\boldsymbol{\chi}_{k|k-1}^{q}(0)$ 作为参考基准。从 USQUE 滤波框架中可以发现，这里所选取的基准四元数从 Gauss 滤波的意义上讲就是四元数的预测均值 $\hat{\boldsymbol{q}}_{k|k-1}$。因为 $\boldsymbol{\chi}_{k-1}^{\delta\mathfrak{R}}(0)=\boldsymbol{0}_{3\times1}$，所以 $\boldsymbol{\chi}_{k-1}^{\delta q}(0)$ 为单位四元数，相应地，根据式（7.5），$\boldsymbol{\chi}_{k-1}^{q}(0)=\hat{\boldsymbol{q}}_{k-1}$，于是

$$\hat{\boldsymbol{q}}_{k|k-1}=\boldsymbol{\chi}_{k|k-1}^{q}(0)=\boldsymbol{g}(\hat{\boldsymbol{q}}_{k-1})\tag{7.24}$$

式（7.24）正是熟悉的 EKF 状态预测方法。如果 $\boldsymbol{g}(\cdot)$ 为一非线性方程，如式（7.1），那么 $\hat{\boldsymbol{q}}_{k|k-1}$ 就会含有较大的一阶近似误差。

计算一个变量的误差时需要知道其真实值，在真实值不知道的前提下，应当选取最为精确的近似值作为参考值。采用无迹变换（unscented transfomation, UT）方法在非线性函数中传递状态均值的精度要高于 EKF 中的线性传递方法，因此有理由相信四元数 sigma 点 $\boldsymbol{\chi}_{k|k-1}^{q}(i)$ 的加权均值要高于其任意一点。用更为精确的参考四元数计算四元数误差及相应的 MRP 势必能够改进 USQUE 算法的性能。然而，正如 3.2.2 小节的分析，不能对四元数直接进行加权平均，为了解决这一问题，下面给出一种能够保持四元数规范性约束的四元数平均算法。

7.2.2　四元数平均算法

考虑如下加权四元数运算：

$$\hat{\boldsymbol{q}}=\sum_{i=1}^{N}\boldsymbol{w}(i)\boldsymbol{q}(i)\tag{7.25}$$

式中：$\sum_{i=1}^{N}\boldsymbol{w}(i)=1$；$N$ 为采样点总个数。由于四元数是一种表示姿态的方法，求解四元数的目的归根结底是为了求解姿态，式（7.25）中的 $\hat{\boldsymbol{q}}$ 最终应该能够使下式中姿态误差的 Frobenius 范数最小[5]：

$$\hat{\boldsymbol{q}}=\arg\min_{\boldsymbol{q}\in S^3}\sum_{i=1}^{N}\boldsymbol{w}(i)\left\|\boldsymbol{C}(\boldsymbol{q})-\boldsymbol{C}[\boldsymbol{q}(i)]\right\|_F^2 \tag{7.26}$$

式中：$\boldsymbol{C}(\boldsymbol{q})$ 为对应于 $\boldsymbol{q}$ 的姿态转移矩阵；S^3 为单位三球面。根据 Frobenius 范数的定义可得

$$\begin{aligned}&\left\|\boldsymbol{C}(\boldsymbol{q})-\boldsymbol{C}[\boldsymbol{q}(i)]\right\|_F^2\\&=\mathrm{tr}\{\{\boldsymbol{C}(\boldsymbol{q})-\boldsymbol{C}[\boldsymbol{q}(i)]\}^{\mathrm{T}}\{\boldsymbol{C}(\boldsymbol{q})-\boldsymbol{C}[\boldsymbol{q}(i)]\}\}\\&=\mathrm{tr}\{\boldsymbol{C}(\boldsymbol{q})^{\mathrm{T}}\boldsymbol{C}(\boldsymbol{q})+\boldsymbol{C}[\boldsymbol{q}(i)]^{\mathrm{T}}\boldsymbol{C}[\boldsymbol{q}(i)]-\boldsymbol{C}(\boldsymbol{q})^{\mathrm{T}}\boldsymbol{C}[\boldsymbol{q}(i)]-\boldsymbol{C}[\boldsymbol{q}(i)]^{\mathrm{T}}\boldsymbol{C}(\boldsymbol{q})\}\end{aligned} \tag{7.27}$$

对于任意姿态转移矩阵，下式成立：

$$\mathrm{tr}\{\boldsymbol{C}(\boldsymbol{q})^{\mathrm{T}}\boldsymbol{C}(\boldsymbol{q})\}=3 \tag{7.28}$$

将式（7.28）代入式（7.27）并利用关系 $\mathrm{tr}\{\boldsymbol{A}^{\mathrm{T}}\boldsymbol{B}\}=\mathrm{tr}\{\boldsymbol{B}^{\mathrm{T}}\boldsymbol{A}\}$ 可得

$$\left\|\boldsymbol{C}(\boldsymbol{q})-\boldsymbol{C}[\boldsymbol{q}(i)]\right\|_F^2=6-2\mathrm{tr}\{\boldsymbol{C}(\boldsymbol{q})^{\mathrm{T}}\boldsymbol{C}[\boldsymbol{q}(i)]\} \tag{7.29}$$

将式（7.29）代入式（7.26）可得

$$\begin{aligned}\hat{\boldsymbol{q}}&=\arg\min_{\boldsymbol{q}\in S^3}\sum_{i=1}^{N}\boldsymbol{w}(i)\left\|\boldsymbol{C}(\boldsymbol{q})-\boldsymbol{C}[\boldsymbol{q}(i)]\right\|_F^2\\&=\arg\max_{\boldsymbol{q}\in S^3}\sum_{i=1}^{N}\boldsymbol{w}(i)\mathrm{tr}\{\boldsymbol{C}(\boldsymbol{q})^{\mathrm{T}}\boldsymbol{C}[\boldsymbol{q}(i)]\}\\&=\arg\max_{\boldsymbol{q}\in S^3}\mathrm{tr}\{\boldsymbol{C}(\boldsymbol{q})^{\mathrm{T}}\boldsymbol{Q}\}\end{aligned} \tag{7.30}$$

式中：

$$\boldsymbol{Q}=\sum_{i=1}^{N}\boldsymbol{w}(i)\boldsymbol{C}[\boldsymbol{q}(i)] \tag{7.31}$$

式（7.30）可以改写为如下形式：

$$\hat{\boldsymbol{q}}=\arg\max_{\boldsymbol{q}\in S^3}\mathrm{tr}\{\boldsymbol{C}(\boldsymbol{q})^{\mathrm{T}}\boldsymbol{Q}\}=\arg\max_{\boldsymbol{q}\in S^3}\boldsymbol{q}^{\mathrm{T}}\boldsymbol{K}\boldsymbol{q} \tag{7.32}$$

式中：

$$\boldsymbol{K}=\begin{bmatrix}\boldsymbol{Q}+\boldsymbol{Q}^{\mathrm{T}}-\mathrm{tr}\{\boldsymbol{Q}\}\boldsymbol{I}_3 & \boldsymbol{Z}\\ \boldsymbol{Z}^{\mathrm{T}} & \mathrm{tr}\{\boldsymbol{Q}\}\end{bmatrix} \tag{7.33}$$

$$\boldsymbol{Z}=[\boldsymbol{Q}_{23}-\boldsymbol{Q}_{32}\ \ \boldsymbol{Q}_{31}-\boldsymbol{Q}_{13}\ \ \boldsymbol{Q}_{12}-\boldsymbol{Q}_{21}]^{\mathrm{T}} \tag{7.34}$$

根据四元数 $\boldsymbol{q}$ 与其对应的姿态转移矩阵 $\boldsymbol{C}(\boldsymbol{q})$ 的关系，4×4 矩阵 $\boldsymbol{K}$ 可以简化为

$$\boldsymbol{K} = 4\boldsymbol{B} - \boldsymbol{I}_4 \tag{7.35}$$

式中：

$$\boldsymbol{B} = \sum_{i=1}^{N} \boldsymbol{w}(i)\boldsymbol{q}(i)\boldsymbol{q}(i)^{\mathrm{T}} \tag{7.36}$$

将式（7.35）和式（7.36）代入式（7.32）可得

$$\hat{\boldsymbol{q}} = \arg\max_{\boldsymbol{q}\in S^3} \boldsymbol{q}^{\mathrm{T}}\boldsymbol{B}\boldsymbol{q} \tag{7.37}$$

式（7.37）的解是矩阵 $\boldsymbol{B}$ 对应特征值的最大特征向量。

用这种方法求得 $\boldsymbol{\chi}_{k|k-1}^{\boldsymbol{q}}(i)$ 的加权均值 $\hat{\boldsymbol{q}}_{k|k-1}$，并将其作为四元数参考基准在式（7.8）中替代 $\boldsymbol{\chi}_{k|k-1}^{\boldsymbol{q}}(0)$ 求取四元数误差 sigma 点，同时在式（7.20）中替代 $\boldsymbol{\chi}_{k|k-1}^{\boldsymbol{q}}(0)$ 进行姿态更新，这样即可得到改进的组合导航 USQUE 算法。改进算法相对于传统算法更加充分有效地利用了 UKF 对 EKF 的优势。

值得注意的是，这种四元数平均算法虽然能够消除四元数直接加权平均带来的缺陷，但是由于四元数对应的方差是一奇异矩阵，UKF 还是不能直接应用于四元数状态估计。也就是说，为了保证算法运行的数值稳定，必须采用 USQUE 算法中的双层姿态及滤波传递结构。

第 3 章和第 4 章中在进行姿态估计时也采样了 USUQE 算法，但并未引入改进算法。这是因为这两章的研究重点在于矢量观测的构建，同样是出于控制变量法的考虑没有进行滤波算法的改进研究。同时，需要指出的是，第 4 章构建的姿态估计模型本质上是姿态四元数的线性方程，采用式（7.24）所示的线性状态传递不会引入近似误差。当然也可以将四元数平均算法应用其中以保证滤波算法数学意义上的严格性，但是对滤波性能的影响不大。

7.2.3　仿真研究

为了验证改进 USQUE 算法的有效性，对基于惯性导航基本方程的非线性初始对准进行静态仿真实验。陀螺常值漂移和随机漂移分别设置为 $0.01^\circ/\mathrm{h}$ 和 $0.03^\circ/(\mathrm{h}\cdot\sqrt{\mathrm{Hz}})$；加速度计的常值零偏和随机零偏分别设置为 $100\,\mu\mathrm{g}$ 和 $500\,\mu\mathrm{g}/\sqrt{\mathrm{Hz}}$。状态初始估计都设为零，非姿态部分状态对应的方差设为

$$\mathrm{diag}\{[(0.1\,\mathrm{m/s})^2\boldsymbol{I}_3 \quad (0.1\,\mathrm{m})^2\boldsymbol{I}_3 \quad (0.01^\circ/\mathrm{h})^2\boldsymbol{I}_3 \quad (100\,\mathrm{mg})^2\boldsymbol{I}_3]\}$$

状态噪声方差设为

$$\mathrm{diag}\{[\mathbf{0}_{9\times9} \quad (0.03^\circ/(\mathrm{h}\cdot\sqrt{\mathrm{Hz}}))^2\boldsymbol{I}_3 \quad (500\,\mathrm{mg}/\sqrt{\mathrm{Hz}})^2\boldsymbol{I}_3]\}$$

观测噪声方差设为 $(0.1\,\mathrm{m})^2\boldsymbol{I}_3$。

初始四元数估计按下式进行设置：

$$\hat{\boldsymbol{q}}_{\mathrm{b},0}^{\mathrm{n}} = \boldsymbol{q}_{\mathrm{b},0}^{\mathrm{n}} \otimes \delta\boldsymbol{q}_{\mathrm{b},0}^{\mathrm{n}} \tag{7.38}$$

式中：$\boldsymbol{q}_{\mathrm{b},0}^{\mathrm{n}}$ 为初始时刻真实姿态四元数，本实验中载体姿态设为 $[0.5^\circ \quad 0.5^\circ \quad 10^\circ]$；$\delta\boldsymbol{q}_{\mathrm{b},0}^{\mathrm{n}}$ 为初始姿态误差对应的四元数。为了验证改进 USQUE 算法的有效性，对两组不同初始姿态误差的情况进行仿真研究，两组初始姿态误差分别设为 $[5^\circ \quad 5^\circ \quad 10^\circ]$ 和 $[50^\circ \quad 50^\circ \quad 170^\circ]$，对应的初始方差分别设为 $\left(\dfrac{5\cdot\pi}{180}\right)^2\boldsymbol{I}_3$ 和 $\left(\dfrac{50\cdot\pi}{180}\right)^2\boldsymbol{I}_3$。

为了减小估计结果的随机性，对两组不同初始姿态误差的情况分别进行 200 次 Monte-Carlo 仿真，并求取姿态估计误差的均值和方差，仿真时间为 600 s，仿真结果如图 7.2～图 7.4 和图 7.5～图 7.7 所示，其中实线表示姿态估计误差均值，虚线表示对应的 3σ 曲线。

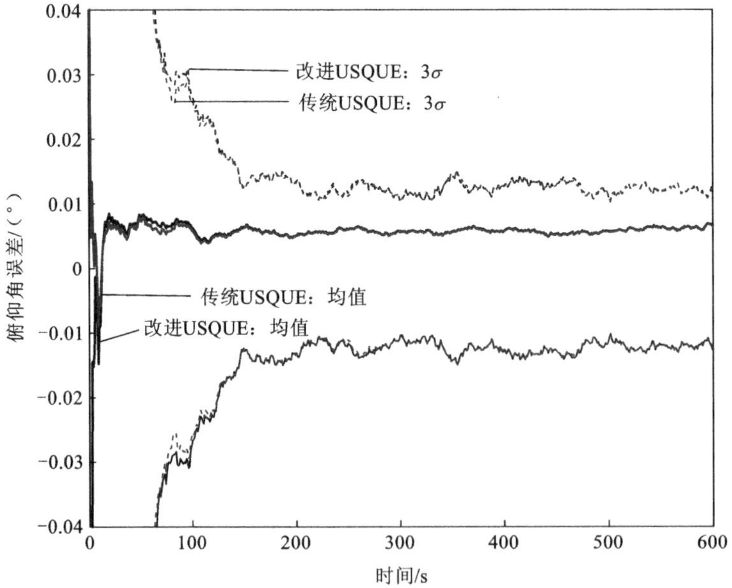

图 7.2　小失准角下俯仰角估计误差及 3σ 曲线

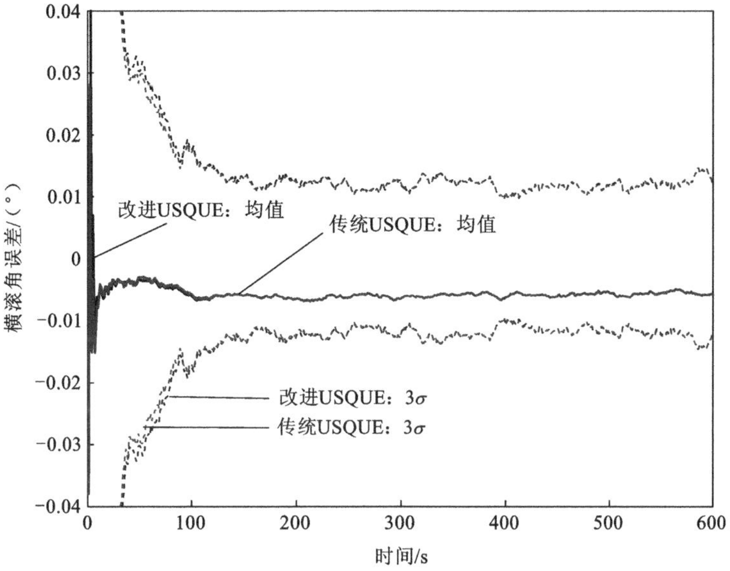

图 7.3　小失准角下横滚角估计误差及 3σ 曲线

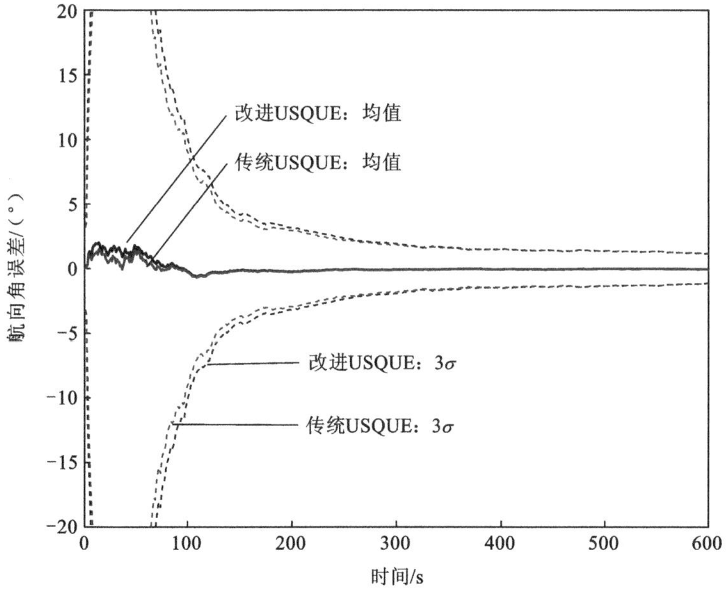

图 7.4　小失准角下航向角估计误差及 3σ 曲线

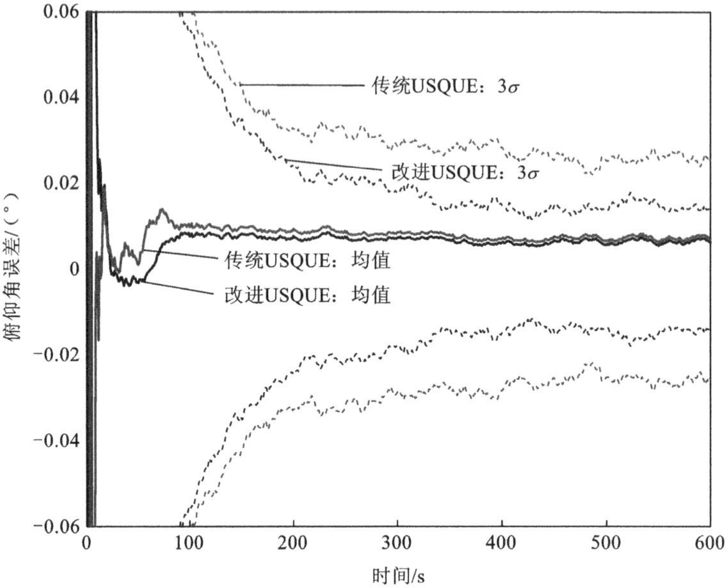

图 7.5　大失准角下俯仰角估计误差及 3σ 曲线

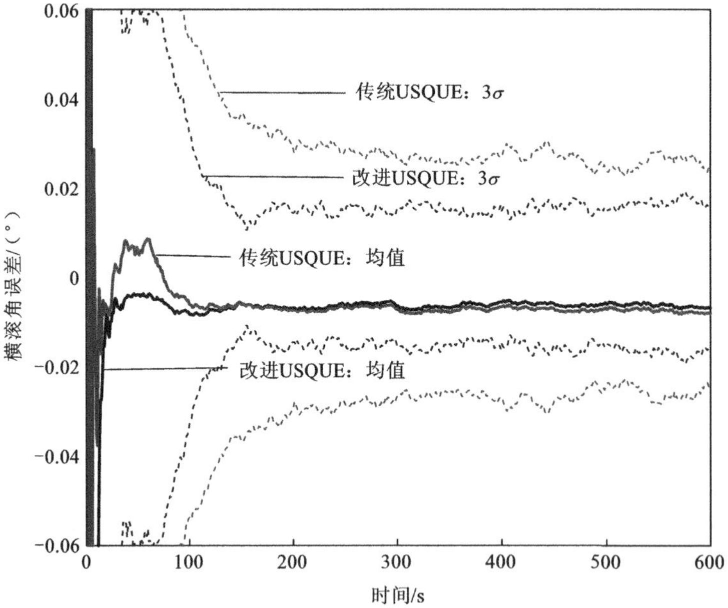

图 7.6　大失准角下横滚角估计误差及 3σ 曲线

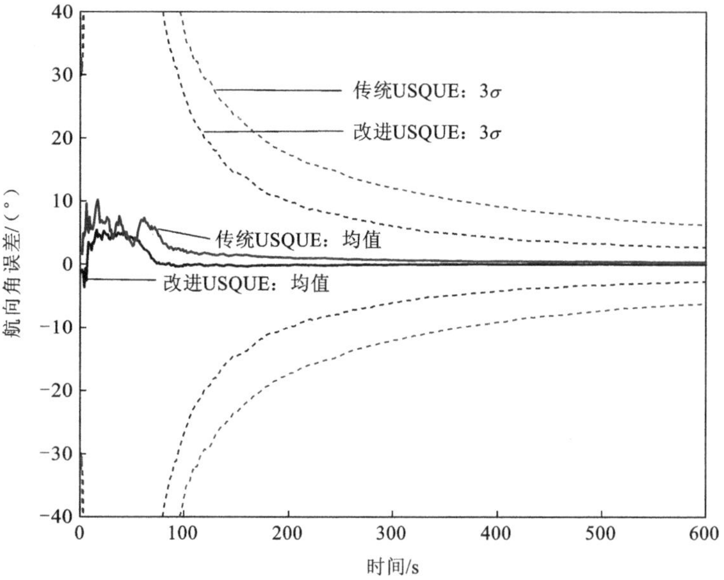

图 7.7　大失准角下航向角估计误差及 3σ 曲线

从图 7.2～图 7.7 可以看出：当初始姿态误差较小时，改进 USQUE 算法与传统算法精度相当，这是因为 EKF 线性化状态传递精度较高，使用 UT 方法对其改进的空间不大；但是当初始姿态误差较大时，由于 EKF 线性化状态传递会引入较大的近似误差，使用 UT 对其改进的效果非常明显，从滤波的精度及有效性等方面，改进算法较传统算法都有明显的提高。将姿态估计均值及其 3σ 后 60 s 的数据求平均（滤波算法已经收敛，对一段数据求平均是为了消除振荡性干扰），结果如表 7.1 所示。从表中也可以明显看出改进算法在初始姿态误差较大情况下的优势。

表 7.1　最后 60 s 姿态估计误差均值及其 3σ

初始条件	滤波算法	USQUE		改进 USQUE	
	估计量	均值	3σ	均值	3σ
小初始姿态误差角	俯仰角	0.006 3	0.012 0	0.006 2	0.012 0
	横滚角	−0.005 5	0.012 6	−0.005 5	0.012 7
	航向角	−0.044 3	1.231 8	−0.052 1	1.244 2
大初始姿态误差角	俯仰角	0.007 2	0.026 2	0.006 5	0.014 3
	横滚角	−0.007 7	0.026 6	−0.006 5	0.017 0
	航向角	0.335 2	6.456 9	−0.011 4	2.823 6

7.3 基于边缘采样的 USQUE 算法

虽然基于惯性导航基本方程的状态模型相对于传统的基于误差方程的状态模型具有明显的精度优势，但是计算量大是该模型的一个突出缺点。从 7.1.2 小节中可以看到，USQUE 算法的计算量主要集中在 sigma 点在惯性导航基本方程的传递中，在每步滤波中有多少个 sigma 点就需要进行多少次惯性导航解算。本节选取的状态为 15 维，如果采用传统 UKF 中 sigma 点的采样方法，那么就有 31 个 sigma 点，也就是说，在每步滤波过程中需要进行 31 次惯性导航解算，从而导致计算量倍增。当然，可以选择 sigma 点数量少的降阶 UKF 算法，如基于球面最简 UT 的 UKF 算法，但是这些方法在降低计算量的同时也损失了部分滤波精度。通常情况下，非线性模型仅是状态中部分子集中的非线性函数，而其余状态子集则是线性的，这种非线性模型被称为部分线性模型。针对部分线性模型，Morelande 等提出了一种边缘 UT（MUT）方法使得 sigma 点的采样数量只与状态中非线性子集部分有关[6-7]。这种方法在减少 sigma 点数量的同时能够保持常规采样下的滤波精度。本节将对 MUT 在 USQUE 算法中直接应用存在的问题展开研究，提出一种基于惯性导航基本方程近似模型的简化 USQUE 算法，在保持原有算法精度的前提下显著降低算法计算量[8]。

7.3.1 基于边缘采样的 UT

具有如下形式的非线性模型被称为部分线性模型：

$$\boldsymbol{y}=\boldsymbol{g}(\boldsymbol{x})=\boldsymbol{g}_1(\boldsymbol{a})+\boldsymbol{g}_2(\boldsymbol{a})\cdot\boldsymbol{b} \tag{7.39}$$

式中：$\boldsymbol{x}=[\boldsymbol{a}^{\mathrm{T}}\quad\boldsymbol{b}^{\mathrm{T}}]^{\mathrm{T}}\in\boldsymbol{R}^n$ 为 n 维的状态量（$\boldsymbol{a}\in\boldsymbol{R}^{n_a}$ 和 $\boldsymbol{b}\in\boldsymbol{R}^{n_b}$ 分别为状态的两个子集，且 $n_a+n_b=n$）；$\boldsymbol{g}_1(\cdot)$ 为 $\boldsymbol{a}$ 的非线性函数；$\boldsymbol{g}_2(\cdot)$ 为 $\boldsymbol{a}$ 的线性或非线性函数。对于具有这种结构的非线性函数 $\boldsymbol{g}(x)$，$\boldsymbol{a}$ 是其非线性状态子集，$\boldsymbol{b}$ 是其线性状态子集。

状态 $\boldsymbol{x}$ 分解形式的均值和方差分别为

$$\hat{\boldsymbol{x}}=E[\boldsymbol{x}]=E\begin{bmatrix}\boldsymbol{a}\\\boldsymbol{b}\end{bmatrix}=\begin{bmatrix}\hat{\boldsymbol{a}}\\\hat{\boldsymbol{b}}\end{bmatrix} \tag{7.40}$$

$$\boldsymbol{P}_x=\begin{bmatrix}\mathrm{cov}(\boldsymbol{a},\boldsymbol{a}) & \mathrm{cov}(\boldsymbol{a},\boldsymbol{b})\\\mathrm{cov}(\boldsymbol{b},\boldsymbol{a}) & \mathrm{cov}(\boldsymbol{b},\boldsymbol{b})\end{bmatrix}=\begin{bmatrix}\boldsymbol{P}_a & \boldsymbol{P}_{ab}\\\boldsymbol{P}_{ba} & \boldsymbol{P}_b\end{bmatrix} \tag{7.41}$$

根据文献[9]的证明，状态子集 $\boldsymbol{b}$ 相对于 $\boldsymbol{a}$ 的条件概率服从 Gauss 分布，即

$$p(\boldsymbol{b}|\boldsymbol{a}) = N(\boldsymbol{b}|\boldsymbol{\zeta}_b(\boldsymbol{a}),\boldsymbol{\varXi}) \tag{7.42}$$

式中：

$$\boldsymbol{\zeta}_b(\boldsymbol{a}) = \hat{\boldsymbol{b}} + \boldsymbol{P}_{ba}\boldsymbol{P}_a^{-1}(\boldsymbol{a}-\hat{\boldsymbol{a}}) \tag{7.43}$$

$$\boldsymbol{\varXi} = \boldsymbol{P}_b - \boldsymbol{P}_{ba}\boldsymbol{P}_a^{-1}\boldsymbol{P}_{ab} \tag{7.44}$$

根据统计学理论，传递变量 $\boldsymbol{y}$ 的条件均值为

$$\hat{\boldsymbol{y}} = \int \boldsymbol{g}(\boldsymbol{x})\cdot p(\boldsymbol{x})\mathrm{d}\boldsymbol{x} = \iint[\boldsymbol{g}_1(\boldsymbol{a})+\boldsymbol{g}_2(\boldsymbol{a})\cdot\boldsymbol{b}]\cdot p(\boldsymbol{b}|\boldsymbol{a})\cdot p(\boldsymbol{a})\mathrm{d}\boldsymbol{b}\mathrm{d}\boldsymbol{a} \tag{7.45}$$

将式（7.42）代入式（7.45）可得

$$\hat{\boldsymbol{y}} = \int[\boldsymbol{g}_1(\boldsymbol{a})+\boldsymbol{g}_2(\boldsymbol{a})\cdot\boldsymbol{\zeta}_b(\boldsymbol{a})]\cdot p(\boldsymbol{a})\mathrm{d}\boldsymbol{a} \tag{7.46}$$

定义如下形式的非线性函数：

$$\boldsymbol{\psi}(\boldsymbol{a}) = \boldsymbol{g}_1(\boldsymbol{a})+\boldsymbol{g}_2(\boldsymbol{a})\cdot\boldsymbol{\zeta}_b(\boldsymbol{a}) \tag{7.47}$$

传递变量 $\boldsymbol{y}$ 的方差为

$$\begin{aligned}\boldsymbol{P}_y &= \int(\boldsymbol{y}-\hat{\boldsymbol{y}})(\boldsymbol{y}-\hat{\boldsymbol{y}})^{\mathrm{T}}\cdot p(\boldsymbol{x})\mathrm{d}\boldsymbol{x}\\ &= \iint[\boldsymbol{g}(\boldsymbol{x})-\hat{\boldsymbol{y}}][\boldsymbol{g}(\boldsymbol{x})-\hat{\boldsymbol{y}}]^{\mathrm{T}}\cdot p(\boldsymbol{b}|\boldsymbol{a})\cdot p(\boldsymbol{a})\mathrm{d}\boldsymbol{b}\mathrm{d}\boldsymbol{a}\\ &= \int\{[\boldsymbol{\psi}(\boldsymbol{a})-\hat{\boldsymbol{y}}][\boldsymbol{\psi}(\boldsymbol{a})-\hat{\boldsymbol{y}}]^{\mathrm{T}}+\boldsymbol{g}_2(\boldsymbol{a})\boldsymbol{\varXi}\boldsymbol{g}_2(\boldsymbol{a})^{\mathrm{T}}\}\cdot p(\boldsymbol{a})\mathrm{d}\boldsymbol{a}\end{aligned} \tag{7.48}$$

变量 $\boldsymbol{x}$ 与 $\boldsymbol{y}$ 的协方差为

$$\begin{aligned}\boldsymbol{P}_{xy} &= \int(\boldsymbol{x}-\hat{\boldsymbol{x}})(\boldsymbol{y}-\hat{\boldsymbol{y}})^{\mathrm{T}}\cdot p(\boldsymbol{x})\mathrm{d}\boldsymbol{x}\\ &= \iint\left(\begin{bmatrix}\boldsymbol{a}\\ \boldsymbol{b}\end{bmatrix}-\hat{\boldsymbol{x}}\right)[\boldsymbol{g}(\boldsymbol{x})-\hat{\boldsymbol{y}}]^{\mathrm{T}}\cdot p(\boldsymbol{b}|\boldsymbol{a})\cdot p(\boldsymbol{a})\mathrm{d}\boldsymbol{b}\mathrm{d}\boldsymbol{a}\\ &= \int\left[\left(\begin{bmatrix}\boldsymbol{a}\\ \boldsymbol{\zeta}_b(\boldsymbol{a})\end{bmatrix}-\hat{\boldsymbol{x}}\right)[\boldsymbol{\psi}(\boldsymbol{a})-\hat{\boldsymbol{y}}]^{\mathrm{T}}+\begin{bmatrix}\boldsymbol{0}\\ \boldsymbol{\varXi}\boldsymbol{g}_2(\boldsymbol{a})^{\mathrm{T}}\end{bmatrix}\right]\cdot p(\boldsymbol{a})\mathrm{d}\boldsymbol{a}\end{aligned} \tag{7.49}$$

由于状态量 $\boldsymbol{x}$ 服从 Gauss 分布，其子集 $\boldsymbol{a}$ 也符合 Gauss 分布，即

$$p(\boldsymbol{a}) = N(\boldsymbol{a}|\hat{\boldsymbol{a}},\boldsymbol{P}_a) \tag{7.50}$$

式（7.46）和式（7.49）中积分项的形式是一种典型的“非线性方程×Gauss 密度”，因此可以采用 UT 方法对其进行近似求解[10-11]。由于式（7.46）和式（7.49）中的积分项仅是 $\boldsymbol{a}$ 的非线性方程和概率密度函数，只需对状态子集 $\boldsymbol{a}$ 进行采样，即

$$\boldsymbol{\chi}(i) = \mathrm{sigma}(\hat{\boldsymbol{a}},\boldsymbol{P}_a) \tag{7.51}$$

式（7.51）中 sigma 点的数量只与 $\boldsymbol{a}$ 的维数有关，如果采用传统 UKF 中的对称采样方法，那么 $i=0,1,2,\cdots,2n_a$。通过式（7.51）中的 sigma 点采用 UT 方法计算的近似传递均值、方差和协方差分别为

$$\hat{\boldsymbol{y}}=\sum_{i=0}^{2n_a}\boldsymbol{w}(i)\boldsymbol{\psi}[\boldsymbol{\chi}(i)] \tag{7.52}$$

$$\boldsymbol{P}_y=\sum_{i=0}^{2n_a}\boldsymbol{w}(i)\{\{\boldsymbol{\psi}[\boldsymbol{\chi}(i)]-\hat{\boldsymbol{y}}\}\{\boldsymbol{\psi}[\boldsymbol{\chi}(i)]-\hat{\boldsymbol{y}}\}^{\mathrm{T}}+\boldsymbol{g}_2[\boldsymbol{\chi}(i)]\boldsymbol{\Xi}\boldsymbol{g}_2[\boldsymbol{\chi}(i)]^{\mathrm{T}}\} \tag{7.53}$$

$$\boldsymbol{P}_{xy}=\sum_{i=0}^{2n_a}\boldsymbol{w}(i)\left[\left(\begin{bmatrix}\boldsymbol{\chi}(i)\\ \boldsymbol{\zeta}_b[\boldsymbol{\chi}(i)]\end{bmatrix}-\hat{\boldsymbol{x}}\right)[\boldsymbol{\xi}(i)-\hat{\boldsymbol{y}}]^{\mathrm{T}}+\begin{bmatrix}\boldsymbol{0}\\ \boldsymbol{\Xi}\boldsymbol{g}_2[\boldsymbol{\chi}(i)]^{\mathrm{T}}\end{bmatrix}\right] \tag{7.54}$$

MUT 处理部分线性状态的思想非常类似于粒子滤波中的 Rao-Blackwellization 方法。该方法将状态空间中条件线性 Gauss 部分用 Kalman 滤波进行推演，而将非线性、非 Gauss 部分进行粒子滤波推演。MUT 中采样的方法与该方法中状态分解、模型简化及数据扩展等处理方式非常类似，而该方法本质上是一种边缘化（marginalization）方法，因此这种 UT 方法被称为 MUT 方法。

在 MUT 中计算与传递的 sigma 点数量为 $2n_a$（传统对称采样方法），而常规 UT 中则为 $2n$。然而在 sigma 点采样方面，MUT 对计算量的降低并不是很明显，因为在 MUT 中产生 sigma 点时涉及矩阵求逆计算，即式（7.43）和式（7.44）。但是可以预期，对于 sigma 点传递计算量非常大同时状态空间中线性子集较多的系统模型，MUT 对其计算量的降低将非常可观，而这正是对基于惯性导航基本方程组合导航模型的期望。

7.3.2 惯性导航基本方程的部分线性近似

根据部分线性模型的定义，分析现有的惯性导航基本方程（7.1）可以发现，它只对加速度计常值零偏是部分线性的（虽然陀螺常值漂移的状态方程是线性的，但是其与姿态四元数在姿态更新方程中的耦合使其不能被分离出来）。因此，直接将 MUT 应用于现有状态模型下的 USQUE 算法，对计算量的降低效果不是非常明显。通过分析惯性导航基本方程（7.1）可以发现：现有状态模型对速度和位置的非线性仅是通过 $\boldsymbol{\omega}_{\mathrm{ie}}^{\mathrm{n}}$、$\boldsymbol{\omega}_{\mathrm{en}}^{\mathrm{n}}$、$\boldsymbol{R}_{\mathrm{c}}$ 引入的；陀螺常值漂移是通过其自身在姿态更新方程中引入的。$\boldsymbol{\omega}_{\mathrm{ie}}^{\mathrm{n}}$、$\boldsymbol{\omega}_{\mathrm{en}}^{\mathrm{n}}$、$\boldsymbol{R}_{\mathrm{c}}$ 的变化是由载体速度和位置的变化引起的，然而对高更新频率的捷联式惯性导航而言，速度和位置在一个惯性导航采样周期内的变化是非常小的。因此有理由相信，将 $\boldsymbol{\omega}_{\mathrm{ie}}^{\mathrm{n}}$、$\boldsymbol{\omega}_{\mathrm{en}}^{\mathrm{n}}$、$\boldsymbol{R}_{\mathrm{c}}$ 用其前一时刻的估计值近似为常值是合适的，即

$$\boldsymbol{\omega}_{\mathrm{ie},k-1}^{\mathrm{n}} \approx \hat{\boldsymbol{\omega}}_{\mathrm{ie},k-1}^{\mathrm{n}} = [\boldsymbol{0} \quad \boldsymbol{\omega}_{\mathrm{ie}} \cos \hat{\boldsymbol{L}}_{k-1} \quad \boldsymbol{\omega}_{\mathrm{ie}} \sin \hat{\boldsymbol{L}}_{k-1}] \tag{7.55}$$

$$\boldsymbol{\omega}_{\mathrm{en},k-1}^{\mathrm{n}} \approx \hat{\boldsymbol{\omega}}_{\mathrm{en},k-1}^{\mathrm{n}} = \begin{bmatrix} -\hat{\boldsymbol{v}}_{\mathrm{N},k-1} \big/ (R_{\mathrm{M}} + \hat{h}_{k-1}) \\ \hat{\boldsymbol{v}}_{\mathrm{E},k-1} \big/ (R_{\mathrm{N}} + \hat{h}_{k-1}) \\ \hat{\boldsymbol{v}}_{\mathrm{E},k-1|k-1}^{\mathrm{n}} \tan \hat{L}_{k-1} \big/ (R_{\mathrm{N}} + \hat{h}_{k-1}) \end{bmatrix} \tag{7.56}$$

$$\boldsymbol{R}_{\mathrm{c},k-1} \approx \hat{\boldsymbol{R}}_{\mathrm{c},k-1} = \begin{bmatrix} 1\big/[(R_{\mathrm{N}} + \hat{h}_{k-1}) \cos \hat{L}_{k-1}] & 0 & 0 \\ 0 & 1\big/(R_{\mathrm{M}} + \hat{h}_{k-1}) & 0 \\ 0 & 0 & 1 \end{bmatrix} \tag{7.57}$$

同理，陀螺常值漂移也可以由其前一时刻的估计值进行近似：

$$\boldsymbol{\varepsilon}_{k-1}^{\mathrm{b}} \approx \hat{\boldsymbol{\varepsilon}}_{k-1}^{\mathrm{b}} \tag{7.58}$$

相应地，有

$$\boldsymbol{\omega}_{\mathrm{nb},k-1}^{\mathrm{b}} \approx \hat{\boldsymbol{\omega}}_{\mathrm{nb},k-1}^{\mathrm{b}} = (\tilde{\boldsymbol{\omega}}_{\mathrm{ib},k-1}^{\mathrm{b}} - \hat{\boldsymbol{\varepsilon}}_{k-1}^{\mathrm{b}}) - \boldsymbol{C}(\boldsymbol{q}_{\mathrm{b},k-1}^{\mathrm{n}})^{\mathrm{T}} (\hat{\boldsymbol{\omega}}_{\mathrm{ie}}^{\mathrm{n}} + \hat{\boldsymbol{\omega}}_{\mathrm{en},k-1}^{\mathrm{n}}) \tag{7.59}$$

经过式（7.55）～式（7.59）的近似，惯性导航基本方程现在仅是姿态四元数的非线性函数。记

$$\boldsymbol{x}_{k-1} = [\boldsymbol{x}_{k-1}^{q\mathrm{T}} \quad \boldsymbol{x}_{k-1}^{e\mathrm{T}}]^{\mathrm{T}}$$

式中：$\boldsymbol{x}_{k-1}^{q}$ 为状态中的姿态子集；$\boldsymbol{x}_{k-1}^{e}$ 为姿态以外的状态子集。则惯性导航基本方程（7.1）对应的离散方程可以表示为如下部分线性形式：

$$\boldsymbol{x}_k = \boldsymbol{g}_1(\boldsymbol{x}_{k-1}^{q}) + \boldsymbol{g}_2(\boldsymbol{x}_{k-1}^{q}) \boldsymbol{x}_{k-1}^{e} \tag{7.60}$$

式中：

$$\boldsymbol{g}_1(\boldsymbol{x}_{k-1}^{q}) = \begin{bmatrix} \boldsymbol{\Omega}(\hat{\boldsymbol{\omega}}_{\mathrm{nb},k-1}^{\mathrm{b}}) \boldsymbol{q}_{\mathrm{b},k-1}^{\mathrm{n}} \\ [\boldsymbol{C}(\boldsymbol{q}_{\mathrm{b},k-1}^{\mathrm{n}}) \tilde{\boldsymbol{f}}_{k-1}^{\mathrm{b}} + \boldsymbol{g}^{\mathrm{n}}] \Delta t \\ \boldsymbol{0}_{9\times1} \end{bmatrix} \tag{7.61}$$

$$\boldsymbol{g}_2(\boldsymbol{x}_{k-1}^{q}) = \begin{bmatrix} \boldsymbol{0}_{4\times3} & \boldsymbol{0}_{4\times3} & \boldsymbol{0}_{4\times3} & \boldsymbol{0}_{4\times3} \\ \boldsymbol{I}_3 - \Delta t(2\boldsymbol{\omega}_{\mathrm{ie}}^{\mathrm{n}} + \hat{\boldsymbol{\omega}}_{\mathrm{en},k-1}^{\mathrm{n}}) \times & \boldsymbol{0}_{3\times3} & \boldsymbol{0}_{3\times3} & -\boldsymbol{C}(\boldsymbol{q}_{\mathrm{b},k-1}^{\mathrm{n}}) \\ \hat{\boldsymbol{R}}_{\mathrm{c},k-1} \Delta t & \boldsymbol{I}_3 & \boldsymbol{0}_{3\times3} & \boldsymbol{0}_{3\times3} \end{bmatrix} \tag{7.62}$$

式(7.61)中的 $\boldsymbol{\Omega}$ 具体计算形式参照式(4.31)。这样惯性导航基本方程(7.1)近似为式（7.60）所示的部分线性形式，使得 MUT 在 USQUE 算法中的应用成为可能。由于模型（7.60）仅是姿态四元数的非线性方程，如果 MUT 能够成功应用于 USQUE 算法，那么每步滤波的 sigma 点数量将从原来的 31 个降为 7 个，这对计算量的降低非常有利。然而，USQUE 算法特殊的姿态及姿态误差双层传递结构使得 MUT 不能直接应用于 USQUE 算法中，接下来将给出解决方法。

7.3.3 边缘 USQUE 算法设计

将 $k-1$ 时刻状态的均值和方差分别表示为如下分解形式：

$$\hat{\boldsymbol{x}}_{k-1}=[\delta\hat{\boldsymbol{\mathfrak{R}}}^{\mathrm{T}} \quad \hat{\boldsymbol{v}}^{\mathrm{nT}} \quad \hat{\boldsymbol{p}}^{\mathrm{T}} \quad \hat{\boldsymbol{\varepsilon}}^{\mathrm{bT}} \quad \hat{\boldsymbol{\nabla}}^{\mathrm{bT}}|_{k-1}]^{\mathrm{T}}=[\delta\hat{\boldsymbol{\mathfrak{R}}}_{k-1} \quad \hat{\boldsymbol{x}}_{k-1}^{e}] \tag{7.63}$$

$$\boldsymbol{P}_{k-1}=\begin{bmatrix}\boldsymbol{P}_{\delta\mathfrak{R},k-1} & \boldsymbol{P}_{\delta\mathfrak{R}e,k-1}\\ \boldsymbol{P}_{e\delta\mathfrak{R},k-1} & \boldsymbol{P}_{e,k-1}\end{bmatrix} \tag{7.64}$$

式中：$\boldsymbol{P}_{\delta\mathfrak{R},k-1}$ 对应于状态中姿态子集的 3×3 矩阵。值得注意的是，式（7.63）中 $\delta\hat{\boldsymbol{\mathfrak{R}}}_{k-1}=\boldsymbol{0}_{3\times1}$。

对状态空间中的非线性子集即姿态部分进行 sigma 点采样：

$$\boldsymbol{\chi}_{k-1}^{\delta\mathfrak{R}}(i)=\mathrm{sigma}(\delta\hat{\boldsymbol{\mathfrak{R}}}_{k-1},\boldsymbol{P}_{\delta\mathfrak{R},k-1}) \tag{7.65}$$

将 sigma 点 $\boldsymbol{\chi}_{k-1}^{\delta\mathfrak{R}}(i)$ 经式（7.3）～式（7.5）变换为四元数对应的 sigma 点 $\boldsymbol{\chi}_{k-1}^{q}(i)$。根据式（7.47）和式（7.52），在 MUT 框架中传递的 sigma 点为

$$\boldsymbol{\chi}_{k|k-1}^{\#}(i)=\boldsymbol{g}_1[\boldsymbol{\chi}_{k-1}^{q}(i)]+\boldsymbol{g}_2[\boldsymbol{\chi}_{k-1}^{q}(i)]\boldsymbol{\zeta}_{\boldsymbol{x}_{k-1}^{e}}[\boldsymbol{\chi}_{k-1}^{\delta\mathfrak{R}}(i)] \tag{7.66}$$

式中：

$$\boldsymbol{\zeta}_{\boldsymbol{x}_{k-1}^{e}}[\boldsymbol{\chi}_{k-1}^{\delta\mathfrak{R}}(i)]=\hat{\boldsymbol{x}}_{k-1|k-1}^{e}+\boldsymbol{P}_{e\delta\mathfrak{R},k-1}(\boldsymbol{P}_{\delta\mathfrak{R},k-1})^{-1}[\boldsymbol{\chi}_{k-1}^{\delta\mathfrak{R}}(i)-\boldsymbol{0}_{3\times1}] \tag{7.67}$$

值得注意的是，在式（7.66）中采用了两组 sigma 点并行传递的方式，而在传统的 MUT 中有且仅有一组 sigma 点传递。这主要是因为 USQUE 算法中状态模型对应的状态维数（而非滤波状态维数）与状态方差对应的维数不一致，状态模型中传递的 sigma 点与计算线性子集条件均值时所传递的 sigma 点必须采用不同的形式。在式（7.67）采用 $\boldsymbol{\chi}_{k-1}^{\delta\mathfrak{R}}(i)$ 的正当性解释如下：根据式（7.43），在计算线性子集条件均值时需要计算非线性子集的估计误差，部分线性模型（7.60）的非线性部分是姿态（四元数），而姿态误差既可以用四元数表示，也可以用 MRP 表示，即二者是等价的。由式（7.5）可得每一个四元数 sigma 点的误差为

$$\delta\boldsymbol{\chi}_{k-1}^{q}(i)=\boldsymbol{\chi}_{k-1}^{q}(i)\otimes(\hat{\boldsymbol{q}}_{\mathrm{b},k-1}^{\mathrm{n}})^{-1}=[\boldsymbol{\chi}_{k-1}^{\delta q}(i)\otimes\hat{\boldsymbol{q}}_{\mathrm{b},k-1}^{\mathrm{n}}]\otimes(\hat{\boldsymbol{q}}_{\mathrm{b},k-1}^{\mathrm{n}})^{-1}=\boldsymbol{\chi}_{k-1}^{\delta q}(i) \tag{7.68}$$

由于 $\boldsymbol{\chi}_{k-1}^{\delta q}(i)$ 和 $\boldsymbol{\chi}_{k-1}^{\delta\mathfrak{R}}(i)$ 表示同一参量，用 $\boldsymbol{\chi}_{k-1}^{\delta\mathfrak{R}}(i)$ 替代 $\boldsymbol{\chi}_{k-1}^{q}(i)\otimes\hat{\boldsymbol{q}}_{k-1}^{-1}$ 即 $\boldsymbol{\chi}_{k-1}^{\delta q}(i)$ 在式（7.67）中传递是正当的。

将传递后的 sigma 点 $\boldsymbol{\chi}_{k|k-1}^{\#}$ 表示成分解形式，即

$$\boldsymbol{\chi}_{k|k-1}^{\#}=[\boldsymbol{\chi}_{k|k-1}^{q} \quad \boldsymbol{\chi}_{k|k-1}^{e}] \tag{7.69}$$

采用四元数平均算法计算四元数预测均值及相应的四元数误差传递 sigma 点：

$$\boldsymbol{\chi}_{k|k-1}^{\delta \boldsymbol{q}} = \boldsymbol{\chi}_{k|k-1}^{\boldsymbol{q}} \otimes (\hat{\boldsymbol{q}}_{\mathrm{b},k|k-1}^{\mathrm{n}})^{-1} \tag{7.70}$$

式中：

$$\hat{\boldsymbol{q}}_{\mathrm{b},k|k-1}^{\mathrm{n}} = \arg\max_{\boldsymbol{q}\in S^3} \boldsymbol{q}^{\mathrm{T}} \boldsymbol{A}\boldsymbol{q} \tag{7.71}$$

$$\boldsymbol{A} = \sum_{i=0}^{N_{\delta\mathfrak{R}}} \boldsymbol{w}(i)\boldsymbol{\chi}_{k|k-1}^{\boldsymbol{q}}(i)\cdot \boldsymbol{\chi}_{k|k-1}^{\boldsymbol{q}}(i)^{\mathrm{T}} \tag{7.72}$$

式中：$N_{\delta\mathfrak{R}}$ 为式（7.65）中 sigma 点采样总数量；$\boldsymbol{w}(i)$ 为 sigma 点对应的权值。

通过式（7.8）～式（7.11）计算滤波状态的预测 sigma 点 $\boldsymbol{\chi}_{k|k-1}(i)$，注意式（7.8）中的 $\boldsymbol{\chi}_{k|k-1}^{\boldsymbol{q}}(0)$ 应换为式（7.71）中计算得到的 $\hat{\boldsymbol{q}}_{\mathrm{b},k|k-1}^{\mathrm{n}}$。$\boldsymbol{\chi}_{k|k-1}(i)$ 的预测均值为

$$\hat{\boldsymbol{x}}_{k|k-1} = \sum_{i=0}^{N_{\delta\mathfrak{R}}} \boldsymbol{w}(i)\boldsymbol{\chi}_{k|k-1}(i) \tag{7.73}$$

根据式（7.54）可知，在 MUT 中计算状态预测方差时需要对线性状态子集的条件方差进行线性传递。由于在 USQUE 算法中状态方差的维数为 15×15，而模型（7.60）中线性转移矩阵 $\boldsymbol{g}_2$ 的维数为 16×12，不能直接采用 $\boldsymbol{g}_2$ 通过式（7.53）进行方差预测。通过分析发现，模型（7.60）中线性转移矩阵 $\boldsymbol{g}_2$ 对应于姿态传递部分的子集 $\boldsymbol{g}_2$（1∶4，1∶12）全部为零，也就是说，姿态更新方程与状态空间中的线性子集是不相关的。因此，可以直接采用如下降阶形式的线性转移矩阵来解决维数不一致问题：

$$\tilde{\boldsymbol{g}}_2(\boldsymbol{x}_{k-1}^{\boldsymbol{q}}) = \begin{bmatrix} \boldsymbol{0}_{3\times3} & \boldsymbol{0}_{3\times3} & \boldsymbol{0}_{3\times3} & \boldsymbol{0}_{3\times3} \\ \boldsymbol{I}_3 - \Delta t(2\boldsymbol{\omega}_{\mathrm{ie}}^{\mathrm{n}} + \hat{\boldsymbol{\omega}}_{\mathrm{en},k-1}^{\mathrm{n}})\times & \boldsymbol{0}_{3\times3} & \boldsymbol{0}_{3\times3} & -\boldsymbol{C}(\boldsymbol{q}_{\mathrm{b},k-1}^{\mathrm{n}}) \\ \hat{\boldsymbol{R}}_{\mathrm{c},k-1}\Delta t & \boldsymbol{I}_3 & \boldsymbol{0}_{3\times3} & \boldsymbol{0}_{3\times3} \end{bmatrix} \tag{7.74}$$

故相应的状态预测方差为

$$\boldsymbol{P}_{k|k-1} = \sum_{i=0}^{N_{\delta\mathfrak{R}}} \boldsymbol{w}(i)[\boldsymbol{\chi}_{k|k-1}(i) - \hat{\boldsymbol{x}}_{k|k-1}][\boldsymbol{\chi}_{k|k-1}(i) - \hat{\boldsymbol{x}}_{k|k-1}]^{\mathrm{T}} + \tilde{\boldsymbol{g}}_2\boldsymbol{\Xi}_{k-1}\tilde{\boldsymbol{g}}_2^{\mathrm{T}} + \boldsymbol{Q}_{k-1} \tag{7.75}$$

式中：

$$\boldsymbol{\Xi}_{k-1} = \boldsymbol{P}_{\mathrm{e},k-1} - \boldsymbol{P}_{\mathrm{e}\delta\mathfrak{R},k-1}\boldsymbol{P}_{\delta\mathfrak{R},k-1}^{-1}\boldsymbol{P}_{\delta\mathfrak{R}\mathrm{e},k-1} \tag{7.76}$$

至此，完成了 MUT 在 USQUE 算法时间更新过程中的应用，然后就可以按照传统的 USQUE 算法完成量测更新和姿态更新了（在姿态更新中，式（7.20）中的 $\boldsymbol{\chi}_{k|k-1}^{\boldsymbol{q}}(0)$ 需要换成 $\hat{\boldsymbol{q}}_{\mathrm{b},k|k-1}^{\mathrm{n}}$，即 7.2 节中所研究的改进 USQUE 算法）。将本小节提出的改进算法称为边缘 USQUE（MUSQUE）算法。

7.3.4 实验研究

为了验证所提出的 MUSQUE 算法的有效性，进行车载动态导航实验。实验中使用高精度激光捷联式惯性导航系统的输出数据，其中激光陀螺漂移约为 0.007°/h，加速度计零偏约为 $5\times10^{-5}\,g$，捷联式惯性导航的更新率为 125 Hz。选取实验中 30 min 的动态数据对 MUSQUE 算法和 USQUE 算法的滤波效果进行实验验证，这 30 min 内的行车轨迹如图 7.8 所示。

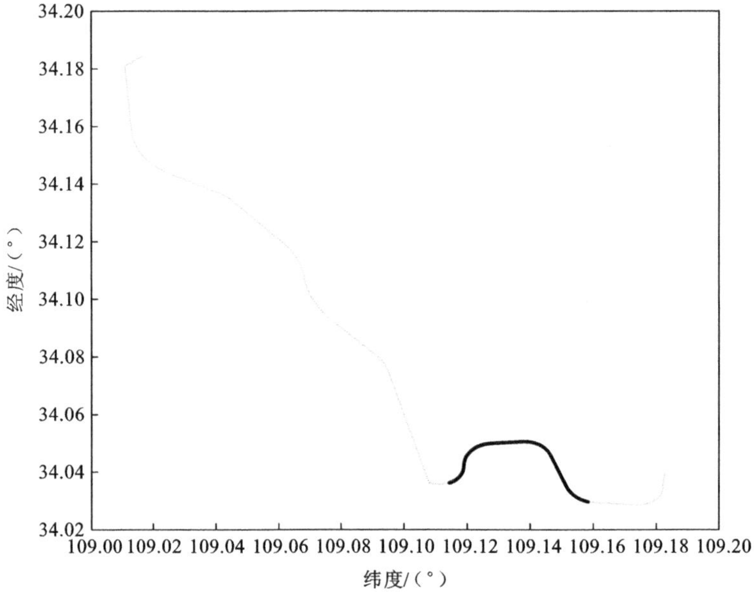

图 7.8　车载实验运动轨迹（图中加粗的数据段用于后续的初始对准验证）

首先进行基于惯性导航基本方程的直接式组合导航实验。值得指出的是，如果采用基于惯性导航基本方程的直接式滤波，初始对准与组合导航本质上是一致的，其区别仅仅在于姿态初始值的不同，即采用惯性导航基本方程作为滤波状态可以统一初始对准与组合导航两个过程。

进入该段数据组合导航之前已进行过初始对准与标定。USQUE 算法和 MUSQUE 算法中滤波状态初始值都选取为各状态量的真实值，对应的初始方差为

$$\operatorname{diag}\left\{\left[\left(\frac{5\cdot\pi}{180}\right)^2\boldsymbol{I}_3\quad(0.1\,\mathrm{m/s})^2\boldsymbol{I}_3\quad(0.1\,\mathrm{m})^2\boldsymbol{I}_3\quad(0.01^\circ/\mathrm{h})^2\boldsymbol{I}_3\quad(100\,\mu\mathrm{g})^2\boldsymbol{I}_3\right]\right\}$$

状态噪声和观测噪声方差与 7.2 节仿真实验中一致。车载组合导航实验结果如图 7.9～图 7.15 所示。

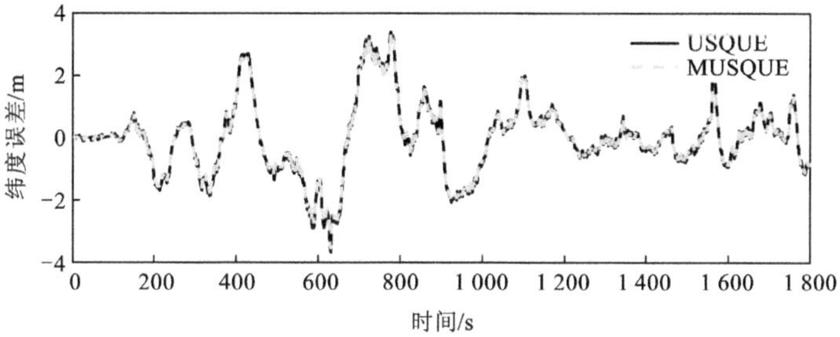

（a）纬度误差

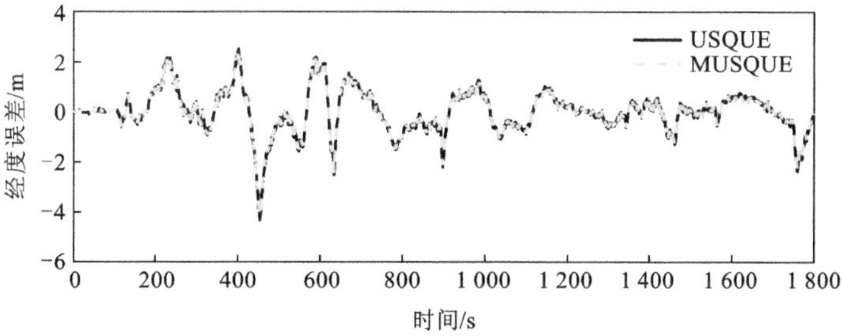

（b）经度误差

图 7.9　USQUE 算法和 MUSQUE 算法的位置估计误差

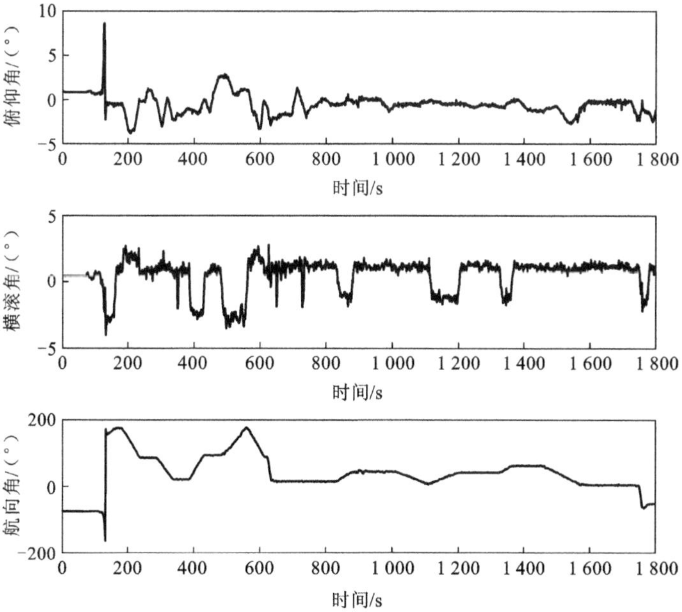

图 7.10　USQUE 算法姿态估计结果

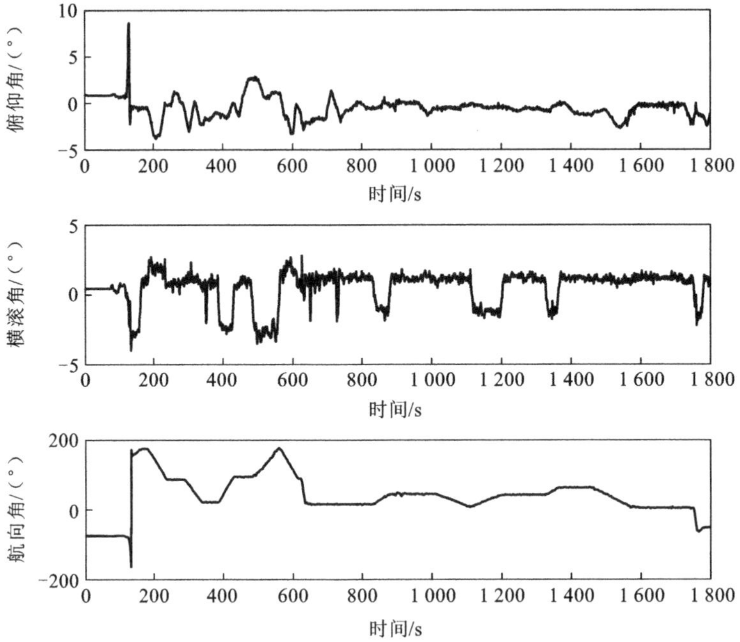

图 7.11　MUSQUE 算法姿态估计结果

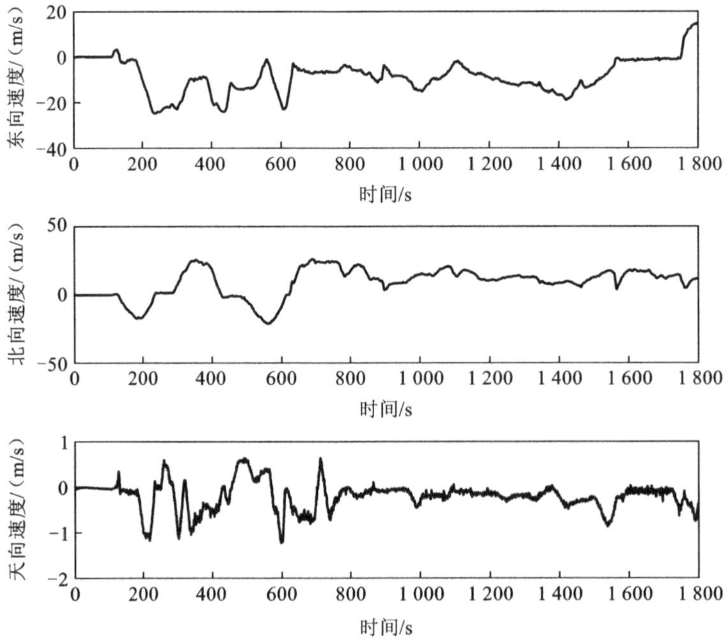

图 7.12　USQUE 算法速度估计结果

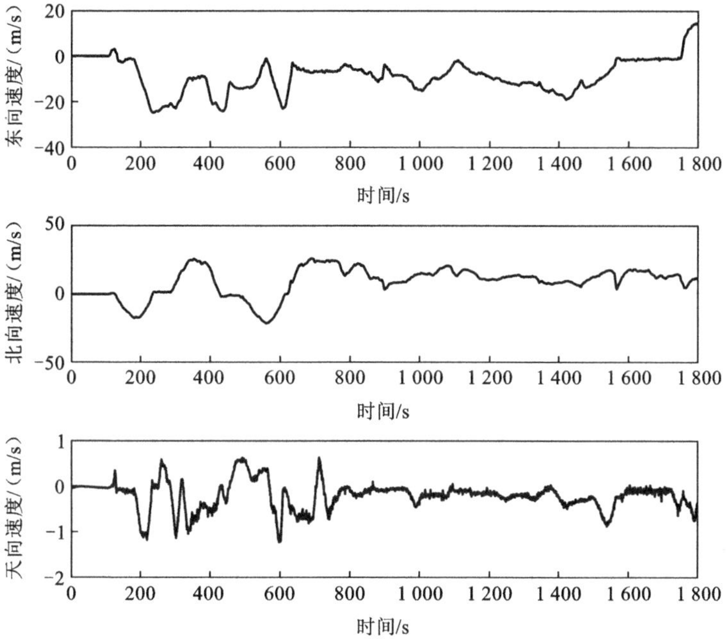

图 7.13　MUSQUE 算法速度估计结果

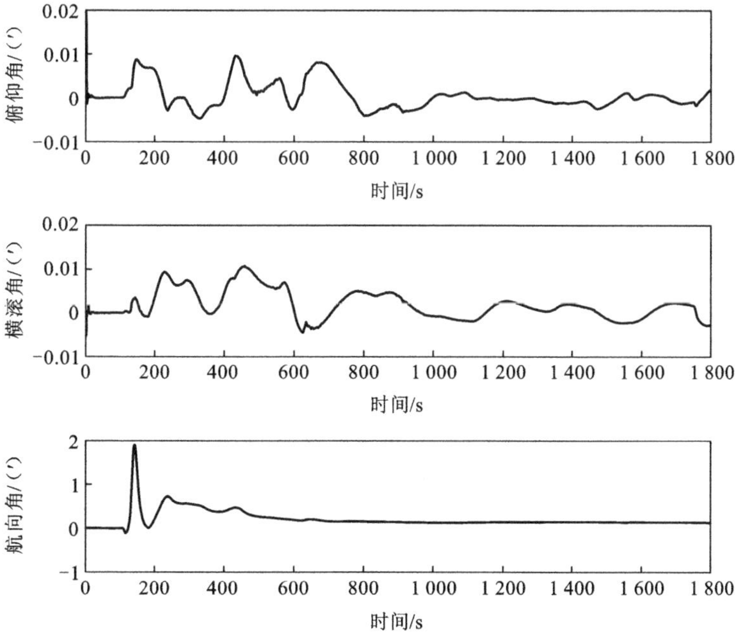

图 7.14　USQUE 算法与 MUSQUE 算法姿态估计之差

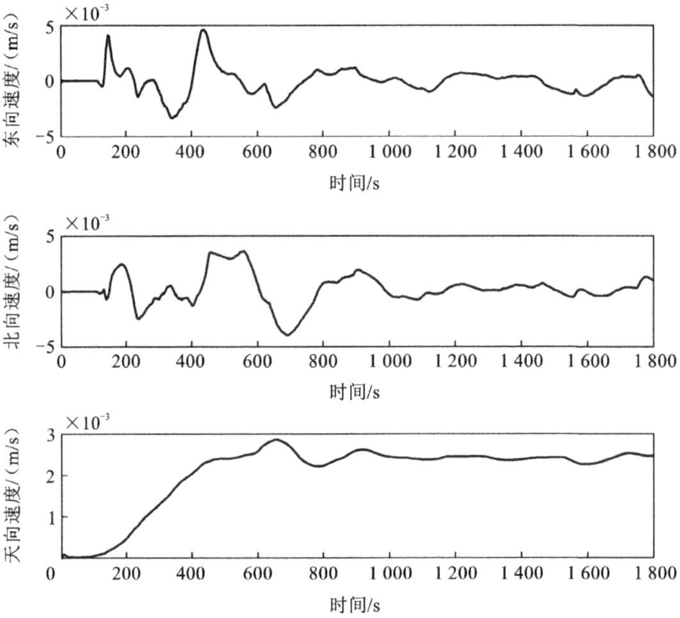

图 7.15 USQUE 算法与 MUSQUE 算法速度估计之差

从图 7.9～图 7.15 可以明显看出，两种方法精度基本相当，从而说明本节针对模型的近似及相应的滤波算法设计都是有效的。图 7.14 中航向角误差在 150～200 s 有一个较大的阶跃误差，这主要是因为载体姿态的剧烈变化所造成的，如图 7.10 和图 7.11 所示，在 150～200 s，载体航向从−140° 迅速变为 170°。这也是为什么在对基于惯性导航基本方程的状态模型进行简化时未对姿态四元数做处理，即载体姿态的变化可能比较剧烈，用前一时刻的估计值作近似会引入较大误差。

从图 7.12 和图 7.13 可以看出，载体速度变化比较平稳，相应的位置变化也比较平稳，从而 7.3.2 小节中对速度和位置相关的量作近似处理是合适的。在计算量方面，由于在 MUSQUE 算法每步滤波中只需要进行 7 次捷联式惯性导航解算，而 USQUE 算法中需要 31 次，MUSQUE 算法的计算量远远小于 USQUE 算法。在本次实验中，MUSQUE 算法的计算量约为 USQUE 算法的 39%。

为了进一步验证 MUSQUE 算法的有效性，对其在大失准角条件下动基座初始对准中的适应性进行实验研究。选取本组数据中 300～600 s 的数据段进行实验研究，该段数据估计如图 7.8 中加黑段数据所示，相应的参考姿态和速度由基于 USQUE 算法的组合导航提供，即图 7.10 和图 7.12 中相应时间段内的曲线。初始姿态误差选取为[10° 10° 30°]，相应的姿态初始方差选

取为 $\mathrm{diag}\left\{\left([10\quad 10\quad 30]\Big/\dfrac{3\cdot\pi}{180}\right)^2\right\}$，滤波中的其他参数与上述实验一致。两种滤波方法下三个姿态角的估计误差及3σ 分别如图 7.16 和图 7.17 所示。从图中可以看出，两种方法精度相当，同时估计误差都在各自 3σ 以内，从而说明 MUSQUE 算法也可以处理大失准角初始对准问题。

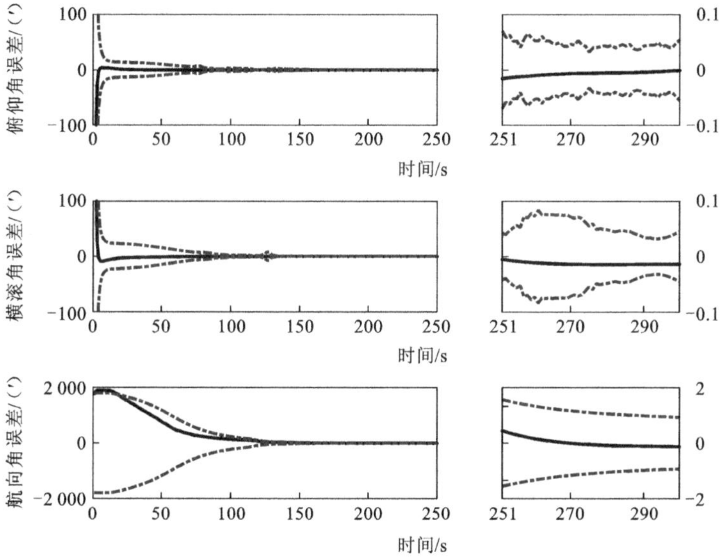

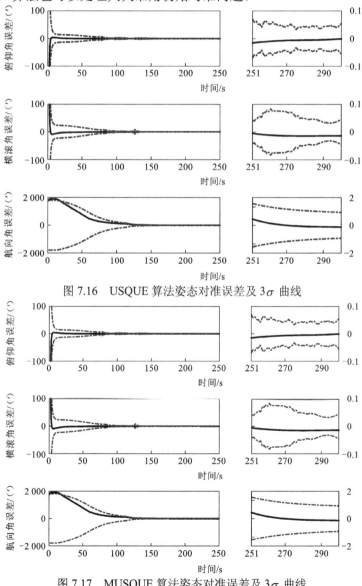

图 7.16　USQUE 算法姿态对准误差及 3σ 曲线

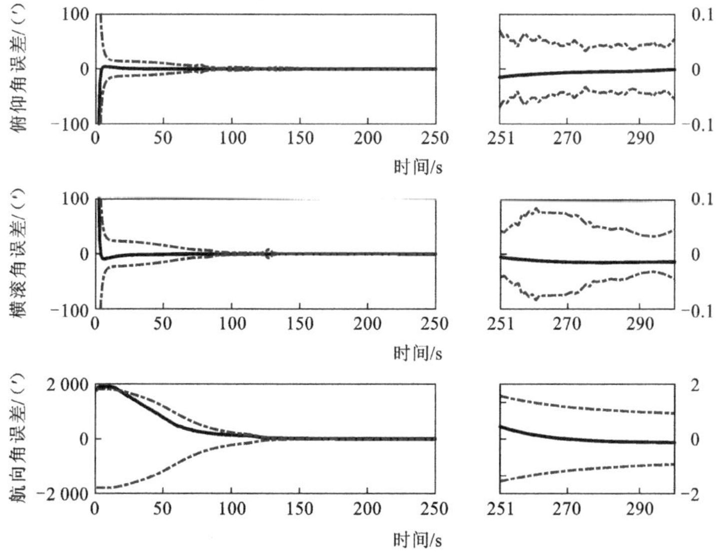

图 7.17　MUSQUE 算法姿态对准误差及 3σ 曲线

7.4 基于惯性导航基本方程的直接式 EKF 算法

7.1～7.3 节重点研究了 USQUE 算法，对于初始误差较小的情形，EKF 算法同样有较好的性能。那么直接式初始对准或组合导航 EKF 算法具体是什么形式呢？有学者认为，MEKF 算法就是直接式初始对准或组合导航中的 EKF 算法。事实上，这种观点是不对的。之所以会有直接式与间接式的区别，其本质原因是导航解算中用四维的四元数来表示三维的姿态角，这种维数不一致使得滤波设计阶段需要采用特殊的处理方式。如果通过误差方程来传递与更新三维姿态误差，那么相应的滤波为间接式；如果直接通过姿态解算方程来传递与更新姿态四元数，那么相应的滤波为直接式。通常可以通过判断是否需要利用惯性导航误差方程进行滤波来判断是何种滤波方式。本节将给出基于惯性导航基本方程的直接式 EKF 算法流程，并将在下一节明确 MEKF 算法间接式的本质。

7.4.1 基于惯性导航基本方程的 Jacobi 矩阵推导

直接式对准或滤波，就是利用惯性导航基本方程（7.1）作为滤波状态方程。对 EKF 算法而言，需要推导非线性状态方程的 Jacobi 矩阵用于传递状态方差。下面推导式（7.1）所对应的 Jacobi 矩阵。

针对式（7.1）中的模型，选取状态量

$$\boldsymbol{x}=[\boldsymbol{q}_{\mathrm{b}}^{\mathrm{nT}}\quad \boldsymbol{v}^{\mathrm{nT}}\quad \boldsymbol{p}^{\mathrm{nT}}\quad \boldsymbol{\varepsilon}^{\mathrm{bT}}\quad \boldsymbol{\nabla}^{\mathrm{bT}}]^{\mathrm{T}} \tag{7.77}$$

选取四元数作为姿态状态量是因为，它是不具奇异性的最小维数姿态表示方法。在推导式（7.1）的 Jacobi 矩阵之前，先对姿态微分方程进行改造。方向余弦矩阵形式的姿态微分方程可以改写为

$$\begin{aligned}\dot{\boldsymbol{C}}_{\mathrm{b}}^{\mathrm{n}}&=\boldsymbol{C}_{\mathrm{b}}^{\mathrm{n}}(\boldsymbol{\omega}_{\mathrm{nb}}^{\mathrm{b}}\times)=\boldsymbol{C}_{\mathrm{b}}^{\mathrm{n}}[(\boldsymbol{\omega}_{\mathrm{ib}}^{\mathrm{b}}-\boldsymbol{\omega}_{\mathrm{in}}^{\mathrm{b}})\times]=\boldsymbol{C}_{\mathrm{b}}^{\mathrm{n}}(\boldsymbol{\omega}_{\mathrm{ib}}^{\mathrm{b}}\times)-\boldsymbol{C}_{\mathrm{b}}^{\mathrm{n}}(\boldsymbol{\omega}_{\mathrm{in}}^{\mathrm{b}}\times)\\&=\boldsymbol{C}_{\mathrm{b}}^{\mathrm{n}}(\boldsymbol{\omega}_{\mathrm{ib}}^{\mathrm{b}}\times)-\boldsymbol{C}_{\mathrm{b}}^{\mathrm{n}}(\boldsymbol{\omega}_{\mathrm{in}}^{\mathrm{b}}\times)\boldsymbol{C}_{\mathrm{n}}^{\mathrm{b}}\boldsymbol{C}_{\mathrm{b}}^{\mathrm{n}}=\boldsymbol{C}_{\mathrm{b}}^{\mathrm{n}}(\boldsymbol{\omega}_{\mathrm{ib}}^{\mathrm{b}}\times)-(\boldsymbol{\omega}_{\mathrm{in}}^{\mathrm{n}}\times)\boldsymbol{C}_{\mathrm{b}}^{\mathrm{n}}\end{aligned} \tag{7.78}$$

其相应的四元数形式为

$$\boldsymbol{q}_{\mathrm{b}}^{\mathrm{n}}=\frac{1}{2}[\boldsymbol{q}_{\mathrm{b}}^{\mathrm{n}}\otimes(\tilde{\boldsymbol{\omega}}_{\mathrm{ib}}^{\mathrm{b}}-\boldsymbol{\varepsilon}^{\mathrm{b}})-\boldsymbol{\omega}_{\mathrm{in}}^{\mathrm{n}}\otimes\boldsymbol{q}_{\mathrm{b}}^{\mathrm{n}}] \tag{7.79}$$

四元数与三维角速度之间的乘法运算满足以下法则：

$$\boldsymbol{q}\otimes\boldsymbol{\omega}=\begin{bmatrix}-\boldsymbol{q}_{v}^{\mathrm{T}}\\ q_0\boldsymbol{I}_{3\times3}+(\boldsymbol{q}_{v}\times)\end{bmatrix}\boldsymbol{\omega}=\boldsymbol{\varXi}(\boldsymbol{q})\boldsymbol{\omega} \tag{7.80a}$$

$$\boldsymbol{q}\otimes\boldsymbol{\omega}=\begin{bmatrix}\mathbf{0} & -\boldsymbol{\omega}^{\mathrm{T}}\\ \boldsymbol{\omega} & -(\boldsymbol{\omega}\times)\end{bmatrix}\boldsymbol{q}=\boldsymbol{\Gamma}(\boldsymbol{\omega})\boldsymbol{q} \tag{7.80b}$$

$$\boldsymbol{\omega}\otimes\boldsymbol{q}=\begin{bmatrix}\mathbf{0} & -\boldsymbol{\omega}^{\mathrm{T}}\\ \boldsymbol{\omega} & (\boldsymbol{\omega}\times)\end{bmatrix}\boldsymbol{q}=\boldsymbol{\Omega}(\boldsymbol{\omega})\boldsymbol{q} \tag{7.80c}$$

上述运算法则有助于接下来推导相应的 Jacobi 矩阵。

根据所选取的状态量（7.77）及其微分方程（7.1），相应的 Jacobi 矩阵为

$$\boldsymbol{A}=\begin{bmatrix}\partial\dot{\boldsymbol{q}}_{\mathrm{b}}^{\mathrm{n}}/\partial\boldsymbol{q}_{\mathrm{b}}^{\mathrm{n}} & \partial\dot{\boldsymbol{q}}_{\mathrm{b}}^{\mathrm{n}}/\partial\boldsymbol{v}^{\mathrm{n}} & \partial\dot{\boldsymbol{q}}_{\mathrm{b}}^{\mathrm{n}}/\partial\boldsymbol{p}^{\mathrm{n}} & \partial\dot{\boldsymbol{q}}_{\mathrm{b}}^{\mathrm{n}}/\partial\boldsymbol{\varepsilon}^{\mathrm{b}} & \mathbf{0}_{4\times3}\\ \partial\dot{\boldsymbol{v}}^{\mathrm{n}}/\partial\boldsymbol{q}_{\mathrm{b}}^{\mathrm{n}} & \partial\dot{\boldsymbol{v}}^{\mathrm{n}}/\partial\boldsymbol{v}^{\mathrm{n}} & \partial\dot{\boldsymbol{v}}^{\mathrm{n}}/\partial\boldsymbol{p}^{\mathrm{n}} & \mathbf{0}_{3\times3} & \partial\dot{\boldsymbol{v}}^{\mathrm{n}}/\partial\boldsymbol{\nabla}^{\mathrm{b}}\\ \mathbf{0}_{3\times4} & \partial\dot{\boldsymbol{p}}^{\mathrm{n}}/\partial\boldsymbol{v}^{\mathrm{n}} & \partial\dot{\boldsymbol{p}}^{\mathrm{n}}/\partial\boldsymbol{p}^{\mathrm{n}} & \mathbf{0}_{3\times3} & \mathbf{0}_{3\times3}\\ \mathbf{0}_{3\times4} & \mathbf{0}_{3\times3} & \mathbf{0}_{3\times3} & \mathbf{0}_{3\times3} & \mathbf{0}_{3\times3}\\ \mathbf{0}_{3\times4} & \mathbf{0}_{3\times3} & \mathbf{0}_{3\times3} & \mathbf{0}_{3\times3} & \mathbf{0}_{3\times3}\end{bmatrix} \tag{7.81}$$

式（7.81）中第 1 行的偏微分具体形式为

$$\frac{\partial\dot{\boldsymbol{q}}_{\mathrm{b}}^{\mathrm{n}}}{\partial\boldsymbol{q}_{\mathrm{b}}^{\mathrm{n}}}=\boldsymbol{q}_{\mathrm{b}}^{\mathrm{n}}=\frac{1}{2}[\boldsymbol{\Gamma}(\tilde{\boldsymbol{\omega}}_{\mathrm{ib}}^{\mathrm{b}}-\boldsymbol{\varepsilon}^{\mathrm{b}})-\boldsymbol{\Omega}(\boldsymbol{\omega}_{\mathrm{in}}^{\mathrm{n}})] \tag{7.82a}$$

$$\frac{\partial\dot{\boldsymbol{q}}_{\mathrm{b}}^{\mathrm{n}}}{\partial\boldsymbol{v}^{\mathrm{n}}}=\frac{1}{2}\boldsymbol{\Xi}(\boldsymbol{q}_{\mathrm{b}}^{\mathrm{n}})\frac{\partial\boldsymbol{\omega}_{\mathrm{nb}}^{\mathrm{b}}}{\partial\boldsymbol{v}^{\mathrm{n}}}=-\frac{1}{2}\boldsymbol{\Xi}(\boldsymbol{q}_{\mathrm{b}}^{\mathrm{n}})\boldsymbol{C}(\boldsymbol{q}_{\mathrm{b}}^{\mathrm{n}})^{\mathrm{T}}\frac{\partial\boldsymbol{\omega}_{\mathrm{in}}^{\mathrm{n}}}{\partial\boldsymbol{v}^{\mathrm{n}}} \tag{7.82b}$$

$$\frac{\partial\dot{\boldsymbol{q}}_{\mathrm{b}}^{\mathrm{n}}}{\partial\boldsymbol{p}^{\mathrm{n}}}=\frac{1}{2}\boldsymbol{\Xi}(\boldsymbol{q}_{\mathrm{b}}^{\mathrm{n}})\frac{\partial\boldsymbol{\omega}_{\mathrm{nb}}^{\mathrm{b}}}{\partial\boldsymbol{p}^{\mathrm{n}}}=-\frac{1}{2}\boldsymbol{\Xi}(\boldsymbol{q}_{\mathrm{b}}^{\mathrm{n}})\boldsymbol{C}(\boldsymbol{q}_{\mathrm{b}}^{\mathrm{n}})^{\mathrm{T}}\frac{\partial\boldsymbol{\omega}_{\mathrm{in}}^{\mathrm{n}}}{\partial\boldsymbol{p}^{\mathrm{n}}} \tag{7.82c}$$

$$\frac{\partial\dot{\boldsymbol{q}}_{\mathrm{b}}^{\mathrm{n}}}{\partial\boldsymbol{\varepsilon}^{\mathrm{b}}}=-\frac{1}{2}\boldsymbol{\Xi}(\boldsymbol{q}_{\mathrm{b}}^{\mathrm{n}}) \tag{7.82d}$$

式中：

$$\frac{\partial\boldsymbol{\omega}_{\mathrm{in}}^{\mathrm{n}}}{\partial\boldsymbol{v}^{\mathrm{n}}}=\begin{bmatrix}0 & \dfrac{-1}{R_{\mathrm{M}}+h} & 0\\ \dfrac{1}{R_{\mathrm{N}}+h} & 0 & 0\\ \dfrac{\tan L}{R_{\mathrm{N}}+h} & 0 & 0\end{bmatrix} \tag{7.83a}$$

$$\frac{\partial\boldsymbol{\omega}_{\mathrm{in}}^{\mathrm{n}}}{\partial\boldsymbol{p}^{\mathrm{n}}}=\frac{\partial\boldsymbol{\omega}_{\mathrm{ie}}^{\mathrm{n}}}{\partial\boldsymbol{p}^{\mathrm{n}}}+\frac{\partial\boldsymbol{\omega}_{\mathrm{en}}^{\mathrm{n}}}{\partial\boldsymbol{p}^{\mathrm{n}}}=\begin{bmatrix}0 & 0 & \dfrac{v_{\mathrm{N}}}{(R_{\mathrm{M}}+h)^2}\\ -\omega_{\mathrm{ie}}\sin L & 0 & -\dfrac{v_{\mathrm{E}}}{(R_{\mathrm{N}}+h)^2}\\ \omega_{\mathrm{ie}}\cos L+\dfrac{v_{\mathrm{E}}\sec^2 L}{R_{\mathrm{N}}+h} & 0 & -\dfrac{v_{\mathrm{E}}\tan L}{(R_{\mathrm{N}}+h)^2}\end{bmatrix} \tag{7.83b}$$

当推导式（7.82a）时，用了式（7.79）、式（7.80b）和式（7.80c）中的关系式；当推导式（7.82b）～式（7.82d）时，用了式（7.80a）中的关系式。

式（7.81）中第 2 行的偏微分具体形式为

$$\frac{\partial \dot{\boldsymbol{v}}^{\mathrm{n}}}{\partial \boldsymbol{q}_{\mathrm{b}}^{\mathrm{n}}}=\frac{\partial[\boldsymbol{C}(\boldsymbol{q}_{\mathrm{b}}^{\mathrm{n}})(\tilde{\boldsymbol{f}}^{\mathrm{b}}-\boldsymbol{\nabla}^{\mathrm{b}})]}{\partial \boldsymbol{q}_{\mathrm{b}}^{\mathrm{n}}}$$

$$=2[q_0\cdot\breve{\boldsymbol{f}}^{\mathrm{b}}+\boldsymbol{q}_v\times\breve{\boldsymbol{f}}^{\mathrm{b}} \ \vdots \ \boldsymbol{q}_v^{\mathrm{T}}\cdot\breve{\boldsymbol{f}}^{\mathrm{b}}\cdot\boldsymbol{I}_{3\times3}-q_0\cdot\breve{\boldsymbol{f}}^{\mathrm{b}}\times-[(\boldsymbol{q}_v\times\breve{\boldsymbol{f}}^{\mathrm{b}})\times]]$$

$$=\begin{bmatrix} q_0f_1-q_3f_2+q_2f_3 & q_1f_1+q_2f_2+q_3f_3 & q_1f_2-q_2f_1+q_0f_3 & q_1f_3-q_3f_1-q_0f_2 \\ q_3f_1+q_0f_2-q_1f_3 & q_2f_1-q_1f_2-q_0f_3 & q_1f_1+q_2f_2+q_3f_3 & q_2f_3-q_3f_2+q_0f_1 \\ q_1f_2-q_2f_1+q_0f_3 & q_3f_1-q_1f_3-q_0f_1 & q_3f_2-q_2f_3-q_0f_1 & q_1f_1+q_2f_2+q_3f_3 \end{bmatrix} \tag{7.84a}$$

$$\frac{\partial \dot{\boldsymbol{v}}^{\mathrm{n}}}{\partial \boldsymbol{v}^{\mathrm{n}}}=[-(2\boldsymbol{\omega}_{\mathrm{ie}}^{\mathrm{n}}+\boldsymbol{\omega}_{\mathrm{en}}^{\mathrm{n}})\times]+\boldsymbol{v}^{\mathrm{n}}\times\frac{\partial \boldsymbol{\omega}_{\mathrm{in}}^{\mathrm{n}}}{\partial \boldsymbol{v}^{\mathrm{n}}} \tag{7.84b}$$

$$\frac{\partial \dot{\boldsymbol{v}}^{\mathrm{n}}}{\partial \boldsymbol{p}^{\mathrm{n}}}=\boldsymbol{v}^{\mathrm{n}}\times\left(2\frac{\partial \boldsymbol{\omega}_{\mathrm{ie}}^{\mathrm{n}}}{\partial \boldsymbol{p}^{\mathrm{n}}}+\frac{\partial \boldsymbol{\omega}_{\mathrm{en}}^{\mathrm{n}}}{\partial \boldsymbol{p}^{\mathrm{n}}}\right) \tag{7.84c}$$

$$\frac{\partial \dot{\boldsymbol{v}}^{\mathrm{n}}}{\partial \boldsymbol{\nabla}^{\mathrm{b}}}=-\boldsymbol{C}(\boldsymbol{q}_{\mathrm{b}}^{\mathrm{n}}) \tag{7.84d}$$

式中：$\breve{\boldsymbol{f}}^{\mathrm{b}}=(\tilde{\boldsymbol{f}}^{\mathrm{b}}-\boldsymbol{\nabla}^{\mathrm{b}})=[f_1 \quad f_2 \quad f_3]^{\mathrm{T}}$。

式（7.81）中第 3 行的偏微分具体形式为

$$\frac{\partial \dot{\boldsymbol{p}}^{\mathrm{n}}}{\partial \boldsymbol{v}^{\mathrm{n}}}=\boldsymbol{R}_{\mathrm{c}} \tag{7.85a}$$

$$\frac{\partial \dot{\boldsymbol{p}}^{\mathrm{n}}}{\partial \boldsymbol{p}^{\mathrm{n}}}=\begin{bmatrix} 0 & 0 & \dfrac{-v_{\mathrm{N}}}{(R_{\mathrm{M}}+h)^2} \\ \dfrac{v_{\mathrm{E}}\sec L\tan L}{R_{\mathrm{N}}+h} & 0 & -\dfrac{v_{\mathrm{E}}\sec L}{(R_{\mathrm{N}}+h)^2} \\ 0 & 0 & 0 \end{bmatrix} \tag{7.85b}$$

当求得式（7.1）所对应的 Jacobi 矩阵后，式（7.1）所对应的线性近似方程可写为

$$\dot{\boldsymbol{x}}=\boldsymbol{A}\boldsymbol{x}+\boldsymbol{G}\boldsymbol{w} \tag{7.86}$$

式中：$\boldsymbol{w}=[\boldsymbol{w}_{\varepsilon}^{\mathrm{T}} \quad \boldsymbol{w}_{\nabla}^{\mathrm{T}}]^{\mathrm{T}}$ 为陀螺仪和加速度计噪声矢量。矩阵 $\boldsymbol{G}$ 的具体形式为

$$\boldsymbol{G}=\begin{bmatrix} -\boldsymbol{\Xi}(\boldsymbol{q}_{\mathrm{b}}^{\mathrm{n}})/2 & \boldsymbol{0}_{4\times3} \\ \boldsymbol{0}_{3\times3} & -\boldsymbol{C}(\boldsymbol{q}_{\mathrm{b}}^{\mathrm{n}}) \\ \boldsymbol{0}_{9\times3} & \boldsymbol{0}_{9\times3} \end{bmatrix} \tag{7.87}$$

离散形式的 Jacobi 矩阵为

$$\boldsymbol{F}_{k-1}=\exp\{\boldsymbol{A}\cdot\Delta t\} \tag{7.88}$$

如果选用 GNSS 速度作为观测量，那么对应的观测方程为

$$\boldsymbol{H}=[\boldsymbol{0}_{3\times4}\quad \boldsymbol{I}_{3\times3}\quad \boldsymbol{0}_{3\times9}] \tag{7.89}$$

7.4.2　基于惯性导航基本方程的 EKF 算法流程

基于上述惯性导航基本方程（7.1）及推导的离散形式的 Jacobi 矩阵（7.88），具体的 EKF 算法流程如下。

算法 7.1　基于惯性导航基本方程的直接式 EKF 算法。

初始化

$$\hat{\boldsymbol{x}}_0=E[\boldsymbol{x}_0]$$

$$\boldsymbol{P}_0=E[(\boldsymbol{x}_0-\hat{\boldsymbol{x}}_{0|0})(\boldsymbol{x}_0-\hat{\boldsymbol{x}}_{0|0})^{\mathrm{T}}]$$

时间更新

$$\begin{cases}\hat{\boldsymbol{\omega}}_{\mathrm{nb},k-1}^{\mathrm{b}}=\tilde{\boldsymbol{\omega}}_{\mathrm{ib},k}^{\mathrm{b}}-\hat{\boldsymbol{\varepsilon}}_{k-1}^{\mathrm{b}}-\boldsymbol{C}(\hat{\boldsymbol{q}}_{\mathrm{b},k-1}^{\mathrm{n}})^{\mathrm{T}}\hat{\boldsymbol{\omega}}_{\mathrm{in},k-1}^{\mathrm{n}}\\ \hat{\boldsymbol{q}}_{\mathrm{b},k|k-1}^{\mathrm{n}}=\dfrac{1}{2}\hat{\boldsymbol{q}}_{\mathrm{b},k-1}^{\mathrm{n}}\otimes(\hat{\boldsymbol{\omega}}_{\mathrm{nb},k-1}^{\mathrm{b}}\cdot\Delta t)\\ \hat{\boldsymbol{v}}_{k|k-1}^{\mathrm{n}}=\hat{\boldsymbol{v}}_{k-1}^{\mathrm{n}}+[\boldsymbol{C}(\hat{\boldsymbol{q}}_{\mathrm{b},k-1}^{\mathrm{n}})(\tilde{\boldsymbol{f}}_k^{\mathrm{b}}-\hat{\boldsymbol{\nabla}}_{k-1}^{\mathrm{b}})-(2\hat{\boldsymbol{\omega}}_{\mathrm{ie},k-1}^{\mathrm{n}}+\hat{\boldsymbol{\omega}}_{\mathrm{en},k-1}^{\mathrm{n}})\times\hat{\boldsymbol{v}}_{k-1}^{\mathrm{n}}+\boldsymbol{g}^{\mathrm{n}}]\cdot\Delta t\\ \hat{\boldsymbol{p}}_{k|k-1}^{\mathrm{n}}=\hat{\boldsymbol{p}}_{k-1}^{\mathrm{n}}+\hat{\boldsymbol{R}}_{\mathrm{c},k-1}\hat{\boldsymbol{v}}_{k-1}^{n}\cdot\Delta t\\ \hat{\boldsymbol{\varepsilon}}_{k|k-1}^{\mathrm{b}}=\hat{\boldsymbol{\varepsilon}}_{k-1}^{\mathrm{b}}\\ \hat{\boldsymbol{\nabla}}_{k|k-1}^{\mathrm{b}}=\hat{\boldsymbol{\nabla}}_{k-1}^{\mathrm{b}}\end{cases}$$

$$\boldsymbol{P}_{k|k-1}=\boldsymbol{F}_{k-1}\boldsymbol{P}_{k-1}\boldsymbol{F}_{k-1}^{\mathrm{T}}+\boldsymbol{Q}_{k-1}$$

量测更新

$$\boldsymbol{K}_k=\boldsymbol{P}_{k|k-1}\boldsymbol{H}^{\mathrm{T}}(\boldsymbol{H}\boldsymbol{P}_{k|k-1}\boldsymbol{H}^{\mathrm{T}}+\boldsymbol{R}_k)^{-1}$$

$$\hat{\boldsymbol{x}}_k=\hat{\boldsymbol{x}}_{k|k-1}+\boldsymbol{K}_k(\boldsymbol{y}_k-\boldsymbol{H}\hat{\boldsymbol{x}}_{k|k-1})$$

$$\boldsymbol{P}_k=(\boldsymbol{I}-\boldsymbol{K}_k\boldsymbol{H})\boldsymbol{P}_{k|k-1}(\boldsymbol{I}-\boldsymbol{K}_k\boldsymbol{H})^{\mathrm{T}}+\boldsymbol{K}_k\boldsymbol{R}_k\boldsymbol{K}_k^{\mathrm{T}}$$

$$\hat{\boldsymbol{x}}_k(1:4)=\frac{\hat{\boldsymbol{x}}_k(1:4)}{\|\hat{\boldsymbol{x}}_k(1:4)\|}$$

$$\hat{\boldsymbol{q}}_{\mathrm{b},k}^{\mathrm{n}}=\hat{\boldsymbol{x}}_k(1:4),\quad \hat{\boldsymbol{v}}_k^{\mathrm{n}}=\hat{\boldsymbol{x}}_k(5:7),\quad \hat{\boldsymbol{p}}_k^{\mathrm{n}}=\hat{\boldsymbol{x}}_k(8:10)$$

$$\hat{\boldsymbol{\varepsilon}}_k^{\mathrm{b}}=\hat{\boldsymbol{x}}_k(11:13),\quad \hat{\boldsymbol{\nabla}}_k^{\mathrm{b}}=\hat{\boldsymbol{x}}_k(14:16)$$

通过上述滤波过程可以看出，由于选用了姿态四元数作为状态量，其对应的方差矩阵为 4×4。因为姿态本质上是一个三维矢量，所以 4×4 的姿态方差矩

阵是不满秩的，从而上述滤波在实际应用中容易产生数值不稳定的问题。这也是为什么本节中直接式 EKF 算法在实际中应用较少的原因。

7.5 惯性基组合导航 MEKF 算法

本节将给出具体的惯性基组合导航 MEKF 算法。需要指出的是，本书主要是围绕初始对准展开的，而本节研究的对象是惯性基组合导航，潜在的考虑是 EKF 算法的适用范围一般都是非线性较弱的系统，对惯性导航而言就是初始失准角较小，这种情况下更多地称之为组合导航。事实上，本书认为，初始对准与组合导航仅仅是概念上的区别，具体的方法内涵是一致的。本节所研究的惯性基组合导航MEKF算法同样可以认为是一种基于Kalman滤波的精对准方法。本节明确指出 MEKF 算法本质上是一种间接式滤波方法，它与传统意义下的间接式组合导航闭环滤波算法是一致的。本节另一个贡献是研究的 MEKF 算法是基于导航坐标系的姿态误差方程，而国外组合导航 MEKF 算法都是基于载体坐标系的姿态误差方程。

7.5.1 MEKF 算法状态模型

在 MEKF 算法中，状态量选取为

$$\delta \boldsymbol{x}=[\boldsymbol{\alpha}^{\mathrm{T}} \quad \delta \boldsymbol{v}^{n\mathrm{T}} \quad \delta \boldsymbol{p}^{n\mathrm{T}} \quad \delta \boldsymbol{\varepsilon}^{b\mathrm{T}} \quad \delta \boldsymbol{\nabla}^{b\mathrm{T}}]^{\mathrm{T}} \tag{7.90}$$

从式（7.90）中可以看出，MEKF 算法选取的状态与常规意义下的间接式组合状态稍有不同，主要区别在于惯性器件误差，间接式组合导航中状态量一般选取为

$$\delta \boldsymbol{x}=[\boldsymbol{\alpha}^{\mathrm{T}} \quad \delta \boldsymbol{v}^{n\mathrm{T}} \quad \delta \boldsymbol{p}^{n\mathrm{T}} \quad \boldsymbol{\varepsilon}^{b\mathrm{T}} \quad \boldsymbol{\nabla}^{b\mathrm{T}}]^{\mathrm{T}} \tag{7.91}$$

MEKF 算法与间接式组合导航另一个不同点在于所涉及的误差量的定义。从第 5 章和第 6 章可以看出，惯性导航领域常用的误差定义方式为“误差量=含误差的变量-真实值”。而在 MEKF 算法中，由于要与 EKF 算法中状态误差的定义一致，其中涉及的误差定义形式为“误差量=真实值-估计值”[12]。上述误差定义方式的不同导致了 MEKF 算法中惯性导航误差方程（用作滤波状态模型）与常规意义下的惯性导航误差方程稍有不同。本节就在 MEKF 滤波框架下推导相应的误差方程。

针对所定义的状态量（7.90），需要建立其对应的状态模型，即

$$\delta\dot{\boldsymbol{x}} = \boldsymbol{A}\delta\boldsymbol{x} + \boldsymbol{G}\boldsymbol{w} \tag{7.92}$$

式中：矩阵 $\boldsymbol{A}$ 为系统状态传递矩阵，具体计算形式为

$$\boldsymbol{A} = \begin{bmatrix} \dfrac{\partial\dot{\boldsymbol{\alpha}}}{\partial\boldsymbol{\alpha}} & \dfrac{\partial\dot{\boldsymbol{\alpha}}}{\partial\delta\boldsymbol{v}^{\mathrm{n}}} & \dfrac{\partial\dot{\boldsymbol{\alpha}}}{\partial\delta\boldsymbol{p}^{\mathrm{n}}} & \dfrac{\partial\dot{\boldsymbol{\alpha}}}{\partial\delta\boldsymbol{\varepsilon}^{\mathrm{b}}} & \boldsymbol{0}_{3\times3} \\ \dfrac{\partial\delta\dot{\boldsymbol{v}}^{\mathrm{n}}}{\partial\boldsymbol{\alpha}} & \dfrac{\partial\delta\dot{\boldsymbol{v}}^{\mathrm{n}}}{\partial\delta\boldsymbol{v}^{\mathrm{n}}} & \dfrac{\partial\delta\dot{\boldsymbol{v}}^{\mathrm{n}}}{\partial\delta\boldsymbol{p}^{\mathrm{n}}} & \boldsymbol{0}_{3\times3} & \dfrac{\partial\delta\dot{\boldsymbol{v}}^{\mathrm{n}}}{\partial\delta\boldsymbol{\nabla}^{\mathrm{b}}} \\ \boldsymbol{0}_{3\times3} & \dfrac{\partial\delta\dot{\boldsymbol{p}}^{\mathrm{n}}}{\partial\delta\boldsymbol{v}^{\mathrm{n}}} & \dfrac{\partial\delta\dot{\boldsymbol{p}}^{\mathrm{n}}}{\partial\delta\boldsymbol{p}^{\mathrm{n}}} & \boldsymbol{0}_{3\times3} & \boldsymbol{0}_{3\times3} \\ \boldsymbol{0}_{3\times3} & \boldsymbol{0}_{3\times3} & \boldsymbol{0}_{3\times3} & \boldsymbol{0}_{3\times3} & \boldsymbol{0}_{3\times3} \\ \boldsymbol{0}_{3\times3} & \boldsymbol{0}_{3\times3} & \boldsymbol{0}_{3\times3} & \boldsymbol{0}_{3\times3} & \boldsymbol{0}_{3\times3} \end{bmatrix} \tag{7.93}$$

为了得到 $\boldsymbol{A}$ 的具体形式，需要推导状态量的微分方程，即惯性导航误差方程。但是由于误差量的定义方式不同，不能直接利用传统的惯性导航误差方程来求解式（7.93）。接下来就在 MEKF 框架下推导相应的惯性导航误差方程。

在 MEKF 算法中，姿态误差定义如下：

$$\delta\boldsymbol{q} = \boldsymbol{q}_{\mathrm{b}}^{\mathrm{n}} \otimes \hat{\boldsymbol{q}}_{\mathrm{b}}^{\mathrm{n}*} \tag{7.94}$$

式中：$\hat{\boldsymbol{q}}_{\mathrm{b}}^{\mathrm{n}}$ 为由 MEKF 算法估计的姿态四元数。对上式两边分别求微分可得

$$\delta\dot{\boldsymbol{q}} = \dot{\boldsymbol{q}}_{\mathrm{b}}^{\mathrm{n}} \otimes \hat{\boldsymbol{q}}_{\mathrm{b}}^{\mathrm{n}*} + \boldsymbol{q}_{\mathrm{b}}^{\mathrm{n}} \otimes \dot{\hat{\boldsymbol{q}}}_{\mathrm{b}}^{\mathrm{n}*} \tag{7.95}$$

$\hat{\boldsymbol{q}}_{\mathrm{b}}^{\mathrm{n}}$ 对应的微分方程为

$$\dot{\hat{\boldsymbol{q}}}_{\mathrm{b}}^{\mathrm{n}} = \frac{1}{2}\hat{\boldsymbol{q}}_{\mathrm{b}}^{\mathrm{n}} \otimes \hat{\boldsymbol{\omega}}_{\mathrm{nb}}^{\mathrm{b}} \tag{7.96}$$

式中：

$$\hat{\boldsymbol{\omega}}_{\mathrm{nb}}^{\mathrm{b}} = \hat{\boldsymbol{\omega}}_{\mathrm{ib}}^{\mathrm{b}} + \boldsymbol{C}(\hat{\boldsymbol{q}}_{\mathrm{b}}^{\mathrm{n}})^{\mathrm{T}}\hat{\boldsymbol{\omega}}_{\mathrm{in}}^{\mathrm{n}} \tag{7.97}$$

将式（7.96）代入式（7.95）可得

$$\begin{aligned} \delta\dot{\boldsymbol{q}} &= \frac{1}{2}\boldsymbol{q}_{\mathrm{b}}^{\mathrm{n}} \otimes \boldsymbol{\omega}_{\mathrm{nb}}^{\mathrm{b}} \otimes \hat{\boldsymbol{q}}_{\mathrm{b}}^{\mathrm{n}*} + \frac{1}{2}\boldsymbol{q}_{\mathrm{b}}^{\mathrm{n}} \otimes (\hat{\boldsymbol{q}}_{\mathrm{b}}^{\mathrm{n}} \otimes \hat{\boldsymbol{\omega}}_{\mathrm{nb}}^{\mathrm{b}})^{*} \\ &= \frac{1}{2}\boldsymbol{q}_{\mathrm{b}}^{\mathrm{n}} \otimes \boldsymbol{\omega}_{\mathrm{nb}}^{\mathrm{b}} \otimes \hat{\boldsymbol{q}}_{\mathrm{b}}^{\mathrm{n}*} - \frac{1}{2}\boldsymbol{q}_{\mathrm{b}}^{\mathrm{n}} \otimes \hat{\boldsymbol{\omega}}_{\mathrm{nb}}^{\mathrm{b}} \otimes \hat{\boldsymbol{q}}_{\mathrm{b}}^{\mathrm{n}*} \\ &= \frac{1}{2}\boldsymbol{q}_{\mathrm{b}}^{\mathrm{n}} \otimes \hat{\boldsymbol{q}}_{\mathrm{b}}^{\mathrm{n}*} \otimes \hat{\boldsymbol{q}}_{\mathrm{b}}^{\mathrm{n}} \otimes (\boldsymbol{\omega}_{\mathrm{nb}}^{\mathrm{b}} - \hat{\boldsymbol{\omega}}_{\mathrm{nb}}^{\mathrm{b}})\hat{\boldsymbol{q}}_{\mathrm{b}}^{\mathrm{n}*} \\ &= \frac{1}{2}\delta\boldsymbol{q} \otimes [\boldsymbol{C}(\hat{\boldsymbol{q}}_{\mathrm{b}}^{\mathrm{n}})\delta\boldsymbol{\omega}_{\mathrm{nb}}^{\mathrm{b}}] \end{aligned} \tag{7.98}$$

从式（7.98）中可以看出 $\delta\boldsymbol{\omega}_{\mathrm{nb}}^{\mathrm{b}}$ 明确的定义形式，即

$$\delta\boldsymbol{\omega}_{\mathrm{nb}}^{\mathrm{b}} = \boldsymbol{\omega}_{\mathrm{nb}}^{\mathrm{b}} - \hat{\boldsymbol{\omega}}_{\mathrm{nb}}^{\mathrm{b}} \tag{7.99}$$

为了获得 $\delta\boldsymbol{\omega}_{nb}^{b}$ 的具体表达式，定义如下误差量：

$$\delta\boldsymbol{\omega}_{ib}^{b}=\boldsymbol{\omega}_{ib}^{b}-\hat{\boldsymbol{\omega}}_{ib}^{b} \tag{7.100}$$

$$\delta\boldsymbol{\omega}_{in}^{n}=\boldsymbol{\omega}_{in}^{n}-\hat{\boldsymbol{\omega}}_{in}^{n} \tag{7.101}$$

可以看出式（7.99）～式（7.101）中误差量的定义方式都是“误差量=真实值-估计值”。将式（7.97）、式（7.100）和式（7.101）代入式（7.99）可得

$$\begin{aligned}\delta\boldsymbol{\omega}_{nb}^{b}&=\boldsymbol{\omega}_{nb}^{b}-\hat{\boldsymbol{\omega}}_{nb}^{b}\\&=\boldsymbol{\omega}_{ib}^{b}-\boldsymbol{C}(\boldsymbol{q}_{b}^{n})^{T}\boldsymbol{\omega}_{in}^{n}-[\hat{\boldsymbol{\omega}}_{ib}^{b}-\boldsymbol{C}(\hat{\boldsymbol{q}}_{b}^{n})^{T}\hat{\boldsymbol{\omega}}_{in}^{n}]\\&=\boldsymbol{\omega}_{ib}^{b}-[\boldsymbol{C}(\delta\boldsymbol{q})\boldsymbol{C}(\hat{\boldsymbol{q}}_{b}^{n})]^{T}\boldsymbol{\omega}_{in}^{n}-[\hat{\boldsymbol{\omega}}_{ib}^{b}-\boldsymbol{C}(\hat{\boldsymbol{q}}_{b}^{n})^{T}\hat{\boldsymbol{\omega}}_{in}^{n}]\\&\approx\hat{\boldsymbol{\omega}}_{ib}^{b}+\delta\boldsymbol{\omega}_{ib}^{b}-\boldsymbol{C}(\hat{\boldsymbol{q}}_{b}^{n})^{T}(\boldsymbol{I}_{3\times3}-\boldsymbol{\alpha}\times)(\hat{\boldsymbol{\omega}}_{in}^{n}+\delta\boldsymbol{\omega}_{in}^{n})-[\hat{\boldsymbol{\omega}}_{ib}^{b}-\boldsymbol{C}(\hat{\boldsymbol{q}}_{b}^{n})^{T}\hat{\boldsymbol{\omega}}_{in}^{n}]\\&\approx-\boldsymbol{C}(\hat{\boldsymbol{q}}_{b}^{n})^{T}\hat{\boldsymbol{\omega}}_{in}^{n}\times\boldsymbol{\alpha}-\boldsymbol{C}(\hat{\boldsymbol{q}}_{b}^{n})^{T}\delta\boldsymbol{\omega}_{in}^{n}+\delta\boldsymbol{\omega}_{ib}^{b}\end{aligned} \tag{7.102}$$

在上式第 3 行到第 4 行的推导过程中，利用了如下近似：

$$\boldsymbol{C}(\delta\boldsymbol{q})\approx\boldsymbol{I}_{3\times3}+(\boldsymbol{\alpha}\times) \tag{7.103}$$

上述近似仅在小姿态误差角条件下成立。

记 $\delta\boldsymbol{\omega}_{nb}^{n}=\boldsymbol{C}(\hat{\boldsymbol{q}}_{b}^{n})\delta\boldsymbol{\omega}_{nb}^{b}$，则根据式（7.102）可得

$$\delta\boldsymbol{\omega}_{nb}^{n}=\boldsymbol{C}(\hat{\boldsymbol{q}}_{b}^{n})\delta\boldsymbol{\omega}_{nb}^{b}=-\hat{\boldsymbol{\omega}}_{in}^{n}\times\boldsymbol{\alpha}-\delta\boldsymbol{\omega}_{in}^{n}+\boldsymbol{C}(\hat{\boldsymbol{q}}_{b}^{n})\delta\boldsymbol{\omega}_{ib}^{b} \tag{7.104}$$

将式（7.104）代入式（7.98）可得

$$\delta\dot{\boldsymbol{q}}=\frac{1}{2}\begin{bmatrix}\boldsymbol{0} & -\delta\boldsymbol{\omega}_{nb}^{n\,T}\\ \delta\boldsymbol{\omega}_{nb}^{n} & -(\delta\boldsymbol{\omega}_{nb}^{n}\times)\end{bmatrix}\delta\boldsymbol{q} \tag{7.105}$$

在小姿态误差角假设下，$\delta\boldsymbol{q}$ 可以近似为

$$\begin{bmatrix}1 & \dfrac{\boldsymbol{\alpha}^{T}}{2}\end{bmatrix}^{T} \tag{7.106}$$

根据式（7.106），将式（7.105）展开可得 $\boldsymbol{\alpha}$ 的微分方程为

$$\dot{\boldsymbol{\alpha}}=\delta\boldsymbol{\omega}_{nb}^{n}=-\hat{\boldsymbol{\omega}}_{in}^{n}\times\boldsymbol{\alpha}-\delta\boldsymbol{\omega}_{in}^{n}+\boldsymbol{C}(\hat{\boldsymbol{q}}_{b}^{n})\delta\boldsymbol{\omega}_{ib}^{b} \tag{7.107}$$

上式即为 MEKF 算法中所使用的姿态误差方程。对比式（7.107）与式（6.41）可以看出，由于误差量的定义方式不同，得到的姿态误差方程稍有不同。

在式（7.107）中，$\delta\boldsymbol{\omega}_{in}^{n}=\delta\boldsymbol{\omega}_{ie}^{n}+\delta\boldsymbol{\omega}_{en}^{n}$，其中 $\delta\boldsymbol{\omega}_{ie}^{n}$ 的具体形式为

$$\delta\boldsymbol{\omega}_{ie}^{n}=\begin{bmatrix}\boldsymbol{0}\\ -\boldsymbol{\omega}_{ie}\sin L\cdot\delta L\\ \boldsymbol{\omega}_{ie}\cos L\cdot\delta L\end{bmatrix}=\boldsymbol{M}_{1}\delta\boldsymbol{p} \tag{7.108}$$

式中：$\delta \boldsymbol{p}=[\delta L \quad \delta \lambda \quad \delta h]^{\mathrm{T}}$。$\boldsymbol{M}_1$ 根据上式可直接得出：

$$\boldsymbol{M}_1=\begin{bmatrix} 0 & 0 & 0 \\ -\omega_{\mathrm{ie}}\sin L & 0 & 0 \\ \omega_{\mathrm{ie}}\cos L & 0 & 0 \end{bmatrix} \tag{7.109}$$

类似地，$\delta\boldsymbol{\omega}_{\mathrm{en}}^{\mathrm{n}}$ 可以通过对 $\boldsymbol{\omega}_{\mathrm{en}}^{\mathrm{n}}$ 求偏微分得到：

$$\delta\boldsymbol{\omega}_{\mathrm{en}}^{\mathrm{n}}=\begin{bmatrix} \dfrac{-\delta v_{\mathrm{N}}^{n}}{R_{\mathrm{M}}+h}+\dfrac{v_{\mathrm{N}}^{\mathrm{n}}\delta h}{(R_{\mathrm{M}}+h)^2} \\ \dfrac{\delta v_{\mathrm{E}}^{n}}{R_{\mathrm{N}}+h}-\dfrac{v_{\mathrm{E}}^{\mathrm{n}}\delta h}{(R_{\mathrm{N}}+h)^2} \\ \dfrac{\tan L\cdot\delta v_{\mathrm{E}}^{\mathrm{n}}}{R_{\mathrm{N}}+h}+\dfrac{v_{\mathrm{E}}^{\mathrm{n}}\sec^2 L\cdot\delta L}{R_{\mathrm{N}}+h}-\dfrac{v_{\mathrm{E}}^{\mathrm{n}}\tan L\cdot\delta h}{(R_{\mathrm{N}}+h)^2} \end{bmatrix}=\boldsymbol{M}_2\delta\boldsymbol{v}^{\mathrm{n}}+\boldsymbol{M}_3\delta\boldsymbol{p} \tag{7.110}$$

式中：

$$\boldsymbol{M}_2=\begin{bmatrix} 0 & \dfrac{-1}{R_{\mathrm{M}}+h} & 0 \\ \dfrac{1}{R_{\mathrm{N}}+h} & 0 & 0 \\ \dfrac{\tan L}{R_{\mathrm{N}}+h} & 0 & 0 \end{bmatrix} \tag{7.111}$$

$$\boldsymbol{M}_3=\begin{bmatrix} 0 & 0 & \dfrac{v_{\mathrm{N}}^{n}}{(R_{\mathrm{M}}+h)^2} \\ 0 & 0 & -\dfrac{v_{\mathrm{E}}^{n}}{(R_{\mathrm{N}}+h)^2} \\ \dfrac{v_{\mathrm{E}}^{n}\sec^2 L}{R_{\mathrm{N}}+h} & 0 & -\dfrac{v_{\mathrm{E}}^{n}\tan L}{(R_{\mathrm{N}}+h)^2} \end{bmatrix} \tag{7.112}$$

在式（7.107）中，$\delta\boldsymbol{\omega}_{\mathrm{ib}}^{\mathrm{b}}$ 的具体形式为

$$\delta\boldsymbol{\omega}_{\mathrm{ib}}^{\mathrm{b}}=\boldsymbol{\omega}_{\mathrm{ib}}^{\mathrm{b}}-\hat{\boldsymbol{\omega}}_{\mathrm{ib}}^{\mathrm{b}}=(\tilde{\boldsymbol{\omega}}_{\mathrm{ib}}^{\mathrm{b}}-\boldsymbol{\varepsilon}^{\mathrm{b}}-\boldsymbol{\eta}_{\varepsilon})-(\tilde{\boldsymbol{\omega}}_{\mathrm{ib}}^{\mathrm{b}}-\hat{\boldsymbol{\varepsilon}}^{\mathrm{b}})=-(\delta\boldsymbol{\varepsilon}^{\mathrm{b}}+\boldsymbol{\eta}_{\varepsilon}) \tag{7.113}$$

式中：$\boldsymbol{\eta}_{\varepsilon}$ 为陀螺仪的测量噪声。

速度误差的微分方程具体形式为

$$\delta\dot{\boldsymbol{v}}^{\mathrm{n}}=\delta\boldsymbol{f}^{\mathrm{n}}-(2\boldsymbol{\omega}_{\mathrm{ie}}^{\mathrm{n}}+\boldsymbol{\omega}_{\mathrm{en}}^{\mathrm{n}})\times\delta\boldsymbol{v}^{\mathrm{n}}-(2\delta\boldsymbol{\omega}_{\mathrm{ie}}^{\mathrm{n}}+\delta\boldsymbol{\omega}_{\mathrm{en}}^{\mathrm{n}})\times\boldsymbol{v}^{\mathrm{n}} \tag{7.114}$$

式中：

$$\begin{aligned}\delta\boldsymbol{f}^{\mathrm{n}} &= \boldsymbol{C}_{\mathrm{b}}^{\mathrm{n}}\boldsymbol{f}^{\mathrm{b}} - \boldsymbol{C}(\hat{\boldsymbol{q}}_{\mathrm{b}}^{\mathrm{n}})\hat{\boldsymbol{f}}^{\mathrm{b}} \\ &= \boldsymbol{C}(\delta\boldsymbol{q})\boldsymbol{C}(\hat{\boldsymbol{q}}_{\mathrm{b}}^{\mathrm{n}})\boldsymbol{f}^{\mathrm{b}} - \boldsymbol{C}(\hat{\boldsymbol{q}}_{\mathrm{b}}^{\mathrm{n}})\hat{\boldsymbol{f}}^{\mathrm{b}} \\ &= (\boldsymbol{I}_{3\times3} + \boldsymbol{\alpha}\times)\boldsymbol{C}(\hat{\boldsymbol{q}}_{\mathrm{b}}^{\mathrm{n}})(\hat{\boldsymbol{f}}^{\mathrm{b}} + \delta\boldsymbol{f}^{\mathrm{b}}) - \boldsymbol{C}(\hat{\boldsymbol{q}}_{\mathrm{b}}^{\mathrm{n}})\hat{\boldsymbol{f}}^{b} \\ &= -\boldsymbol{C}(\hat{\boldsymbol{q}}_{\mathrm{b}}^{\mathrm{n}})\hat{\boldsymbol{f}}^{b}\times\boldsymbol{\alpha} + \boldsymbol{C}(\hat{\boldsymbol{q}}_{\mathrm{b}}^{\mathrm{n}})\delta\boldsymbol{f}^{\mathrm{b}}\end{aligned} \tag{7.115}$$

类似于式（7.113），$\delta\boldsymbol{f}^{\mathrm{b}}$ 的具体形式为

$$\delta\boldsymbol{f}^{\mathrm{b}} = \boldsymbol{f}^{\mathrm{b}} - \hat{\boldsymbol{f}}^{\mathrm{b}} = (\tilde{\boldsymbol{f}}^{\mathrm{b}} - \boldsymbol{\nabla}^{\mathrm{b}} - \boldsymbol{\eta}_{\nabla}) - (\tilde{\boldsymbol{f}}^{\mathrm{b}} - \hat{\boldsymbol{\nabla}}^{\mathrm{b}}) = -(\delta\boldsymbol{\nabla}^{\mathrm{b}} + \boldsymbol{\eta}_{\nabla}) \tag{7.116}$$

式中：$\boldsymbol{\eta}_{\nabla}$ 为加速度计的测量噪声。

位置误差的微分方程为

$$\delta\dot{\boldsymbol{p}}^{\mathrm{n}} = \boldsymbol{R}_{\mathrm{c}}\delta\boldsymbol{v}^{\mathrm{n}} + \delta\boldsymbol{R}_{\mathrm{c}}\boldsymbol{v}^{\mathrm{n}} \tag{7.117}$$

式中：

$$\delta\boldsymbol{R}_{\mathrm{c}}\boldsymbol{v}^{\mathrm{n}} = \boldsymbol{M}_4\delta\boldsymbol{p}^{\mathrm{n}} = \begin{bmatrix} 0 & 0 & \dfrac{-v_{\mathrm{N}}^{\mathrm{n}}}{(R_{\mathrm{M}}+h)^2} \\ \dfrac{v_{\mathrm{E}}^{\mathrm{n}}\sec L\tan L}{R_{\mathrm{N}}+h} & 0 & -\dfrac{v_{\mathrm{E}}^{\mathrm{n}}\sec L}{(R_{\mathrm{N}}+h)^2} \\ 0 & 0 & 0\end{bmatrix}\delta\boldsymbol{p}^{\mathrm{n}} \tag{7.118}$$

根据式（7.107）、式（7.114）和式（7.117）可以得到矩阵 $\boldsymbol{A}$ 中的具体元素为

$$\frac{\partial\dot{\boldsymbol{\alpha}}}{\partial\boldsymbol{\alpha}} = -\hat{\boldsymbol{\omega}}_{\mathrm{in}}^{\mathrm{n}} \tag{7.119a}$$

$$\frac{\partial\dot{\boldsymbol{\alpha}}}{\partial\delta\boldsymbol{v}^{\mathrm{n}}} = -\boldsymbol{M}_2 \tag{7.119b}$$

$$\frac{\partial\dot{\boldsymbol{\alpha}}}{\partial\delta\boldsymbol{p}^{\mathrm{n}}} = -(\boldsymbol{M}_1 + \boldsymbol{M}_3) \tag{7.119c}$$

$$\frac{\partial\dot{\boldsymbol{\alpha}}}{\partial\boldsymbol{\varepsilon}^{\mathrm{b}}} = -\boldsymbol{C}(\hat{\boldsymbol{q}}_{\mathrm{b}}^{\mathrm{n}}) \tag{7.119d}$$

$$\frac{\partial\delta\dot{\boldsymbol{v}}^{\mathrm{n}}}{\partial\boldsymbol{\alpha}} = -\boldsymbol{C}(\hat{\boldsymbol{q}}_{\mathrm{b}}^{\mathrm{n}})[\hat{\boldsymbol{f}}^{\mathrm{b}}\times] \tag{7.119e}$$

$$\frac{\partial\delta\dot{\boldsymbol{v}}^{\mathrm{n}}}{\partial\delta\boldsymbol{v}^{\mathrm{n}}} = [-(2\boldsymbol{\omega}_{\mathrm{ie}}^{\mathrm{n}} + \boldsymbol{\omega}_{\mathrm{en}}^{\mathrm{n}})\times] + [\boldsymbol{v}^{\mathrm{n}}\times]\boldsymbol{M}_2 \tag{7.119f}$$

$$\frac{\partial\delta\dot{\boldsymbol{v}}^{\mathrm{n}}}{\partial\delta\boldsymbol{p}^{\mathrm{n}}} = [\boldsymbol{v}^{\mathrm{n}}\times](2\boldsymbol{M}_1 + \boldsymbol{M}_3) \tag{7.119g}$$

$$\frac{\partial\delta\dot{\boldsymbol{v}}^{\mathrm{n}}}{\partial\delta\boldsymbol{\nabla}^{\mathrm{b}}} = -\boldsymbol{C}(\hat{\boldsymbol{q}}_{\mathrm{b}}^{\mathrm{n}}) \tag{7.119h}$$

$$\frac{\partial \delta \dot{\boldsymbol{p}}^{\mathrm{n}}}{\partial \delta \boldsymbol{v}^{\mathrm{n}}} = \boldsymbol{R}_{\mathrm{c}} \tag{7.119i}$$

$$\frac{\partial \delta \dot{\boldsymbol{p}}^{\mathrm{n}}}{\partial \delta \boldsymbol{p}^{\mathrm{n}}} = \boldsymbol{M}_4 \tag{7.119j}$$

记过程噪声为 $\boldsymbol{w} = [\boldsymbol{\eta}_{\varepsilon}^{\mathrm{T}} \quad \boldsymbol{\eta}_{\nabla}^{\mathrm{T}}]^{\mathrm{T}}$，则矩阵 $\boldsymbol{G}$ 的具体形式为

$$\boldsymbol{G} = \begin{bmatrix} -\boldsymbol{C}(\hat{\boldsymbol{q}}_{\mathrm{b}}^{\mathrm{n}}) & \boldsymbol{0}_{3\times3} \\ \boldsymbol{0}_{3\times3} & -\boldsymbol{C}(\hat{\boldsymbol{q}}_{\mathrm{b}}^{\mathrm{n}}) \\ \boldsymbol{0}_{9\times3} & \boldsymbol{0}_{9\times3} \end{bmatrix} \tag{7.120}$$

由于式（7.92）是连续方程，在应用 MEKF 算法时需要先将其离散化，即

$$\boldsymbol{F} = \exp\{\boldsymbol{A} \cdot \Delta t\} \tag{7.121}$$

过程噪声方差的离散形式计算方法为[13]

$$\begin{bmatrix} \boldsymbol{C} \\ \boldsymbol{D} \end{bmatrix} = \exp\left\{\begin{bmatrix} \boldsymbol{A} & \boldsymbol{G}\boldsymbol{Q}_{\mathrm{c}}\boldsymbol{G} \\ \boldsymbol{0} & -\boldsymbol{A}^{\mathrm{T}} \end{bmatrix} \cdot \mathrm{d}t\right\} \cdot \begin{bmatrix} \boldsymbol{0} \\ \boldsymbol{I} \end{bmatrix} \tag{7.122}$$

$$\boldsymbol{Q} = \boldsymbol{C}\boldsymbol{D}^{-1} \tag{7.123}$$

式中：$\boldsymbol{Q}_{\mathrm{c}}$ 为 $\boldsymbol{w}$ 对应的方差阵。

如果选用 GNSS 速度作为观测量，那么对应的观测方程为

$$\boldsymbol{H} = [\boldsymbol{0}_{3\times3} \quad \boldsymbol{I}_{3\times3} \quad \boldsymbol{0}_{3\times9}] \tag{7.124}$$

7.5.2 惯性基组合导航 MEKF 算法流程

式（7.90）中定义的状态量在 MEKF 算法中被称为局部状态量，在 MEKF 算法流程中仍然需要用到全局状态量，即式（7.77），这是因为滤波的目的还是为了获得全局导航参数，而非其误差。基于两种状态量定义及其对应的微分方程，给出具体的 MEKF 算法流程如下。

算法 7.2　惯性基组合导航 MEKF 算法流程。

初始化

$$\hat{\boldsymbol{x}}_0 = E[\boldsymbol{x}_0]$$

$$\boldsymbol{P}_0 = E[(\boldsymbol{x}_0 - \hat{\boldsymbol{x}}_0)(\boldsymbol{x}_0 - \hat{\boldsymbol{x}}_0)^{\mathrm{T}}]$$

状态转移矩阵计算

$$\boldsymbol{F}_{k-1} = \exp\{\boldsymbol{A} \cdot \Delta t\}\big|_{\boldsymbol{x}=\hat{\boldsymbol{x}}_{k-1}}$$

全局状态预测

$$\hat{\boldsymbol{x}}_{k|k-1} = \boldsymbol{f}(\hat{\boldsymbol{x}}_{k-1})$$

局部状态方差传递

$$\boldsymbol{P}_{k|k-1} = \boldsymbol{F}_{k-1}\boldsymbol{P}_{k-1}\boldsymbol{F}_{k-1}^{\mathrm{T}} + \boldsymbol{Q}_{k-1}$$

Kalman 增益计算

$$\boldsymbol{K}_k = \boldsymbol{P}_{k|k-1}\boldsymbol{H}^{\mathrm{T}}(\boldsymbol{H}\boldsymbol{P}_{k|k-1}\boldsymbol{H}^{\mathrm{T}} + \boldsymbol{R}_k)^{-1}$$

局部状态更新

$$\delta\hat{\boldsymbol{x}}_k = \boldsymbol{K}_k(\boldsymbol{y}_k - \boldsymbol{H}\hat{\boldsymbol{x}}_{k|k-1})$$

局部状态方差更新

$$\boldsymbol{P}_k = (\boldsymbol{I} - \boldsymbol{K}_k\boldsymbol{H})\boldsymbol{P}_{k|k-1}(\boldsymbol{I} - \boldsymbol{K}_k\boldsymbol{H})^{\mathrm{T}} + \boldsymbol{K}_k\boldsymbol{R}_k\boldsymbol{K}_k^{\mathrm{T}}$$

全局状态更新

$$\hat{\boldsymbol{x}}_k(1:4) = \hat{\boldsymbol{x}}_{k|k-1}(1:4) + \frac{1}{2}\boldsymbol{\varXi}[\hat{\boldsymbol{x}}_{k|k-1}(1:4)]\delta\hat{\boldsymbol{x}}_k(1:3)$$

$$\hat{\boldsymbol{x}}_k(5:16) = \hat{\boldsymbol{x}}_{k|k-1}(5:16) + \delta\hat{\boldsymbol{x}}_k(4:15)$$

在上述算法中：$\boldsymbol{f}(\cdot)$ 为式（7.1）的紧凑形式；$\boldsymbol{\varXi}(\boldsymbol{q})$ 的具体形式为

$$\boldsymbol{\varXi}(\boldsymbol{q}) = \begin{bmatrix} -\boldsymbol{q}_v^{\mathrm{T}} \\ q_0\boldsymbol{I}_{3\times3} - (\boldsymbol{q}_v\times) \end{bmatrix} \tag{7.125}$$

在上述滤波算法流程中，姿态四元数的更新形式上是加性的形式。事实上，上述加性形式是如下四元数乘性的近似：

$$\hat{\boldsymbol{q}}_{\mathrm{b},k}^{\mathrm{n}} = \delta\hat{\boldsymbol{q}}_{\mathrm{b},k}^{\mathrm{n}} \otimes \hat{\boldsymbol{q}}_{\mathrm{b},k|k-1}^{\mathrm{n}} \tag{7.126}$$

式中：

$$\delta\hat{\boldsymbol{q}}_{\mathrm{b},k}^{\mathrm{n}} \approx \begin{bmatrix} 1 \\ \frac{1}{2}\delta\hat{\boldsymbol{x}}_k(1:3) \end{bmatrix} \tag{7.127}$$

将式（7.127）代入式（7.126）可得

$$\begin{aligned} \hat{\boldsymbol{q}}_{\mathrm{b},k}^{\mathrm{n}} &= \begin{bmatrix} 1 \\ \frac{1}{2}\delta\hat{\boldsymbol{x}}_k(1:3) \end{bmatrix} \otimes \hat{\boldsymbol{q}}_{\mathrm{b},k|k-1}^{\mathrm{n}} \\ &= \begin{bmatrix} \hat{q}_{\mathrm{b},k|k-1,0}^{\mathrm{n}} & -\hat{\boldsymbol{q}}_{\mathrm{b},k|k-1,\boldsymbol{v}}^{\mathrm{nT}} \\ \hat{\boldsymbol{q}}_{\mathrm{b},k|k-1,\boldsymbol{v}}^{\mathrm{n}} & \hat{q}_{\mathrm{b},k|k-1,0}^{\mathrm{n}}(1)\cdot\boldsymbol{I}_{3\times3} - (\hat{\boldsymbol{q}}_{\mathrm{b},k|k-1,\boldsymbol{v}}^{\mathrm{n}}\times) \end{bmatrix} \begin{bmatrix} 1 \\ \frac{1}{2}\delta\hat{\boldsymbol{x}}_k(1:3) \end{bmatrix} \\ &= \hat{\boldsymbol{q}}_{\mathrm{b},k|k-1}^{\mathrm{n}} + \frac{1}{2}\boldsymbol{\varXi}(\hat{\boldsymbol{q}}_{\mathrm{b},k|k-1}^{\mathrm{n}})\delta\hat{\boldsymbol{x}}_k(1:3) \end{aligned} \tag{7.128}$$

式中：$\hat{\boldsymbol{q}}_{\mathrm{b},k|k-1}^{\mathrm{n}} = [\hat{q}_{\mathrm{b},k|k-1,0}^{\mathrm{n}} \quad \hat{\boldsymbol{q}}_{\mathrm{b},k|k-1,\boldsymbol{v}}^{\mathrm{nT}}]^{\mathrm{T}}$。

对比上述算法流程与普通的 Kalman 滤波可以发现，真正与 Kalman 滤波方程对应的是局部状态的估计过程。上述滤波过程中看似没有局部状态的预测过程，事实上是因为局部状态量在每步滤波修正全局状态后直接置零了，而零局部状态量的预测值仍然是零，所以上述滤波过程并没有显示。但是，局部状态更新的方程中实际上隐含了局部状态量预测值为零的事实。如果将全局状态预测与更新从上述滤波流程中移出，仍然不会影响滤波流程的完整性。如果将全局状态预测视为惯性导航解算，将全局状态更新视为姿态校正，那么 MEKF 算法本质上就是熟知的间接式闭环校正（反馈修正）的组合导航方法。

7.5.3　惯性基组合导航 MEKF 算法仿真实验

本小节通过一组仿真实验验证所研究 MEKF 算法的有效性。因为 MEKF 算法最初被用于惯性基组合导航时是基于载体坐标系姿态误差方程的，所以将其列为比较对象。具体的仿真轨迹如图 7.18 所示，图中五角星表示出发点。仿真中，陀螺常值漂移设置为 $0.03^\circ/\text{h}$ ，噪声设置为 $0.001^\circ/(\text{h}\cdot\sqrt{\text{Hz}})$；加速度计零偏设置为 $100\,\mu g$ ，噪声设置为 $5\,\mu g/\sqrt{\text{Hz}}$；惯性导航的更新率设置为 100 Hz，GPS 的更新率设置为 1 Hz；GPS 位置误差设置为 $[1\quad 1\quad 3]^{\text{T}}\ \text{m}$；初始姿态误差设置为 $[30''\quad -30''\quad 20']^{\text{T}}$，初始速度误差为 $0.1\,\text{m/s}$；滤波状态初始值设为 0。

进行 100 次 Monte-Carlo 仿真并求取状态均值，如图 7.19～图 7.23 所示。图中：b-frame 表示 MEKF 算法中应用的是载体坐标系姿态误差方程；n-frame 表示 MEKF 算法应用的是本节推导的导航坐标系姿态误差方程。

从图 7.19～图 7.23 可以看出，采用导航坐标系姿态误差方程的滤波结果要稍微优于采用载体坐标系姿态误差方程的结果。具体原因可以通过分析相应的姿态误差方程来寻找答案：从式（7.107）中可以看出，姿态误差 $\boldsymbol{\alpha}$ 的系数为 $(-\hat{\boldsymbol{\omega}}_{\text{in}}^{\text{n}}\times)$，是一个速度和位置估计值的函数。而从文献[13]可以看出，载体坐标系姿态误差方程中姿态误差 $\boldsymbol{\alpha}$ 的系数为 $(-\hat{\boldsymbol{\omega}}_{\text{ib}}^{\text{b}}\times)$，是陀螺仪测量信息。通过对比可以看出，载体坐标系姿态误差方程含有较大的扰动，从而在一定程度上影响了滤波精度；而导航坐标系姿态误差方程中的姿态误差系数是经积分得到的，对外界噪声扰动具有一定的抑制作用。这组仿真实验结果表明，本节所研究的 MEKF 算法是有效的，同时还略优于传统的基于载体坐标系姿态误差方程的 MEKF 算法。

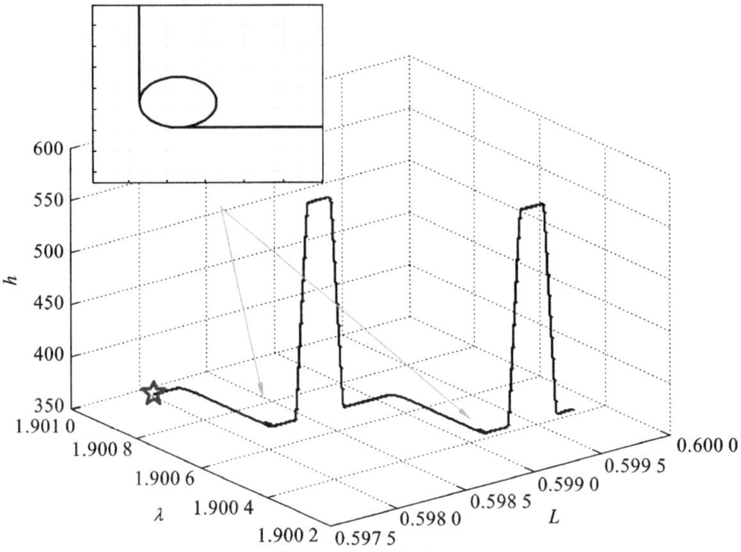

图 7.18　仿真轨迹

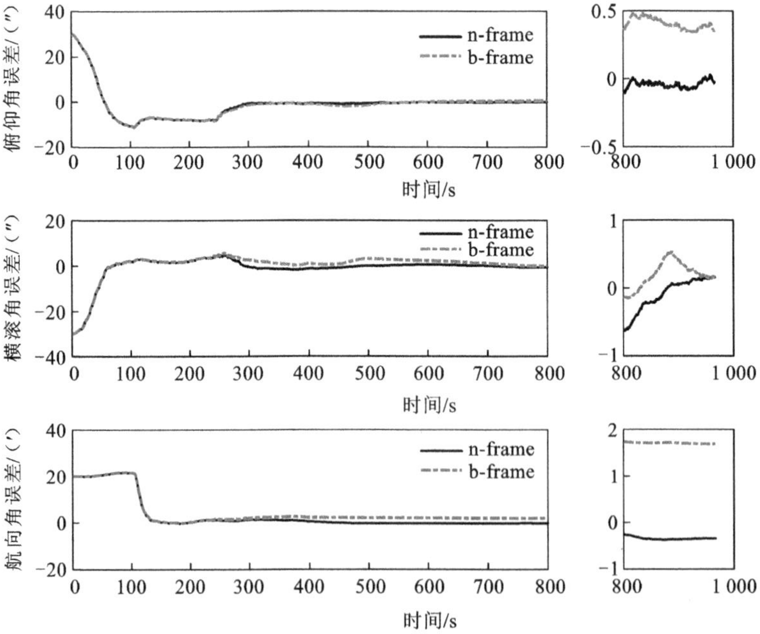

图 7.19　姿态估计误差

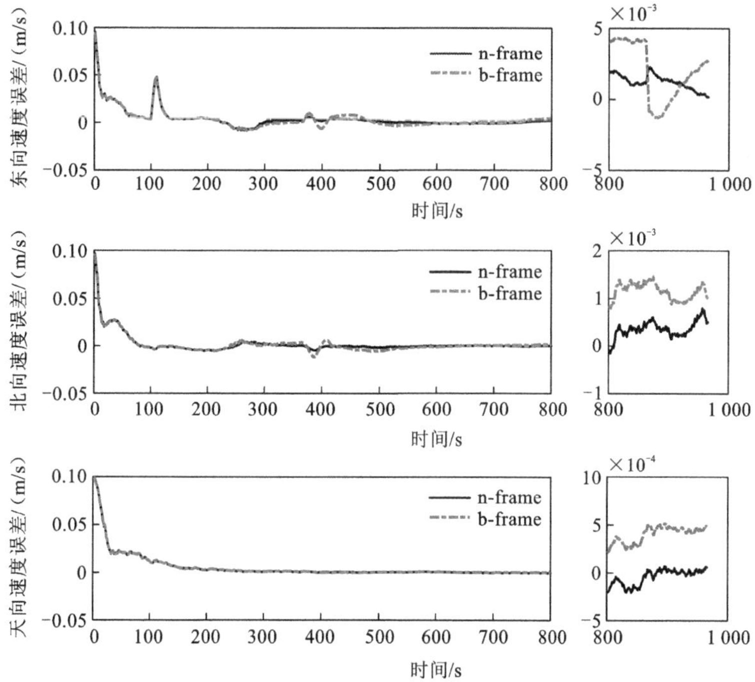

图 7.20　速度估计误差

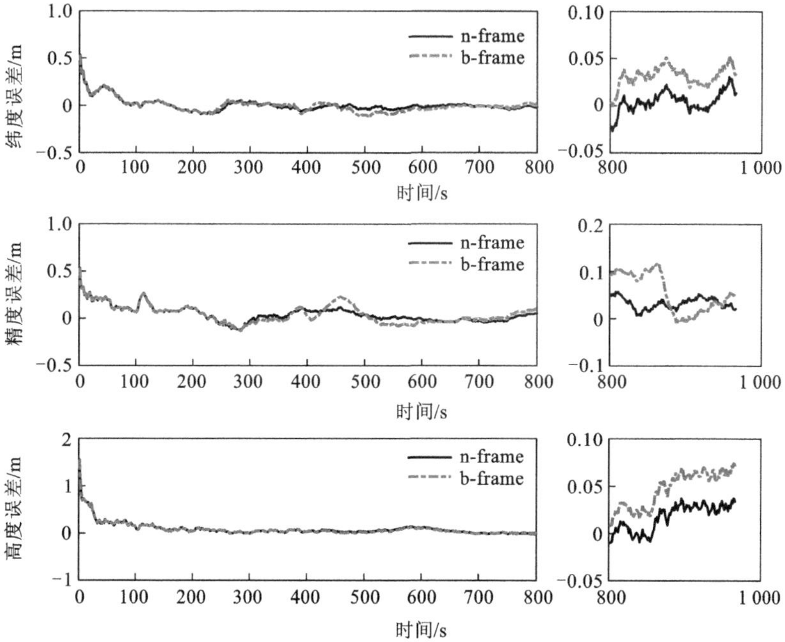

图 7.21　位置估计误差

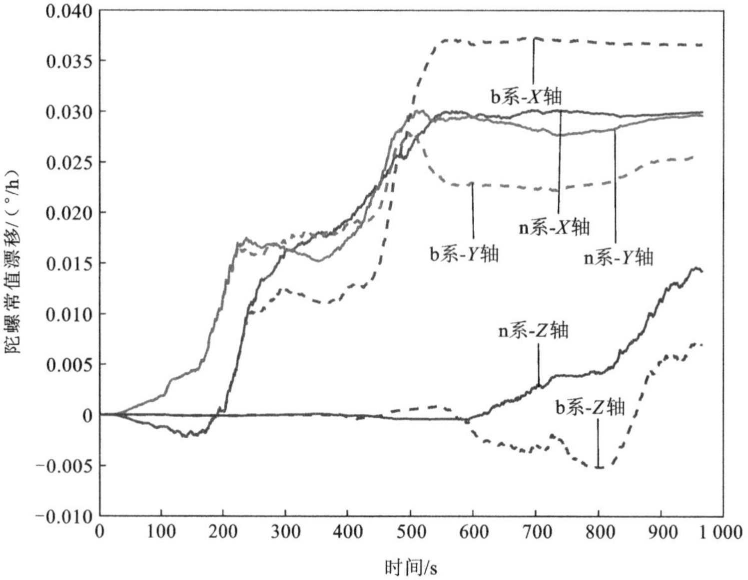

图 7.22　陀螺常值漂移估计结果

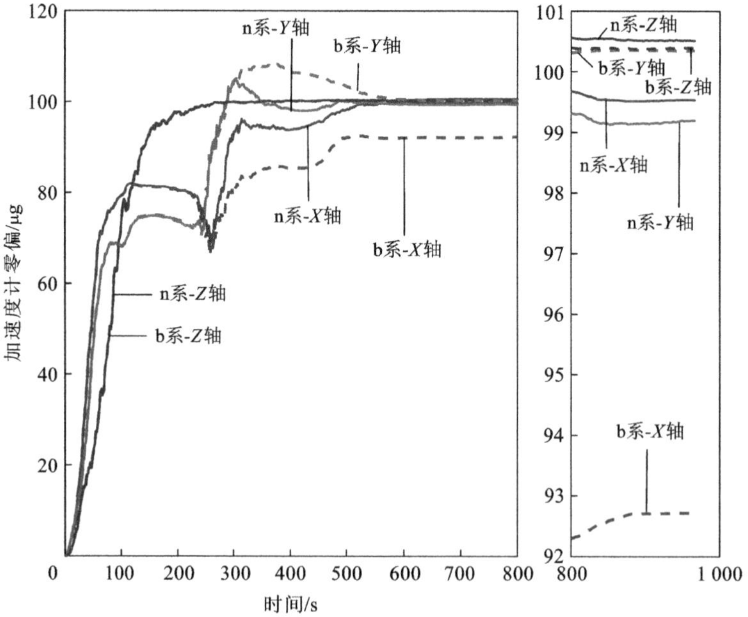

图 7.23　加速度计零偏估计结果

7.6 本章小结

本章系统研究了基于惯性导航基本方程的非线性初始对准模型及其相应的滤波算法设计。具体来讲，本章所进行的主要工作及所得到的主要结论如下。

首先将通常情况下用于惯性导航解算的惯性导航基本方程改造成了导航参数及惯性器件误差的统计状态空间模型以用于状态滤波。这种模型直接反映载体运动学规律，能够适用于任意工作环境及不同的初始条件，因此相对于传统的基于惯性导航误差方程的状态模型具有更高的精度及更强的适应性。

然后设计了相应的非线性滤波算法，即 USQUE 算法在基于惯性导航基本方程非线性初始对准的实现形式。该部分的内容以总结前人工作基础为主，为后续的算法改进及相关应用奠定了理论基础。

接下来分析了传统 USQUE 滤波框架中四元数 sigma 点向四元数误差 sigma 点的转换过程，指出其确定姿态四元数预测值的过程本质上是一种线性化传递方法，对于非线性四元数状态方程（基于惯性导航基本方程的状态模型中的姿态更新方程），这种处理方式未能充分利用 UKF 算法在计算状态传递均值方面的优势。在此基础上，研究了一种可以保持四元数规范性约束的四元数平均算法，并将其引入 USQUE 算法中用以计算姿态四元数预测均值，并将此四元数预测均值替换传统 USQUE 算法中线性化传递的均值以计算时间更新中相应的四元数误差 sigma 点及姿态更新中的姿态更新四元数。仿真实验表明，在存在较大初始误差的条件下，改进算法在精度及相合性等方面较传统算法有明显的优势。

虽然基于惯性导航基本方程的直接式滤波方法具有诸多优点，但是计算量过大是阻碍其实际应用的致命缺点。分析发现，惯性导航基本方程对于除姿态外状态量的非线性都是由慢变量或常值所造成的，继而通过模型的合理化近似将惯性导航基本方程构建成为一个部分线性模型，即仅对四元数是非线性的，而对其余状态量是线性的。在此基础上，设计了基于边缘采样的 USQUE 算法（MUSQUE 算法），着重解决了 USQUE 算法在直接应用 MUT 时因四元数与其对应方差维数不一致存在的问题。在 MUSQUE 算法中，每一步滤波所需 sigma 点的数量仅与 MRP 的维数有关，因此每步滤波所需的惯性导航解算次数显著减少，相应的计算量也显著降低。车载实验结果表明，MUSQUE 算法与传统的 USQUE 算法精度相当，但计算量仅为后者的 34%。

最后研究了小失准角条件下的直接式 EKF 算法。以姿态四元数为状态量，推导了惯性导航基本方程所对应的 Jacobi 矩阵，并给出了相应的滤波算法流程。分析指出，这种滤波模式由于不能有效处理四元数状态方差的不满秩问题，其在实际问题中较少得到应用。在上述研究工作的基础上，推导了基于导航坐标系姿态误差方程的 MEKF 算法，并指出了 MEKF 算法本质上是一种间接式闭环修正的滤波模式，澄清了领域内对该问题的不正确认识。

本章参考文献

[1] CRASSIDIS J L. Sigma-point Kalman filtering for integrated GPS andinertial navigation[J]. IEEE Transactions on Aerospace and Electronic Systems, 2006, 42(2): 750-756.

[2] CHANG L B, HU B Q, CHANG G B. Modified unscented quaternion estimator based on quaternion averaging[J]. Journal of Guidance, Control, and Dynamics, 2014, 37(1): 305-309.

[3] CHANG L B, HU B Q, CHEN S Y, et al. Comments on "A quaternion-based method for SINS/SAR integrated navigation system" [J]. IEEE Transactions on Aerospace and Electronic Systems, 2013, 42(2): 1400-1402.

[4] JULIER S J, UHLMANN J K. Unscented filtering and nonlinear estimation[J]. Proceedings of the IEEE, 2004, 92 (3): 401-422.

[5] MARKLEY F L, CHENG Y, CRASSIDIS J L, et al. Averaging quaternions[J]. Journal of Guidance, Control, and Dynamics, 2007, 30(4): 1193-1196.

[6] MORELANDE M R, MORAN B. An unscented transformation for conditionally linear models[C]//Proceedings of the IEEEInternational Conference on Acoustics, Speech and SignalProcessing, Honolulu, HI, USA, 2007: 1417-1420.

[7] MORELANDE M R, RISTIC B. Smoothed state estimation for nonlinear markovian switching systems[J]. IEEE Transactions on Aerospace and Electronic Systems, 2008, 44(4): 1309-1325.

[8] LI F N, CHANG L B, Hu B Q, et al. Marginalized unscented quaternion estimator for integrated INS/GPS[J]. The Journal of Navigation, 2016, 69(5): 1125-1142.

[9] ANDERSON B, MOORE J. Optimal Filtering[M]. New Jersey: Prentice-Hall, 1979.

[10] WU Y X, HU D W, WU M P, et al. A numerical-integration perspective on Gaussian filters[J]. IEEE Transactions on Signal Processing, 2006, 54(8): 2910-2921.

[11] ARASATNAM I, HAYKIN S. Cubature Kalman filters[J]. IEEE Transactions on Automatic Control, 2009, 54(6): 1254-1269.
[12] MARKLEY F L, CRASSIDIS J L. Fundamentals of spacccraft attitude determination and control[M]. New York: Microcosm Press and Springer, 2014.
[13] SARKKA S. Bayesian filtering and smoothing[M]. Cambridge: Cambridge University Press, 2013.